页岩
及页岩气
地球化学

"十三五"国家重点图书

中国能源新战略——页岩气出版工程

国家出版基金项目
NATIONAL PUBLICATION FOUNDATION

编著: 赵靖舟 蒲泊伶 耳 闯

U0381194

华东理工大学出版社
EAST CHINA UNIVERSITY OF SCIENCE AND TECHNOLOGY PRESS
·上海·

上海高校服务国家重大战略出版工程资助项目

图书在版编目(CIP)数据

页岩及页岩气地球化学/赵靖舟,蒲泊伶,耳闯编著. —
上海：华东理工大学出版社,2016.12
(中国能源新战略：页岩气出版工程)
ISBN 978 - 7 - 5628 - 4504 - 1

Ⅰ.①页… Ⅱ.①赵… ②蒲… ③耳… Ⅲ.①页岩—地球化
学 Ⅳ.①P588.22

中国版本图书馆 CIP 数据核字(2016)第 319808 号

内容提要

本书主要介绍了海相、湖相和煤系三大类页岩的页岩及页岩气地球化学特征,内容涵盖了三类页岩的无机地球化学特征、有机地球化学特征和页岩气地球化学特征,并以实际盆地或页岩气产区为例介绍了页岩及页岩气地球化学的研究内容和方法。全书共分六章,第 1 章介绍了页岩无机地球化学,第 2 章为页岩有机地球化学,第 3 章是页岩气生成与演化,第 4 章介绍页岩气地球化学,第 5 章为页岩及页岩气地球化学综合评价,第 6 章是地球化学相关测试分析技术。

本书内容详实、数据丰富,可为从事页岩气地质研究及页岩气勘探开发的专家和学者提供指导及借鉴,也可供高等院校相关专业的师生学习参考。

项目统筹／周永斌 马夫娇

责任编辑／李芳冰

书籍设计／刘晓翔工作室

出版发行／华东理工大学出版社有限公司

地 址：上海市梅陇路 130 号,200237

电 话：021 - 64250306

网 址：www.ecustpress.cn

邮 箱：zongbianban@ecustpress.cn

印 刷／上海雅昌艺术印刷有限公司

开 本／710 mm×1000 mm 1/16

印 张／17

字 数／270 千字

版 次／2016 年 12 月第 1 版

印 次／2016 年 12 月第 1 次

定 价／88.00 元

总序

一

　　能源矿产是人类赖以生存和发展的重要物质基础,攸关国计民生和国家安全。推动能源地质勘探和开发利用方式变革,调整优化能源结构,构建安全、稳定、经济、清洁的现代能源产业体系,对于保障我国经济社会可持续发展具有重要的战略意义。中共十八届五中全会提出,"十三五"发展将围绕"创新、协调、绿色、开放、共享的发展理念"展开,要"推动低碳循环发展,建设清洁低碳、安全高效的现代能源体系",这为我国能源产业发展指明了方向。

　　在当前能源生产和消费结构亟须调整的形势下,中国未来的能源需求缺口日益凸显。清洁、高效的能源将是石油产业发展的重点,而页岩气就是中国能源新战略的重要组成部分。页岩气属于非传统(非常规)地质矿产资源,具有明显的致矿地质异常特殊性,也是我国第172种矿产。页岩气成分以甲烷为主,是一种清洁、高效的能源资源和化工原料,主要用于居民燃气、城市供热、发电、汽车燃料等,用途非常广泛。页岩气的规模开采将进一步优化我国能源结构,同时也有望缓解我国油气资源对外依存度较高的被动局面。

　　页岩气作为国家能源安全的重要组成部分,是一项有望改变我国能源结构、改变我国南方省份缺油少气格局、"绿化"我国环境的重大领域。目前,页岩气的开发利用在世界范围内已经产生了重要影响,在此形势下,由华东理工大学出版社策划的这套页岩气丛书对国内页岩气的发展具有非常重要的意义。该丛书从页岩气地质、地球物理、开发工程、装备与经济技术评价以及政策环境等方面系统阐述了页岩气全产业链理论、方法与技术，并完善了页岩气地质、物探、开发等相关理论，集成了页岩气勘探开发与工程领域相关的先进技术，摸索了中国页岩气勘探开发相关的经济、环境与政策。丛书的出版有助于开拓页岩气产业新领域、探索新技术、寻求新的发展模式，以期对页岩气关键技术的广泛推广、科学技术创新能力的大力提升、学科建设条件的逐渐改进，以及生产实践效果的显著提高等，能产生积极的推动作用，为国家的能源政策制定提供积极的参考和决策依据。

我想，参与本套丛书策划与编写工作的专家、学者们都希望站在国家高度和学术前沿产出时代精品，为页岩气顺利开发与利用营造积极健康的舆论氛围。中国地质大学（北京）是我国最早涉足页岩气领域的学术机构，其中张金川教授是第376次香山科学会议（中国页岩气资源基础及勘探开发基础问题）、页岩气国际学术研讨会等会议的执行主席，他是中国最早开始引进并系统研究我国页岩气的学者，曾任贵州省页岩气勘查与评价和全国页岩气资源评价与有利选区项目技术首席，由他担任丛书主编我认为非常称职，希望该丛书能够成为页岩气出版领域中的标杆。

让我感到欣慰和感激的是，这套丛书的出版得到了国家出版基金的大力支持，我要向参与丛书编写工作的所有同仁和华东理工大学出版社表示感谢，正是有了你们在各自专业领域中的倾情奉献和互相配合，才使得这套高水准的学术专著能够顺利出版问世。

中国科学院院士

2016年5月于北京

总

序

二

　　进入 21 世纪,世情、国情继续发生深刻变化,世界政治经济形势更加复杂严峻,能源发展呈现新的阶段性特征,我国既面临由能源大国向能源强国转变的难得历史机遇,又面临诸多问题和挑战。从国际上看,二氧化碳排放与全球气候变化、国际金融危机与石油天然气价格波动、地缘政治与局部战争等因素对国际能源形势产生了重要影响,世界能源市场更加复杂多变,不稳定性和不确定性进一步增加。从国内看,虽然国民经济仍在持续中高速发展,但是城乡雾霾污染日趋严重,能源供给和消费结构严重不合理,可持续的长期发展战略与现实经济短期的利益冲突相互交织,能源规划与环境保护互相制约,绿色清洁能源亟待开发,页岩气资源开发和利用有待进一步推进。我国页岩气资源与环境的和谐发展面临重大机遇和挑战。

　　随着社会对清洁能源需求不断扩大,天然气价格不断上涨,人们对页岩气勘探开发技术的认识也在不断加深,从而在国内出现了一股页岩气热潮。为了加快页岩气的开发利用,国家发改委和国家能源局从 2009 年 9 月开始,研究制定了鼓励页岩气勘探与开发利用的相关政策。随着科研攻关力度和核心技术突破能力的不断提高,先后发现了以威远-长宁为代表的下古生界海相和以延长为代表的中生界陆相等页岩气田,特别是开发了特大型焦石坝海相页岩气,将我国页岩气工业推送到了一个特殊的历史新阶段。页岩气产业的发展既需要系统的理论认识和配套的方法技术，也需要合理的政策、有效的措施及配套的管理，我国的页岩气技术发展方兴未艾，页岩气资源有待进一步开发。

我很荣幸能在丛书策划之初就加入编委会大家庭，有机会和页岩气领域年轻的学者们共同探讨我国页岩气发展之路。我想，正是有了你们对页岩气理论研究与实践的攻关才有了这套书扎实的科学基础。放眼未来，中国的页岩气发展还有很多政策、科研和开发利用上的困难，但只要大家齐心协力，最终我们必将取得页岩气发展的良好成果，使科技发展的果实惠及千家万户。

这套丛书内容丰富，涉及领域广泛，从产业链角度对页岩气开发与利用的相关理论、技术、政策与环境等方面进行了系统全面、逻辑清晰地阐述，对当今页岩气专业理论、先进技术及管理模式等体系的最新进展进行了全产业链的知识集成。通过对这些内容的全面介绍，可以清晰地透视页岩气技术面貌，把握页岩气的来龙去脉，并展望未来的发展趋势。总之，这套丛书的出版将为我国能源战略提供新的、专业的决策依据与参考，以期推动页岩气产业发展，为我国能源生产与消费改革做出能源人的贡献。

中国页岩气勘探开发地质、地面及工程条件异常复杂，但我想说，打造世纪精品力作是我们的目标，然而在此过程中必定有着多样的困难，但只要我们以专业的科学精神去对待、解决这些问题，最终的美好成果是能够创造出来的，祖国的蓝天白云有我们曾经的努力！

中国工程院院士

2016年5月

总

序

三

页岩气属于新型的绿色能源资源，是一种典型的非常规天然气。近年来，页岩气的勘探开发异军突起，已成为全球油气工业中的新亮点，并逐步向全方位的变革演进。我国已将页岩气列为新型能源发展重点，纳入了国家能源发展规划。

页岩气开发的成功与技术成熟，极大地推动了油气工业的技术革命。与其他类型天然气相比，页岩气具有资源分布连片、技术集约程度高、生产周期长等开发特点。页岩气的经济性开发是一个全新的领域，它要求对页岩气地质概念的准确把握、开发工艺技术的恰当应用、开发效果的合理预测与评价。

美国现今比较成熟的页岩气开发技术，是在20世纪80年代初直井泡沫压裂技术的基础上逐步完善而发展起来的，先后经历了从直井到水平井、从泡沫和交联冻胶到清水压裂液、从简单压裂到重复压裂和同步压裂工艺的演进，页岩气的成功开发拉动了美国页岩气产业的快速发展。这其中，完善的基础设施、专业的技术服务、有效的监管体系为页岩气开发提供了重要的支持和保障作用，批量化生产的低成本开发技术是页岩气开发成功的关键。

我国页岩气的资源背景、工程条件、矿权模式、运行机制及市场环境等明显有别于美国，页岩气开发与发展任重道远。我国页岩气资源丰富、类型多样，但开发地质条件复杂，开发理论与技术相对滞后，加之开发区水资源有限、管网稀疏、人口稠密等不利因素,导致中国的页岩气发展不能完全照搬照抄美国的经验、技术、政策及法规,必须探索出一条适合于我国自身特色的页岩气开发技术与发展道路。

华东理工大学出版社策划出版的这套页岩气产业化系列丛书,首次从页岩气地质、地球物理、开发工程、装备与经济技术评价以及政策环境等方面对页岩气相关的理论、方法、技术及原则进行了系统阐述,集成了页岩气勘探开发理论与工程利用相关领域先进的技术系列,完成了页岩气全产业链的系统化理论构建,摸索出了与中国页岩气工业开发利用相关的经济模式以及环境与政策,探讨了中国自己的页岩气发展道路,为中国的页岩气发展指明了方向,是中国页岩气工作者不可多得的工作指南,是相关企业管理层制定页岩气投资决策的依据,也是政府部门制定相关法律法规的重要参考。

我非常荣幸能够成为这套丛书的编委会顾问成员,很高兴为丛书作序。我对华东理工大学出版社的独特创意、精美策划及辛苦工作感到由衷的赞赏和钦佩,对以张金川教授为代表的丛书主编和作者们良好的组织、辛苦的耕耘、无私的奉献表示非常赞赏,对全体工作者的辛勤劳动充满由衷的敬意。

这套丛书的问世,将会对我国的页岩气产业产生重要影响,我愿意向广大读者推荐这套丛书。

中国工程院院士

胡文瑞

2016年5月

总 序

四

　　绿色低碳是中国能源发展的新战略之一。作为一种重要的清洁能源,天然气在中国一次能源消费中的比重到2020年时将提高到10%以上,页岩气的高效开发是实现这一战略目标的一种重要途径。

　　页岩气革命发生在美国,并在世界范围内引起了能源大变局和新一轮油价下降。在经过了漫长的偶遇发现(1821—1975年)和艰难探索(1976—2005年)之后,美国的页岩气于2006年进入快速发展期。2005年,美国的页岩气产量还只有1134亿立方米,仅占美国当年天然气总产量的4.8%;而到了2015年,页岩气在美国天然气年总产量中已接近半壁江山,产量增至4291亿立方米,年占比达到了46.1%。即使在目前气价持续走低的大背景下,美国页岩气产量仍基本保持稳定。美国页岩气产业的大发展,使美国逐步实现了天然气自给自足,并有向天然气出口国转变的趋势。2015年美国天然气净进口量在总消费量中的占比已降至9.25%,促进了美国经济的复苏、GDP的增长和政府收入的增加,提振了美国传统制造业并吸引其回归美国本土。更重要的是,美国页岩气引发了一场世界能源供给革命,促进了世界其他国家页岩气产业的发展。

　　中国含气页岩层系多,资源分布广。其中,陆相页岩发育于中、新生界,在中国六大含油气盆地均有分布;海陆过渡相页岩发育于上古生界和中生界,在中国华北、南方和西北广泛分布；海相页岩以下古生界为主，主要分布于扬子和塔里木盆地。中国页岩气勘探开发起步虽晚，但发展速度很快，已成为继美国和加拿大之后世界上第三个实现页岩气商业化开发的国家。这一切都要归功于政府的大力支持、学界的积极参与及业界的坚定信念与投入。经过全面细致的选区优化评价（2005—2009年）和钻探评价（2010—2012年），中国很快实现了涪陵（中国石化）和威远–长宁（中国石油）页岩气突破。2012年，中国石化成功地在涪陵地区发现了中国第一个大型海相气田。此后，涪陵页岩气勘探和产能建设快速推进，目前已提交探明地质储量3805.98亿立方米，页岩气日产量（截至2016年6月）也达到了1387万立方米。故大力发展页岩气，不仅有助于实现清洁低碳的能源发展战略，还有助于促进中国的经济发展。

然而，中国页岩气开发也面临着地下地质条件复杂、地表自然条件恶劣、管网等基础设施不完善、开发成本较高等诸多挑战。页岩气开发是一项系统工程，既要有丰富的地质理论为页岩气勘探提供指导，又要有先进配套的工程技术为页岩气开发提供支撑，还要有完善的监管政策为页岩气产业的健康发展提供保障。为了更好地发展中国的页岩气产业，亟须从页岩气地质理论、地球物理勘探技术、工程技术和装备、政策法规及环境保护等诸多方面开展系统的研究和总结，该套页岩气丛书的出版将填补这项空白。

该丛书涉及整个页岩气产业链，介绍了中国页岩气产业的发展现状，分析了未来的发展潜力，集成了勘探开发相关技术，总结了管理模式的创新。相信该套丛书的出版将会为我国页岩气产业链的快速成熟和健康发展带来积极的推动作用。

中国科学院院士

2016年5月

丛书前言

　　社会经济的不断增长提高了对能源需求的依赖程度,城市人口的增加提高了对清洁能源的需求,全球资源产业链重心后移导致了能源类型需求的转移,不合理的能源资源结构对环境和气候产生了严重的影响。页岩气是一种特殊的非常规天然气资源,她延伸了传统的油气地质与成藏理论,新的理念与逻辑改变了我们对油气赋存地质条件和富集规律的认识。页岩气的到来冲击了传统的油气地质理论、开发工艺技术以及环境与政策相关法规,将我国传统的"东中西"油气分布格局转置于"南中北"背景之下,提供了我国油气能源供给与消费结构改变的理论与物质基础。美国的页岩气革命、加拿大的页岩气开发、我国的页岩气突破,促进了全球能源结构的调整和改变,影响着世界能源生产与消费格局的深刻变化。

　　第一次看到页岩气(Shale gas)这个词还是在我的博士生时代,是我在图书馆研究深盆气(Deep basin gas)外文文献时的"意外"收获。但从那时起,我就注意上了页岩气,并逐渐为之痴迷。亲身经历了页岩气在中国的启动,充分体会到了页岩气产业发展的迅速,从开始只有为数不多的几个人进行页岩气研究,到现在我们已经有非常多优秀年轻人的拼搏努力,他们分布在页岩气产业链的各个角落并默默地做着他们认为有可能改变中国能源结构的事。

　　广袤的长江以南地区曾是我国老一辈地质工作者花费了数十年时间进行油

气勘探而"久攻不破"的难点地区,短短几年的页岩气勘探和实践已经使该地区呈现出了"星星之火可以燎原"之势。在油气探矿权空白区,渝页1、岑页1、西科1、常页1、水页1、柳页1、秭地1、安页1、港地1等一批不同地区、不同层系的探井获得了良好的页岩气发现,特别是在探矿权区域内大型优质页岩气田(彭水、长宁–威远、焦石坝等)的成功开发,极大地提振了油气勘探与发现的勇气和决心。在长江以北,目前也已经在长期存在争议的地区有越来越多的探井揭示了新的含气层系,柳坪177、牟页1、鄂页1、尉参1、郑西页1等探井不断有新的发现和突破,形成了以延长、中牟、温县等为代表的陆相页岩气示范区和海陆过渡相页岩气试验区,打破了油气勘探发现和认识格局。中国近几年的页岩气勘探成就,使我们能够在几十年都不曾有油气发现的区域内再放希望之光,在许多勘探失利或原来不曾预期的地方点燃了燎原之火,在更广阔的地区重新拾起了油气发现的信心,在许多新的领域内带来了原来不曾预期的希望,在许多层系获得了原来不曾想象的意外惊喜,极大地拓展了油气勘探与发现的空间和视野。更重要的是,页岩气理论与技术的发展促进了油气物探技术的进一步完善和成熟,改进了油气开发生产工艺技术,启动了能源经济技术新的环境与政策思考,整体推高了油气工业的技术能力和水平,催生了页岩气产业链的快速发展。

该套页岩气丛书响应了国家《能源发展"十二五"规划》中关于大力开发非常规能源与调整能源消费结构的愿景,及时高效地回应了《大气污染防治行动计划》中对于清洁能源供应的急切需求以及《页岩气发展规划(2011—2015年)》的精神内涵与宏观战略要求,根据《国家应对气候变化规划(2014—2020)》和《能源发展战略行动计划(2014—2020)》的建议意见,充分考虑我国当前油气短缺的能源现状,以面向"十三五"能源健康发展为目标,对页岩气地质、物探、工程、政策等方面进行了系统讨论,试图突出新领域、新理论、新技术、新方法,为解决页岩气领域中所面临的新问题提供参考依据,对页岩气产业链相关理论与技术提供系统参考和基础。

承担国家出版基金项目《中国能源新战略——页岩气出版工程》(入选《"十三五"国家重点图书、音像、电子出版物出版规划》)的组织编写重任,心中不免惶恐,因为这是我第一次做分量如此之重的学术出版。当然,也是我第一次有机会系统地来梳理这些年我们团队所走过的页岩气之路。丛书的出版离不开广大作者的辛勤付出,他们以实际行动表达了对本职工作的热爱、对页岩气产业的追求以及对国家能源行业发展的希冀。特别是,丛书顾问在立意、构架、设计及编撰、出版等环节中也给予了精心指导和大力支持。正是有了众多同行专家的无私帮助和热情鼓励,我们的作者团队才义无反顾地接受了这一充满挑战的历史性艰巨任务。

该套丛书的作者们长期耕耘在教学、科研和生产第一线,他们未雨绸缪、身体力行、不断探索前进,将美国页岩气概念和技术成功引进中国;他们大胆创新实践,对全国范围内页岩气展开了有利区优选、潜力评价、趋势展望;他们尝试先行先试,将页岩气地质理论、开发技术、评价方法、实践原则等形成了完整体系;他们奋力摸索前行,以全国页岩气蓝图勾画、页岩气政策改革探讨、页岩气技术规划促产为己任,全面促进了页岩气产业链的健康发展。

我们的出版人非常关注国家的重大科技战略,他们希望能借用其宣传职能,为读者提供一套页岩气知识大餐,为国家的重大决策奉上可供参考的意见。该套丛书的组织工作任务极其烦琐,出版工作任务也非常繁重,但有华东理工大学出版社领导及其编辑、出版团队前瞻性地策划、周密求是地论证、精心细致地安排、无怨地辛苦奉献,积极有力地推动了全书的进展。

感谢我们的团队,一支非常有责任心并且专业的丛书编写与出版团队。

该套丛书共分为页岩气地质理论与勘探评价、页岩气地球物理勘探方法与技术、页岩气开发工程与技术、页岩气技术经济与环境政策等4卷,每卷又包括了按专业顺序而分的若干册,合计20本。丛书对页岩气产业链相关理论、方法及技术等进行了全面系统地梳理、阐述与讨论。同时,还配备出版了中英文版的页岩气原理与技术视频(电子出版物),丰富了页岩气展示内容。通过这套丛书,我们希望能为页岩气科研与生产人员提供一套完整的专业技术知识体系以促进页岩气理论与实践的进一步发展,为页岩气勘探开发理论研究、生产实践以及教学培训等提供参考资料,为进一步突破页岩气勘探开发及利用中的关键技术瓶颈提供支撑,为国家能源政策提供决策参考,为我国页岩气的大规模高质量开发利用提供助推燃料。

国际页岩气市场格局正在成型,我国页岩气产业正在快速发展,页岩气领域中的科技难题和壁垒正在被逐个攻破,页岩气产业发展方兴未艾,正需要以全新的理论为依据、以先进的技术为支撑、以高素质人才为依托,推动我国页岩气产业健康发展。该套丛书的出版将对我国能源结构的调整、生态环境的改善、美丽中国梦的实现产生积极的推动作用,对人才强国、科技兴国和创新驱动战略的实施具有重大的战略意义。

  不断探索创新是我们的职责,不断完善提高是我们的追求,"路漫漫其修远兮,吾将上下而求索",我们将努力打造出页岩气产业领域内最系统、最全面的精品学术著作系列。

丛书主编

2015 年 12 月于中国地质大学(北京)

前言

 页岩及页岩气地球化学是页岩气重要的基础地质研究问题之一，是认识富有机质页岩形成机制和成烃潜力的基础，也是认识页岩气成因、富集和成藏机制的重要理论问题。在以往的油气地质学研究中，页岩通常是被作为烃源岩和盖层来进行研究的。然而，随着页岩气勘探开发在北美地区取得重大突破，现已普遍认识到页岩既是烃源岩，也是油气的储层，是集生储盖、生运聚于一体的地质体。而且，随着对页岩气特点认识的深化，又认识到页岩的有机地球化学指标不仅是评价其作为烃源岩的关键参数，同时也是评价其作为页岩气储层所需要考虑的重要依据。表征和评价页岩气的地球化学指标包括：总有机碳含量、成熟度、干酪根类型、烃的相态、气体含量及组分等。研究认为，形成具有商业价值页岩气的基本地质条件通常须具备有机质丰度高、有机质类型好以及热成熟度高的特征。

 我国页岩气勘探开发起步较晚，对于页岩及页岩气的认识和研究主要是借鉴北美地区的勘探经验及成果。北美地区产气页岩主要集中在海相地层中，我国发育海相、海陆过渡相、陆相三大类型页岩。本书从页岩无机地球化学、页岩有机地球化学、页岩气地球化学等方面阐述海相、湖相和煤系3大类页岩的常量元素、微量元素、稀土元素和同位素特征，分析了各类页岩无机地球化学各项指标的环境意义和富有机质页岩的发育机制。从有机质类型、丰度和成熟度等方面分析了3类页岩的有机地球化学特征,以及各类页岩形成页岩油气的潜力和成气模式。以海相页岩气为重点,揭示了主要页岩气产区的组分特征和同位素特征,总结了页岩气地球化学指标异常现象和成因。选取重点地区,介绍了页岩及页岩气地球化学评价的方法。最后,介绍了页岩及页岩气地球化学中相关的测试分析技术。

本书编写分工如下:第1章1.1~1.3、1.5节,第2章2.2、2.4节,第6章6.1节由蒲泊伶编写;第3章和第5章由蒲泊伶及赵靖舟编写;第1章1.4节,第2章2.1、2.3节,第6章6.2节由耳闯编写;第4章由耳闻和赵靖舟编写;全书由赵靖舟统稿。

需要指出的是,页岩气作为近年来一种重要的非常规天然气资源,世界油气工业界和学术界表现出了极大的热情,开展了大量卓有成效的研究工作,但总体而言,页岩和页岩气地球化学研究较为薄弱。作者在收集大量前人研究成果和总结多年研究积累的基础上,完成了本书的编写工作。由于作者水平有限,书中不足之处在所难免,敬请各位读者批评指正!

2016 年 5 月

目

录

页岩
及页岩气
地球化学

第 1 章

页岩无机
地球化学

1.1 页岩元素地球化学

元素地球化学是包括常量元素、微量元素、稀土元素和分散元素在内的地球化学。对沉积无机地球化学的研究主要集中在常量元素、微量元素和稀土元素地球化学方面,利用岩石微量元素和稀土元素特征研究沉积岩形成的古地理环境和成岩作用环境,已成为沉积地球化学的一个重要方面(成都地质学院沉积地质科学研究所,1987)。

1.1.1 常量元素

一般在地球化学中将 O、Si、Al、Fe、Ca、Mg、Na、K、Ti 9 种元素作为常量元素。

1. 元素的平均含量

地壳中各元素的平均含量称为克拉克值。从一些有代表性的分析数据来看,不同岩石类型元素的平均含量差异较大。由于沉积作用的复杂性和成因机理的多样性,沉积岩的元素组成与火成岩相比变化更大。这里仅将具有代表性的沉积岩中主要岩石类型的元素平均含量列于表 1-1(据 K. K. Turekian, K. H. Wedepohl, 1961)。

表 1-1 主要岩石类型沉积岩中元素的平均含量(×10⁻⁶)(据 K.K. Turekian, K. H. Wedepohl, 1991)

元素符号	页岩	砂岩	碳酸盐岩	元素符号	页岩	砂岩	碳酸盐岩	元素符号	页岩	砂岩	碳酸盐岩
Li	66	15	5	Cl	180	10	150	Ni	68	2	20
Be	3	0. x	0. x	K	26 600	10 700	2 700	Cu	45	x	4
B	100	35	20	Ca	22 100	39 100	302 300	Zn	95	16	20
F	740	270	330	Sc	13	1	1	Ga	19	12	4
Na	9 600	3 300	400	Ti	4 600	1 500	400	Ge	1.6	0.8	0.2
Mg	15 000	7 000	47 000	V	130	20	20	As	13	1	1
Al	80 000	25 000	4 200	Cr	90	35	11	Se	0.6	0.05	0.08
Si	73 000	368 000	24 000	Mn	850	x0	1 100	Br	4	1	6.2
P	700	170	400	Fe	47 200	9 800	3 800	Rb	140	60	3
S	2 400	240	1 200	Co	19	0.3	0.1	Sr	300	20	610

（续表）

元素符号	页岩	砂岩	碳酸盐岩	元素符号	页岩	砂岩	碳酸盐岩	元素符号	页岩	砂岩	碳酸盐岩
Y	26	40	30	La	92	30	x	Yb	2.6	4	0.5
Zr	160	220	19	Ce	59	92	11.5	Lu	0.7	1.2	0.2
Nb	11	0.0x	0.3	Pr	5.6	8.8	1.1	Hf	2.8	3.9	0.3
Mo	2.6	0.2	0.4	Nd	24	37	4.7	Ta	0.8	0.0x	0.0x
Ag	0.07	0.0x	0.0x	Sm	6.4	10	1.3	W	1.8	1.6	0.6
Cd	0.3	0.0x	0.035	Eu	1	1.6	0.2	Hg	0.4	0.03	0.04
In	0.1	0.0x	0.0x	Gd	6.4	10	1.3	Tl	1.4	0.82	0.0x
Sn	6	0.x	0.x	Tb	1	1.6	0.2	Pb	20	7	9
Sb	1.5	0.0x	0.2	Dy	4.6	7.2	0.9	Th	12	1.7	1.7
I	2.2	1.7	1.2	Ho	1.2	2	0.3	U	3.7	0.45	2.2
Cs	5	0.x	0.x	Er	2.5	4	0.5				
Ba	580	x0	10	Tm	0.2	0.3	0.04				

注：$x = 1 \sim 9$。

在对一个具体地区和某一层位的元素地球化学特征进行研究时，通常要将研究区岩石的元素组成与相应的岩石类型的元素平均含量加以比较，从而可以确定研究区富集的元素（高于元素平均含量）和分散的元素（低于元素平均含量）。这些元素往往与研究区特定的地质背景，包括区域构造背景、源区母岩成分、古地理和古气候有关，因而研究元素的富集与分散将有助于对岩石的形成条件进行分析。

2. 元素的分布

沉积岩主要由硅酸盐矿物、铝硅酸盐矿物、碳酸盐矿物组成。组成沉积岩的元素不是以游离态存在的，通常都组成化合物-矿物或依附于某些矿物组分，因而主元素的含量往往与组成岩石的主要矿物的成分相对应。以上述硅酸盐、铝硅酸盐、碳酸盐矿物为主要存在形式的 Si、Al、Fe、Ca、Na、K、Mg 是沉积岩中丰度最高的元素（表 1－1），这些元素又称为造岩元素。元素 Si 在石英砂岩中含量最高，长石砂岩除硅外，常含较多的 Al、K、Na。元素 Ca、Mg 主要赋存于无机或有机成因的碳酸盐岩中，元素 Al 则在泥页岩中最为富集。泥页岩中元素 K 主要赋存于黏土矿物、碎屑长石、自生长石、白云母、海绿石中，也可由于黏土矿物的吸附作用而富集。Na 除为蒸发岩的主要元素外，还常赋存于碎屑矿物长石中,如钠长石。图1-1以氧化物形式表示了元素 Si、Al、Ca、Na、K 在砂岩、碳酸盐岩、泥页岩中的含量差异;砂岩和碳酸盐岩中 SiO_2/Al_2O_3 的变化幅度较 $(CaO+Na_2O)/K_2O$ 比值变化幅度大,这主要是由于砂岩和碳酸盐岩中石英、燧石和黏土矿物含量变化所造成的。碳酸盐岩具有高 CaO、低 Na_2O 和 K_2O 的特点。页岩和砂岩的特点则是低 Na_2O、CaO 和高 K_2O。元素铁在沉积岩中的含量仅次于 Si、Al。泥页岩中铁的含量最高,砂岩次之,碳酸盐岩中含量最低。在陆源碎屑沉积物中,Fe 的含量往往随沉积物粒度的变细而增加,在泥页岩中 Fe 的含量随碳酸盐矿物的富集而减少(南京大学地质系,1984)。

图1-1 砂岩、页岩、碳酸盐岩成分上的差异(岩石成分为质量分数)(据 Brownlow A.H, 1979)

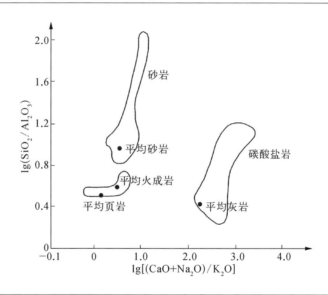

不同剖面、不同岩类烃源岩样品主量元素组分的含量明显不同,这体现出烃源岩的沉积物源、沉积环境不同。部分测试数据显示:碳酸盐岩类烃源岩主量元素中 Mg、Ca 含量高;泥页岩类烃源岩主量元素中 Fe、K、Na 含量偏高(表1-2)。

研究认为:铁的氧化物在 pH<3 时溶解度最大,进入湖盆后由于 pH 值明显增高,其溶解度大大降低而发生沉淀作用,因而常在河口带泥页岩中大量富集;Mn 的氧化物随与陆地距离的增加而增加,随湖水加深,MnO_2 的含量增加。以鄂尔多斯盆地南部烃源岩为例,富县以北 MnO_2 的含量尤其高,这说明烃源岩沉积时的水体较深。事实上,

表1-2 鄂尔多斯盆地南部部分烃源岩主量元素、微量元素统计(苗建宇等,2005)

剖面地点	层位	样号	岩性	主量元素 ×10²						微量元素 ×10⁶					
				F_2O_3	MnO_2	K_2O	Na_2O	CaO	MgO	Sr	Ba	Cr	Co	V	Ni
镇探1井	J_2y	ZS-1	灰黑色泥岩	2.44	0.03	3.81	0.94	0.04	0.84	161.14	666.42	121.78	5.41	137.16	34.99
镇探1井	J_2y	ZS-22	灰黑色泥岩	1.41	0.01	3.13	1.46	0.06	0.50	239.34	874.57	74.22	5.82	79.11	25.60
镇探1井	J_2y	ZS-2	灰黑色泥岩	2.10	0.01	3.90	0.99	0.04	0.99	179.76	552.02	116.49	12.67	128.84	49.10
镇探1井	J_2y	ZS-3	灰黑色泥岩	2.38	0.01	3.79	0.75	0.04	1.01	187.42	577.36	123.88	9.17	147.36	48.75
镇探1井	J_2y	ZS-4	灰黑色泥岩	1.26	0.00	3.42	0.46	0.13	0.67	63.42	574.19	81.69	2.21	85.13	28.48
镇探1井	J_2y	ZS-5	灰黑色泥岩	7.14	0.10	3.81	0.54	1.77	3.32	79.14	611.25	101.18	22.32	140.02	59.28
镇探1井	J_2y	ZS-6	灰黑色泥岩	7.07	0.05	4.14	0.50	0.41	2.67	64.00	629.97	112.00	20.42	132.42	52.74
镇探1井	J_2y	ZS-7	灰黑色泥岩	8.57	0.03	4.49	0.50	0.41	4.01	31.21	290.61	95.22	23.87	152.53	58.92
镇探1井	J_3y	ZS-8	浅灰色泥岩	6.30	0.03	4.36	0.53	0.45	2.47	80.96	607.40	110.20	32.53	132.42	52.74
镇探1井	J_3y	ZS-9	灰黑色泥岩	2.01	0.00	4.97	1.36	0.30	2.70	91.28	602.46	0.96	3.14	152.52	58.91
镇探1井	J_3y	ZS-11	灰黑色泥岩	6.09	0.03	4.32	2.62	0.10	2.53	54.88	422.27	90.24	16.34	125.16	50.73
镇探1井	J_3y	ZS-12	灰黑色泥岩	4.65	0.08	2.60	1.47	2.02	2.73	101.36	482.17	97.47	14.22	107.55	59.29
泉207井	J_3y	QS-1	灰黑色泥岩	9.17	3.38	2.28	1.46	0.52	3.38	226.98	826.63	100.15	35.08	124.94	40.52
泉208井	J_3y	QS-4	浅灰色泥岩	6.67	3.22	2.50	2.65	4.55	3.22	98.60	276.23	64.94	46.32	94.96	29.25
泉208井	J_3y	QS-6	灰黑色泥岩	5.62	1.58	2.58	1.53	0.25	1.58	131.74	508.67	104.33	80.49	123.74	42.11
镇探1井	P_1sh	ZS-16	灰黑色泥岩	0.93	0.00	1.64	1.30	0.06	0.29	176.48	1050.77	105.75	4.46	101.21	39.79

（续表）

剖面地点	层位	样号	岩性	主量元素 ×10²						微量元素 ×10⁶					
				F_2O_3	MnO_2	K_2O	Na_2O	CaO	MgO	Sr	Ba	Cr	Co	V	Ni
镇探1井	P_1sh	ZS-17	灰黑色泥岩	0.30	0.00	0.45	0.00	0.01	0.07	130.01	464.81	74.19	1.86	111.63	21.25
镇探1井	P_1sh	ZS-18	煤	0.43	0.00	0.99	0.00	0.02	0.15	71.04	135.28	136.18	7.41	131.98	70.34
镇探1井	P_1sh	ZS-19	褐灰色泥岩	0.81	0.00	2.74	0.00	0.02	0.35	92.27	104.58	133.08	3.90	99.17	62.86
镇探1井	P_1sh	ZS-20	褐灰色泥岩	0.66	0.02	1.22	0.00	0.75	0.22	103.41	196.38	171.99	4.43	130.42	70.25
镇探1井	P_1t	ZS-21	褐灰色泥岩	6.75	0.47	0.42	0.02	1.64	0.31	101.62	264.70	175.70	6.23	147.67	66.39
镇探1井	Ptl	ZS-27	褐灰色角砾岩	0.59	0.00	0.00	0.47	0.14	0.53	177.34	253.74	311.09	5.51	315.38	34.80
镇探1井	Ptl	ZS-34	泥质碳酸盐岩	1.89	0.01	4.76	0.09	17.20	9.94	129.86	300.21	38.37	10.60	35.98	24.07
镇探1井	Ptl	ZS-36	泥质碳酸盐岩	0.32	0.00	0.03	0.06	4.88	4.20	32.69	96.97	22.86	0.96	18.58	17.89
镇探1井	Ptl	ZS-28	灰色碳酸盐岩	0.91	0.05	0.01	0.08	26.98	0.53	44.99	12.64	3.63	2.09	4.69	13.11
镇探1井	Ptl	ZS-29	灰色碳酸盐岩	0.52	0.04	0.01	0.00	29.20	17.67	31.82	12.18	2.55	0.88	2.20	11.89
镇探1井	Ptl	ZS-30	灰色碳酸盐岩	0.31	0.31	0.04	0.00	27.85	19.40	40.78	19.62	8.07	1.43	6.57	17.48
镇探1井	Ptl	ZS-31	灰色碳酸盐岩	0.15	0.15	0.01	0.00	31.62	18.61	30.10	9.91	2.31	1.12	1.54	14.14
镇探1井	Ptl	ZS-33	灰色碳酸盐岩	0.05	0.05	0.03	0.00	31.31	20.58	34.64	10.79	5.02	0.54	6.23	20.41
镇探1井	Ptl	ZS-35	灰色碳酸盐岩	0.14	0.15	0.22	0.00	19.15	13.05	0.00	0.00	0.00	0.00	0.00	0.0002
镇探1井	Ptl	ZS-37	灰色碳酸盐岩	0.14	0.14	0.03	0.00	31.11	20.22	39.63	17.51	1.64	1.49	1.60	12.71

鄂尔多斯盆地海相、陆相烃源岩主量元素含量的高低与盆地南部沉积时水体的深度密切相关（苗建宇等，2005）。

1.1.2　微量元素

泥页岩中主要微量元素有 V、Ni、Fe、Mn、Cu、Zn、Cr、Ba、B、Ga、Pb、Sr、Li 等。由表 1-1 可以看出，泥页岩中大多数微量元素的含量都高于砂岩和碳酸盐岩，我国中新生代陆相湖盆主要沉积岩类型的元素组成（表 1-3）和美国沉积岩的元素组成（表 1-4）也有这一特点。这主要是由于黏土矿物表面对某些微量元素的吸附作用所致，如黏土矿物对 B 的吸附作用等；或离子交换作用，如 Ba 对伊利石中 K 的置换作用等。此外，有机质对某些微量元素，特别是一些稀土元素的富集作用无疑也是泥页岩中一些微量元素富集的重要原因，如 V、Ni 等在富含有机物泥页岩中的富集作用。钒可以是有机质的原始成分，钒的化合物也可因有机质的还原作用而富集（Brownlow，1979）。微量元素主要是反映水介的盐度，因此，其环境意义与黏土矿物相似。最常用的反映盐度的微量元素是硼（B）和锶/钡比（Sr/Ba）。

沉积岩中的微量元素或以类质同象存在于碎屑矿物和碳酸盐矿物中，或被黏土矿物吸附，因而大多数微量元素的丰度常常受宿主矿物或主元素的控制（成都地质学院矿产研究所，1987）。主要类型沉积岩中比较丰富的微量元素的分布情况概括如下（邓宏文和钱凯，1993）。

钡（Ba）：钡在细粒陆源沉积岩（如粉砂岩、泥页岩）中含量较高，砂岩中 Ba 的含

岩性 \ 元素丰度/%	Fe	Mn	Co	Ni	Cu	Zn	Cd	V	Sr	Ba	Ca	Mg	Li	Rb	K	B	Ga	Na	样品数
泥 岩	3.5	4.3	2	5.3	3.5	5.6	4.1	4.4	4.1	5.5	5.1	1.3	3	7.1	2.1	54.6	2.8	0.8	23
黑页岩	2.2	6.7	2.1	5.6	9.6	3.7	6.9	9.6	11.5	7.8	12.2	1	2.8	5.6	1.1	100	3	0.7	17
砂 岩	1	2	1.2	2.4	5.2	3.2	2.3	1.7	1.9	12.1	0.5	0.4	1.7	7.5	2.2	23.4	2.6		21
灰 岩	0.9	5.8	2.1	3.2		11.3			13.8	4.5	27.3	3.4	1.9	1.3	0.4			0.8	8

表 1-3
渤海湾盆地东营凹陷沙河街组元素组成（邓宏文、钱凯，1993）

表 1-4　美国主要类型沉积岩中元素含量(平均值)变化范围(据 Connor 和 Shacklette，1975，转引自 Brownlow，A.H.，1979)

元素	砂岩	页岩	碳酸盐岩	元素	砂岩	页岩	碳酸盐岩
Ae/%	0.43~3.0	4.4~9.2	0.17~2.0	Mg/%	0.09~0.21	0.61~1.6	—
As×10⁶	1.14~4.3	6.4~9.0	0.75~2.5	Mn×10⁶	29~300	65~420	83~910
Ba×10⁶	38~170	220~150	5.6~160	Hg×10¹²	7.9~16	45~340	22~30
Be×10⁶	0.8	1.1~1.7	—	Mo×10⁶	—	—	0.79
B×10⁶	18~36	43~116	29~31	Nd×10⁶	—	—	
Cd×10⁶	—	—	—	Ni×10⁶	1.2~1.8	21~110	2.3~16
Ca/%	0.09~0.22	0.13~1.1	—	Nb×10⁶	8.8	7.7	
C/%				P/%	0.01~0.10	0.03~0.07	0.04~0.06
碳酸盐中	0.01	0.06~0.16	—	K/%	0.08~0.66	1.8~5.4	0.12~0.56
有机质中	0.30~0.35	0.27~0.32	0.10~0.28	Sc×10⁶	2.7~7.2	8.2~18	6.1~9.0
Ce×10⁶	—	—	—	Se×10⁶	0.09~0.11	0.46~0.64	0.16~0.31
Cr×10⁶	2.0~39	62~130	2.7~29	Ag×10⁶	—	0.18	
Co×10⁶	1.6~7.4	4.8~13	1.3~7.1	Na×10⁶	0.01~0.19	0.09~0.50	0.01~0.17
Cu×10⁶	1.2~8.4	13~130	0.84~12	Sr×10⁶	13~99	90~200	100~900
F×10⁶	9.8~120	700	38~100	Ti×10⁶	83~2200	2300~5700	31~810
Ga×10⁶	1.5~10	15~30	2.2~10	V×10⁶	5.3~3.8	72~400	39~40
I×10⁶	—	—	—	Yb×10⁶	1.9~	2.3~3.8	
Fe/%	0.09~1.9	1.8~4.5	0.11~2.1	Y×10⁶	9~22	25~38	8~20
La×10⁶	6~36	29~67	24	Zn×10⁶	5.2~31	55~82	6.3~24
Pb×10⁶	5.0~17	11~24	4~18	Zr×10⁶	22~170	95~230	6.5~42
Li×10⁶	2.1~17	25~79	0.78~2.6				

量变化较大,主要与载体矿物钾长石和黑云母含量的变化有关。由于钡的重碳酸盐、氯化物,特别是钡的硫酸盐溶解度都很低,因而 Ba 进入海(湖)盆以后很易与 SO_4^{2-} 结合形成 $BaSO_4$ 沉淀,故 Ba 的迁移能力很差,在海相灰岩中的含量较低。Ba 在一些深海沉积物中的富集可能与生物沉积作用有关。

　　锶(Sr):锶是沉积岩中含量相对较高的微量元素,特别是在泥页岩、钙质泥岩和碳酸盐岩中。Sr 的分布与 Ca 的关系很密切,这主要由于 Sr 的离子半径(1.13Å[①])与

---

①　1Å = 10^{-10} m

Ca 的离子半径(0.99Å)相近,常以类质同象置换碳酸盐岩中的 Ca^{2+},所以在富含碳酸盐矿物的岩石中富集。Sr 和 Ca 在沉积岩中常呈正相关关系。我国东部渤海湾盆地第三系泥页岩中 Sr 含量平均可达 410×10^{-6},高于地壳泥页岩中的平均含量,与泥页岩中富含碳酸钙有很大关系。此外,Sr 也易被黏土矿物吸附,因而在泥质岩、页岩中含量也较高。此外,生物化学作用,如某些生物壳体对锶有吸附作用,在生物死亡后也会造成锶的局部富集。

锰(Mn):锰在泥页岩中,特别是在碳酸盐岩中有明显富集的趋势。锰为变价元素,因而沉积过程中介质的 pH 值和 Eh(溶液的氧化-还原电位)值对 Mn 的迁移和富集有较大影响。与 Ca 一样,Mn 的化合物易在 pH >8 的碱性介质中沉淀出来。

铷(Rb):在沉积岩中 Rb 主要分散于层状硅酸盐矿物中,由于黏土矿物对铷的吸附作用,在泥页岩中 Rb 的含量较高。碳酸盐中 Rb 的含量很低,在对渤海湾盆地东营凹陷第三系泥页岩的测定中也发现,Rb 的含量随钙含量的增加而减少,这可能与碳酸盐矿物的稀释作用有关。

铬(Cr):在岩石中,铬通常以 $FeCr_2O_4$(铬铁矿)形式存在,页岩和磷块岩中铬一般含量较高。铬在泥页岩含量高于砂岩和碳酸盐岩,在陆源碎屑沉积中,铬常随粒度的减小而增加。在富含有机质的黑色页岩中往往富集铬,可能与有机质富集作用和黑页岩形成时的还原条件有关。

镍(Ni):由于炭质页岩和黑色页岩中 Ni 的含量比较高,因而一些人认为,Ni 的含量与有机质的富集作用有密切联系。在对现代青海湖湖底沉积物的调查中也发现,Ni 的含量与有机碳含量呈正相关关系(中国科学院兰州地质所,1979)(图 1-2)。淡水沉积物中 Ni 的丰度比海洋沉积物中低,可能与石英粉砂的稀释作用有关。

钒(V):由于黏土矿物对 V 的吸附作用,泥页岩、黏土岩中钒的含量高。有机质对钒可能有富集作用,富含有机质的泥岩,如黑色页岩中常富含钒;渤海湾地区富含有机质的湖成黑色页岩、钙质泥岩中钒的含量均比相邻地层高,青海湖湖底沉积物中钒的含量与镍一样与有机质含量也呈正相关关系(图 1-2)。

松辽盆地白垩系泥页岩中元素 V +Ni +Cu 的含量由河流相泥页岩向湖相泥页岩逐渐升高。河流相: $<150 \times 10^{-6}$;滨浅湖相: $(150 \sim 170) \times 10^{-6}$;半深水湖相: $(170 \sim 190) \times 10^{-6}$;深水湖相: $>190 \times 10^{-6}$,可能与随湖水加深湖相泥页岩有机质含量增高有关。

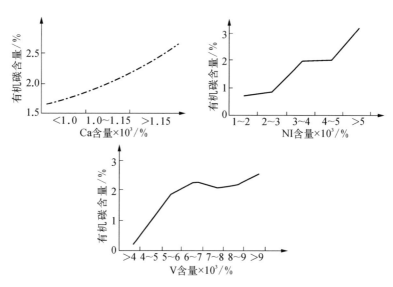

图1-2 青海湖底沉积物中 V、Co、Ni 与有机碳关系曲线(据中国科学院兰州地质所，1979)

钴(Co)：泥页岩和黏土岩中钴含量较砂岩、碳酸盐岩高，可能与黏土矿物吸附作用有关，此外，生物作用对钴的富集也有影响。

镓(Ga)：在泥岩和页岩中的含量明显高于砂岩和碳酸盐岩。Ga 在碳酸盐类岩石中含量很低。淡水沉积物中镓的含量要高于海相沉积。

钛(Ti)：沉积岩中钛含量变化较大。钛主要源于陆源碎屑物质，灰岩中钛的含量也与碎屑矿物含量有关。沉积岩中高钛含量可能与火山物质影响有关。

有机碳和硫化物以及元素 V、U、As、Sb、Mo、Cu、Mn、Cd、Ag、Au 和铂族金属元素常常富集在黑页岩中。

总的来说，Fe、P、V、Cr、Co、Cu 等元素在砂岩中含量最低，在粉砂岩中升高，在黏土岩中可达极大值，泥灰岩中含量又降低，而在灰岩中达最小值(南京大学地质系，1984)。

1.1.3　稀土元素

文献研究表明，Mo、Se、Re、Ni、U、Au、Ag、Pt、Pd、Tl、Co、Cu、Pb、Zn、Y、Cd 等元

素在黑色页岩中有较高的富集程度（罗泰义等，2003；钱建民等，2009）；罗泰义等（2005）研究表明，黑色岩系底部 Se 有超常富集。稀土元素 Zr、Y、Li、Cs、Be、Ta、In 等在砂岩中含量较少，而在黏土矿物、页岩、铝土矿中有明显富集，在碳酸盐岩中含量又降低。

李志伟等（2010）利用微波消解电感耦合等离子体质谱法对贵州遵义地区某黑色页岩样品进行了 6 次平行测定，另在样品中加入适量的标准溶液，进行全流程加标回收率试验。从表 1−5 可以看出，各元素测定结果的相对标准偏差（relative standard deviation，RSD）均小于 4%；加标回收率在 97.9%~100.1%。

	$W_B/(\mu g \cdot g^{-1})$							RSD/%	加标回收率 R/%
	本法分次测定值						平均值		
Sc	8.572	8.77	8.443	8.427	8.627	8.601	8.573	1.48	98.9
Ga	12.47	12.31	12.13	12.93	12.26	12.23	12.39	2.32	99.7
Ge	2.047	2.079	1.997	1.977	1.977	2.031	2.018	2.05	99.1
Y	95.8	98.86	93.67	94.67	94.36	94.18	95.26	1.99	99.5
Zr	158.6	157.5	156.6	151.3	159.6	163.7	157.9	2.57	98.3
Nb	6.478	6.583	6.71	6.517	6.366	6.441	6.516	1.84	99.8
In	0.297	0.305	0.303	0.291	0.286	0.303	0.298	2.57	98.3
Te	196.4	2.099	1.985	2.081	2.024	1.934	2.015	3.26	98.6
Cs	7.405	7.831	7.695	7.543	7.883	8.053	7.735	3.06	99.9
Le	58.56	59.57	59.72	57.41	57.89	57.53	58.45	1.73	100.1
Ce	90.03	90.37	91	91.69	91.42	91.35	90.98	0.71	98.6
Pr	11.11	11.24	11.54	11.55	11.04	10.79	11.21	2.65	99.8
Nd	45.66	45.21	45.46	45.7	45.3	45.41	45.46	0.43	99.9
Sn	8.942	9.115	9.035	9.283	9.25	9.275	9.15	1.55	98.8
Eu	2.417	2.501	2.365	2.389	2.323	2.368	2.394	2.55	99.4
Gd	9.027	9.501	9.403	9.203	9.699	9.376	9.368	2.49	99.4
Tb	1.429	1.463	1.452	1.442	1.41	1.472	1.445	1.58	99.8
Dy	8.348	8.546	8.661	8.465	8.274	8.562	8.476	1.7	99.8
Ho	1.845	1.885	1.84	1.918	1.932	1.9	1.887	2	99.5
Er	5.1	5.33	5.06	5.03	5.13	4.99	5.11	2.35	99.5
Tn	0.692	0.705	0.715	0.708	0.724	0.687	0.705	1.97	99.1

表 1−5 贵州遵义地区黑色页岩样品分析（李志伟等，2010）

（续表）

	$W_B /(\mu g \cdot g^{-1})$							RSD/%	加标回收率
	本法分次测定值						平均值		R/%
Yb	4.12	4.015	3.945	3.923	3.885	3.836	3.954	2.55	99
Lu	0.569	0.567	0.58	0.586	0.563	0.588	0.576	1.83	99.8
Hf	4.393	4.385	4.46	4.313	4.535	4.372	4.41	1.75	99.1
Tu	0.583	0.583	0.566	0.566	0.57	0.515	0.567	3.1	99.8
He	0.01	0.029	0.031	0.029	0.031	0.029	0.298	3.29	99.5
Ti	185.5	186.5	184.2	185.5	184.4	185	185.15	0.45	97.9

1.2　页岩同位素地球化学

组成页岩的黏土矿物多具层状结构,普遍含有结晶水。结构水和结晶水中氢、氧同位素组成与黏土矿物形成的环境条件密切相关,因此,可用来研究页岩的成因,追溯成岩演化历史。

1.2.1　碳同位素

碳有两个稳定同位素^{12}C和^{13}C,相对丰度分别为98.89%和1.11%。其丰度可以用δ值表示,所谓δ值是样品与被选作"标准"样品的$^{13}C/^{12}C$相比的千分偏差值,以$\delta^{13}C(‰)$表示。目前国际上均以PDB值为零作为碳同位素的标样值,以$\delta^{13}C_{PDB}$表示,PDB是选用美国南卡罗莱纳州白垩系P－D组拟箭石化石方解石壳的碳。$\delta^{13}C$的表达式为

$$\delta^{13}C(‰) = \frac{(^{13}C/^{12}C)_{样品} - (^{13}C/^{12}C)_{标准}}{(^{13}C/^{12}C)_{标准}} \times 1\,000 \qquad (1-1)$$

式中,δ^{13}C 为正值,表示样品相对于标准样品富集^{13}C,为负值则表示相对富集^{12}C。

1.2.2　氧同位素

氧是地壳中最丰富的元素。氧有 3 个稳定同位素,其丰度分别为 δ^{16}O = 99.763%,δ^{17}O = 0.037 5%,δ^{18}O = 0.199 5%。由于^{18}O 和^{16}O 的质量差异较明显,丰度值也大,因而一般用^{18}O/^{16}O 值来表示物质的氧同位素组成。氧同位素的国际通用标准为 SMOW(平均标准海水的同位素组成)。研究发现,沉积碳酸盐岩的 δ^{18}O 值随时代的变新而增高。

同位素交换反应是氧同位素分馏作用的主要形式,根据平衡交换反应所建立的矿物与矿物之间或矿物与水之间的氧同位素分馏方程是同位素地质测温的基础。古海洋温度的测定,即利用了生物成因的碳酸盐(生物壳体)与海水之间氧同位素交换反应中分馏系数随温度的变化而呈现规律性变化的基本原理。

光合作用、呼吸作用以及硫酸盐细菌还原作用等动力学分馏效应均可引起氧同位素分馏。此外,蒸发过程中由于轻同位素^{16}O 的蒸气压比重同位素^{18}O 高,水体蒸发时,轻同位素分子优先逸出,水体中的重同位素就越来越富集,氧同位素发生分馏。因而,海水在蒸发过程中,水蒸气中逐渐富含^{18}O,而海水中^{18}O/^{16}O 的比值则越来越高,表现为δ^{18}O 值随盐度的增高而变大。由于上述原因,沉积碳酸盐的氧同位素组成可以反映水介质的温度与盐度。

黏土矿物与平衡水介质之间氧同位素相对富集系数(Δ^{18}O$_{黏-水}$ = δ^{18}O$_{黏}$ − δ^{18}O$_{水}$)的变化主要与温度有关,温度越高,相对富集系数越小,两者的同位素组成越接近(图 1−3)。

黏土矿物与平衡水介质之间氢同位素相对富集系数(ΔD$_{黏-水}$ = δD$_{黏}$ − δD$_{水}$)的变化主要取决于黏土矿物基本结构层的变化,温度的变化影响较小(图 1−4)。如果黏土矿物是在大陆风化条件下形成的,则其同位素组成取决于风化介质的同位素组成和温度,在同样温度但同位素组成不同的大气淡水环境中形成的黏土矿物,氢、氧同位素组成落在一条直线上,该直线的方程为

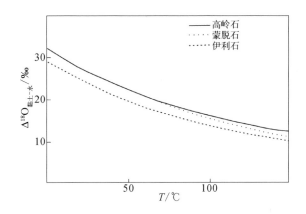

图1-3 黏土矿物和平衡介质之间氧同位素富集系数与温度的关系(成都地质学院地质矿产研究所,1988)

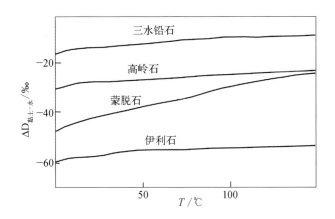

图1-4 黏土矿物和平衡介质之间氢同位素相对富集系数与温度的关系(成都地质学院地质矿产研究所,1988)

$$\delta D_{黏} = 8\delta^{18}O_{黏} + A \qquad A \text{ 为常数} \qquad (1-2)$$

由于其斜率与淡水线($\delta D_{水} = 8\delta^{18}O + 10$)的相同,因此,两者相互平行。任何一种黏土矿物,其形成温度均可构成一条直线。形成温度越高,直线越靠近淡水线(图1-5)。

取自北美地台黏土岩中的高岭石和三水铅石样品(图1-6),氢、氧同位素均呈线性分布,且回归方程直线的斜率为8。这证明了它们形成于大气淡水环境(不管其沉积环境是陆相还是海相),而且形成时温度变化不大。

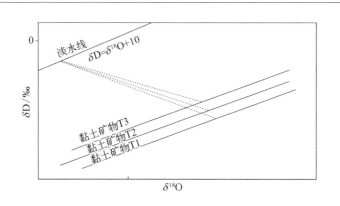

图1-5 风化黏土矿物
氢、氧同位素组成与淡
水线的关系(成都地质学
院 地 质 矿 产 研 究 所,
1988)

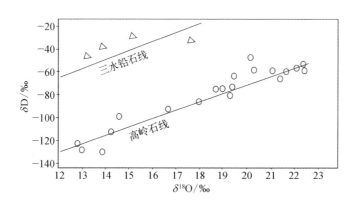

图1-6 北美台地黏土
矿物的氢、氧同位素组
成（据 S. M. Savin,
1980，转引自《沉积地
球化学应用讲座》编写
组，1988)

如果黏土矿物是海底自生的,其同位素组成应与海底水保持平衡。因此,海底自生黏土矿物的氧同位素组成较高。海底温度(1℃)条件下的蒙脱石,$\delta^{18}O$ 含量约为30.6‰,伊利石约为27.7‰,高岭石约为26.2‰,绿泥石约为23.00%($Savin$,1970)。

1.2.3　硫同位素

硫在自然界中广泛存在。在沉积岩中,硫能够以硫酸盐和硫化物的形式存在,也可成为沉积硫矿床的主要成分,在蒸发岩中则主要以硫酸盐形式存在。

硫有4个稳定同位素,^{32}S,^{33}S,^{34}S,^{36}S,其丰度分别为95.02%,0.75%,4.21%,

0.02‰。在沉积地质学中,一般也采用质量差异较大且丰度较高的^{34}S和^{32}S的比值^{34}S/^{32}S来研究物质的硫同位素组成。

硫同位素的国际通用标准为Canyon Diablo铁陨石中的陨硫铁。

自然界中硫同位素的变化范围为150‰,最重的为硫酸盐,δ^{34}S值大于+90‰,最轻的为硫化物,δ^{34}S值约为−65‰。海水中硫酸盐富集^{34}S,主要与硫酸盐还原细菌将溶解在海水中的硫酸盐还原生成更富含^{32}S的硫化氢有关,这一作用使残余的海水中更富集^{34}S。

现代大洋海水中溶解硫酸盐的δ^{34}S值稳定在+20‰,而在地质历史上曾发生多次变化,从早古生代的+20‰到+30‰,降到二叠系的11‰,中生代初迅速上升,然后有多次波动(图1−7)。

图1−7 地质时期大洋中溶解碳酸盐的δ^{34}S值变化曲线(虚线指现代值)(转引自同济大学海洋地质系,1980)

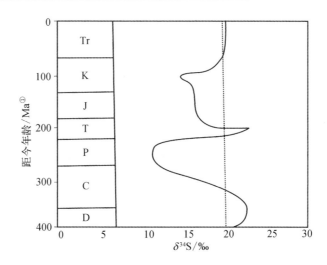

硫同位素动力学分馏效应是硫同位素分馏作用的重要机理。在沉积地质学中,又主要出现在生物细菌对硫酸盐的还原作用中,其结果使硫酸盐和还原产物硫化物之间产生了极为显著的硫同位素分馏,即在硫化物中富集轻同位素^{32}S,而残余的硫酸盐则逐渐富集重同位素^{34}S。大多数研究表明,由于上述分馏作用结果,在各种自然界环境

---

① 1 Ma =一百万年。

中硫化物与伴生的硫酸盐相比其 $\delta^{34}S$ 值一般要减少 15‰ ~ 62‰。大多数情况下,沉积硫化物 $\delta^{34}S$ 值为 $-30‰ ~ -10‰$(Hoefs,1987)。

同位素交换反应是硫同位素分馏的又一形式,硫化物和硫酸盐之间、不同价态的硫化物之间均可发生平衡交换反应,由此造成自然界中含硫化合物同位素组成的差异。

细菌对硫酸盐的还原作用发生时硫同位素的动力学分馏效应是自然界中硫循环的最主要的分馏作用。其结果导致轻同位素的硫化物形成,残余的硫酸盐则相对富集重硫同位素。许多研究者(Thode 等,1960)发现,硫酸盐还原过程出现在有机质堆积速度较快、介质环境缺氧的较强的还原环境中。在这一过程中控制硫化物形成的因素大约有 3 个方面:① 有机质供给数量;② 与硫酸盐还原过程释放出的 H_2S 反应的碎屑铁矿物的浓度和沉积作用速度;③ 体系中硫酸盐的供给情况(Berner,1984)。实验室研究表明,与硫酸盐浓度相比,硫酸盐还原速度更依赖于细菌可代谢的有机质的浓度。上述几个因素同样控制着硫酸盐-硫化物转换过程中硫同位素的分馏效应以及硫同位素的重新分布。因而沉积硫化物的硫同位素组成能反映原始沉积环境,包括还原强度、沉积物堆积速度、环境相对于硫酸盐补给的开启与封闭程度等(图 1 - 8)。

实验室研究表明,硫同位素的动力学分馏效应随细菌对硫酸盐的还原速度的增加

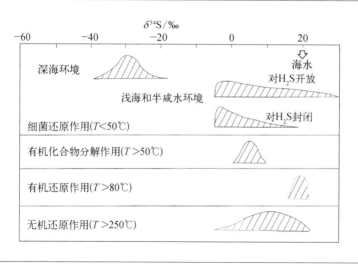

图 1 - 8 海水硫酸盐($\delta^{34}S = \pm 20‰$)在不同沉积环境下被各种机制还原时沉淀硫化物的硫同位素分布(据 Ohmoto, H., Rye, R.O., 1979)

而减少,因而在快速堆积作用环境中,如近岸沉积环境,由于有机质和沉积物中金属阳离子补给快、数量多,硫酸盐还原速度也快,因而硫同位分馏效应会降低。在自然界反应中,即表现为沉积硫化物 $\delta^{34}S$ 与同期海水的 $\delta^{34}S$ 值差值相对较小。远离海岸的缓慢沉积作用环境中,同位素分馏效应会增强。

此外,在发生细菌硫酸盐还原反应的环境中,硫酸盐的供给情况不同,硫同位素的分馏效应也不同,从而导致硫同位素组成上的差异。这种现象一般分为两种情况:对 SO_4^{2-} 的开放体系和对 SO_4^{2-} 的封闭体系(Ohmoto 等,1979),前者如深海环境或开阔海环境。在这种沉积环境中,由于海水中溶解的 SO_4^{2-} 可以不断补充给还原作用中所需的硫酸盐,因而是对 SO_4^{2-} 的开放体系。在这种体系中形成的硫化物的硫酸盐 $\delta^{34}S$ 值比同期海水要低 40‰ ~ 60‰,平均为 -50‰,而且由海水中沉淀出的硫酸盐 $\delta^{34}S$ 值接近海水的 $\delta^{34}S$ 值。另一种体系,即硫酸盐的补给速度小于硫酸盐被细菌的还原速度的沉积环境,如水中溶解硫酸盐不能得到充分补给的局限水体——潟湖;以及受淡水稀释作用较明显的沉积环境,如浅海、潮汐平原和三角洲环境等是对 SO_4^{2-} 的封闭体系。在这种体系中,随着沉积硫化物对 ^{32}S 的选择性富集,开始时沉积硫化物富集 ^{32}S,水中残余的硫酸盐逐渐富集 ^{34}S,但由于得不到开阔水体中溶解的硫酸盐的充分补给,水中残余硫酸盐的 $\delta^{34}S$ 值会逐渐升高,并大于开阔水体中硫酸盐的 $\delta^{34}S$,结果导致沉积硫化物相对开始时期逐渐富集 ^{34}S。因而在这种体系中形成的硫化物的 $\delta^{34}S$ 值比硫酸盐低 25‰。

对 SO_4^{2-} 的封闭体系,又可分为两种情况。其一是对 H_2S 的开放体系,这种体系相当于 H_2S 形成或迅速扩散,或在沉积物中大量金属离子(如 Fe^{2+})供给的情况下,H_2S 迅速变成金属硫化物(如 FeS_2)从体系中沉淀出来。其形成的硫化物的硫同位素组成的特点是刚开始贫 ^{34}S,随后逐渐增大,最后会超过还原作用开始时硫酸盐的 $\delta^{34}S$ 值。其二是对 H_2S 的封闭体系,这种体系相当于金属阳离子供给不足的情况下,H_2S 形成后未能迅速转变为硫化物沉淀。在这种体系中形成的硫化物开始时贫 ^{34}S,随后逐步增高,最后接近还原作用开始时硫酸盐的 $\delta^{34}S$ 值(图 1 - 8)(卢武长等,1986)。

硫同位素组成的上述特点可用于对古代沉积环境的识别。在对我国鄂西、川东和湘西一带三叠系巴东组含铜页岩的分析中,发现其硫化物的 $\delta^{34}S$ 值平均为

$-30‰$左右,比三叠系海水的 $\delta^{34}S$ 值低约 $50‰$,这表明其形成于开放的广海沉积环境(张理刚,1985)。

此外,海水与淡水的硫同位素也有区别。海水的 $\delta^{34}S$ 值在同一地质时期是稳定的,而淡水的 $\delta^{34}S$ 值由于影响因素比较多,变化幅度较大,明显偏离当时海水的 $\delta^{34}S$ 值。地层中硫同位素成分必然反映这一差异,因而可作为判别海陆相的标志。同时,一些研究还证明,对现代和古代湖泊沉积来说,源自湖相沉积中氧化了的硫(SO_4^{2-})富含重同位素 ^{34}S,而还原硫(H_2S 和黄铁矿等)富含轻同位素 ^{32}S,而且湖相沉积中氧化硫和还原硫中的 $\delta^{34}S$ 值均比海相环境要高(Cole,1981)。

Cole 和 Picard(1981)在对科罗拉多 Piceance Creek 盆地和尤英塔盆地西部古近系格林河组和尤塔组的硫同位素组成研究中发现,地层中硫同位素的变化与沉积作用发生时湖水的物理、化学和生物条件的变化是一致的。这两个盆地的古近系沉积旋回的下部(古新世 Wastatch 组)以冲积相砂岩为主,始新世时期湖水范围不断扩大,沉积了湖相格林河组。其上部的 Parachute Creek 段形成于最大水侵期,沉积了厚 200 余米的油页岩。格林河组晚期又开始水退,湖相沉积作用减弱,逐渐为河流和三角洲沉积作用所代替。地层中硫化物的硫同位素组成也呈现明显的旋回性。旋回底部梅萨沃德(Mesaverde)组和沃萨奇(Wasatch)组沉积硫化物的 $\delta^{34}S$ 值最低,平均值分别为 $10.0‰$ 和 $7.8‰$,反映了畅通的汇水条件和淡水沉积作用。向上湖泊沉积作用的开始可以从硫同位素值的变化反映出来,水侵早期三角洲河道砂岩和藻黏结灰岩互层中硫化物的 $\delta^{34}S$ 值较下伏层增加 $5‰$。随着叠层石相藻黏结灰岩和泥灰岩沉积作用的增强 $\delta^{34}S$ 值逐渐增加,这恰与盆地含盐湖水的推进作用十分吻合。^{34}S 的最大富集出现在格林河组上部的油页岩中,平均为 $37.3‰$,代表了最大湖侵期。之后随河流作用的再次推进,地层中硫化物 $\delta^{34}S$ 值逐渐变低,为 $17.9‰$ 左右。上述情况表明,硫同位素的变化同样反映出盆地湖相沉积的旋回(图 1-9),主要反映沉积环境的变化而不是成岩埋藏作用的影响。

进一步研究还表明,硫同位素不仅可以反映湖盆演化过程中的旋回特征,而且可以区分不同的沉积相类型。关于尤英塔盆地湖相沉积 $\delta^{34}S$ 值随湖水范围扩大逐渐富集并在代表最大湖侵期的油页岩中达极大值的机理尚有争议。Harrison 和 Thode(1958)曾将其 $\delta^{34}S$ 值的变化归结于湖水盐度的逐渐增加,另一些研究者则认为细菌

图 1-9 硫同位素对沉积旋回
的标识作用(据 Cole, R. D.,
Picard, M. D., 1981)

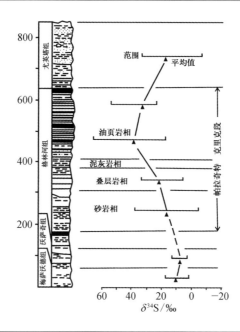

硫酸盐还原作用对 ^{34}S 和 ^{32}S 的分馏有重要影响。硫酸盐还原细菌对水中硫酸盐的还原产生了富含 ^{32}S 的硫化氢,一部分硫化氢与沉积物中的 Fe 反应形成硫化铁,另一些 H_2S 则散失到大气中,富含 ^{32}S 的 H_2S 气体的逸出可能是尤英塔盆地湖相沉积 ^{34}S 逐渐富集的重要原因。还有一些研究者认为尤英塔盆地始新世湖泊具分层现象,盐度分层形成的盐跃层导致湖水上部与下部地球化学性质的差异,使湖泊表层水的 SO_4^{2-} 很难进入底层水中。由于 SO_4^{2-} 供给不足或缺乏,因而硫酸盐还原作用不是硫同位素分馏的重要原因,而进入湖底的有机质的分解作用控制了地层中硫的含量和硫同位素的分馏作用。

1.2.4　氢同位素

氢有氕^1H、氘$^2H(D)$和氚$^3H(T)$ 3 个同位素,其中氚是放射性同位素,半衰期为12.43 年,氚的相对丰度很低,天然氚是宇宙射线在大气圈上部作用于氮和氧原子的产物,氘和氚是稳定同位素。^1H 相对丰度为 99.984 4%,^2H 为 0.015 6%。地质学中主要研究氢的稳定同位素氘和氚的丰度比值 $D/^1H$,并常用 D 来表示。δD 是某样品与被选作"标准"样品的 $D/^1H$ 比的千分偏差值,其代表式为

$$\delta D(‰) = \frac{D/^1H_{样品} - D/^1H_{标准}}{D/^1H_{标准}} \times 1\ 000 \qquad (1-3)$$

常用的标准是标准海水中的 $D/^1H$。由上述可知,δD 值为正值说明样品比"标准"样品富集 D,为负值时则表示样品富集 ^1H。氢的某气体或某化合物的 δD,一般在氘(D)同位素右下角标以氢的某气体或某化合物的分子式,例如甲烷的、乙烷的、水的、氢的 δD 可分别缩写为 δD_{CH_4}、$\delta D_{C_2H_6}$、δD_{H_2O}、δD_{H_2}。

1.3   海相页岩地球化学特征

1.3.1   海相页岩分布特征

中国南方从震旦纪到中三叠世广泛发育了海相沉积岩,海相地层累计厚度最大超过 10 km,分布面积达 $200 \times 10^4\ km^2$;主体从晚三叠世以来转变为陆相沉积,在中、古生界海相地层之上叠加形成了四川、江汉、苏北、都阳、楚雄及十万大山等中、新生代陆相盆地,陆相沉积厚度一般可达 2 000 ~ 5 000 m。大致以江绍断裂为界,其西北侧为扬子区,东南侧为华夏区;除华夏区的下古生界及更老地层已浅变质以外,南方大部分地区震旦系-中三叠统海相沉积地层均未变质。

按板块构造特点,中国南方海相震旦系-中三叠统的诸多沉积盆地,大致可划分为克拉通盆地、被动陆缘盆地、走滑拉分盆地、大陆斜坡盆地、弧后盆地和前陆盆地 6 大类。不同构造性质的沉积盆地对烃源岩的发育有不同的控制,各类盆地中以发育于被动大陆边缘盆地和前陆盆地前渊坳陷的泥页岩类烃源岩较好。

有强烈裂谷或坳陷作用的被动大陆边缘盆地所发育的烃源岩往往具有沉积厚度较大,分布面积广,层位和岩性、岩相较为稳定的特点,以高有机碳丰度的黑色泥质岩类为主;在前陆盆地中,主要发育于近逆冲隆升带的前渊坳陷部位的暗色泥页岩,亦有较大的沉积厚度和较高的有机碳丰度,层位和岩性、岩相较稳定,但向前陆隆起方向厚度逐渐减薄,非烃源岩组分或夹层增多。

1. 下寒武统

早寒武世我国南方发生了一次重要的缺氧事件,由其引起的黑色沉积建造在苏、浙、皖、赣、湘、桂、鄂、黔、渝、川、滇等地大量分布。其沉积层位相当稳定,均位于下寒武统下部,但各地对该层位的命名不一致:贵州叫牛蹄塘组、渣拉沟组、九门冲组;桂北称清溪组;滇东(北)命名为渔户村组(上段);浙西为荷塘组;皖南叫黄柏岭组;皖东北则称黄栗树组;湖南叫木昌组、小烟溪组、杨家坪组、牛蹄塘组等;鄂东南叫水井沱组;赣南叫牛角河群。上述各地黑色页岩厚度不一,从几米至几百米不等,一般为30~250 m。广泛发育于扬子、南秦岭和滇黔北部地区的次深海-深海沉积相区,平面上主要分布于扬子克拉通南北两侧(包括川东南、川东北、鄂西渝东、中扬子、下扬子和楚雄盆地),厚度为20~700 m,大部分地区厚度大于100 m。南盘江坳陷、桂中坳陷和十万大山盆地因地处华南褶皱系,该套烃源岩褶皱变质已不复存在。

在构造位置上,下寒武统的黑色岩主要分布在扬子板块东南缘,特别是江南古陆及其周围地带,另在扬子板块北缘的川北、陕南、甘南地区也有少量分布。

2. 上奥陶统-下志留统

晚奥陶世-早志留世期间,华南陆块处于由南聚北离向双向挤压转换的动力背景。烃源岩主要为发育在江南-雪峰隆起(有时为水下隆起)到滇黔隆起以北的克拉通边缘滞留盆地相较深水-深水缺氧条件下的非补偿性沉积,包括上奥陶统五峰组和下志留统龙马溪组下部硅质泥岩、炭质泥页岩、黑色泥页岩(表1-6,表1-7)。五峰组沉积厚度较小,但分布较稳定,厚度一般为几米至20余米;下志留统黑色页岩集中分布于其底部,厚度较五峰组要厚,空间展布与下寒武统相似,仅楚雄盆地有差异,主要分布在川东南、川东北、鄂西渝东、中扬子、下扬子等区,厚度在30~100 m。

晚奥陶世五峰期扬子海盆以浮游生物发育占优势,如笔石、牙形石、放射虫等,在局部地区和有关层位与之共生的还有腕足、海绵等。对晚奥陶世腕足类生态域的研究

发育层位	岩石类型	分 布 区 域
下志留统	以深灰-灰黑色页岩为主,下部以黑色炭质页岩为主	南方扬子区广泛发育的主力烃源岩系。 中上扬子区为下志留统龙马溪组,下扬子地区为高家边组
上奥陶统五峰组	以黑色炭质、硅质岩为主	南方扬子区发育的烃源岩系,区域上厚度普遍较薄,但层位稳定;在浙西、苏皖南部及苏北北部地区厚度较大
下寒武统	以黑色炭质页岩为主,下部夹石煤层	南方广泛发育的主力烃源岩系。 中扬子地区为牛蹄塘组,下扬子为幕府山组下部,浙赣区为荷塘组下部

表1-6 中国南方海相页岩发育层位(据周雁等,2006)

岩 性	色 率	沉积相类型	主要发育层位
页 岩	灰-深灰色	浅海陆棚、次深海-深海盆地	Z_2ds、$\in_1n$、$\in_1m$、O_3w、S_1l、S_1g、D_2l
炭质页岩	灰黑-黑色	次深海-深海盆地	
硅质页岩	深灰-灰黑色	次深海-深海盆地、台盆	O_3w、D_2l、D_3l、P_1g
钙质页岩	灰-深灰色	次深海盆地、台盆	S_1g、D_2l、D_3l、P_1q、P_1g

表1-7 中国南方海相页岩类沉积类型及层位分布(据周雁等,2006)

已有详细报道,晚奥陶世早期发育个体极小(2～3 mm)的无铰纲 Conotreta 群落,分异度极低,化石极丰富,代表水深200～300 m 或者更深些;五峰组中部到上部为个体较小、贝扁平、体腔窄、介壳薄且脆弱的 Manosia 群落,其分异度较低,水深约150 m。

1.3.2 海相页岩元素特征

中国南方早古生代黑色页岩,特别是下寒武统底部的黑色页岩,发育良好、分布广泛,多种有用元素赋存于其中,是一个重要的含矿层位。

中国南方早寒武世黑色页岩建造在元素组成方面具有以下三个颇为突出的特点。

(1) 元素组合的多样性

大量样品的分析资料揭示了黑色页岩建造中多种元素的富集程度。表1-8 按不同类型含矿岩层分别列出了30 多种成矿元素的平均含量,同时也列出了有关文献资料的数据供对比。表中的亲铁元素,除铁、钴、铂以外,都得到了不同程度的富集。其

表1-8 元素平均含量对比（×10⁻⁶）（张爱云等，1987）

元素		文 献 资 料				中 国 南 方		
		克拉克值（泰勒，1964）	页岩平均值（涂里干等，1961）	黑色页岩（佩蒂庄，1975）	曼斯菲尔德页岩（多马列夫，1958）	含钒黑色页岩	含镍钼黑色页岩	磷块岩
亲铁元素	Fe	56 300	47 200	180 599	26 000	31 535	70 410	40 600
	Co	25	19		400	30	53	49
	Ni	75	68		200	395	1 280	320
	Mo	1.5	2.6			110	1 780	570
	Re	5×10^{-11}				0	1.7	
		0.05				0.04	0.043	0.018
	Pd	0.01				0.02	0.08	0.037
	O	0.001				0.005	0.023	0.009
	P	105u	700	873		3 259	32 860	134 000
亲石元素	V	135	130	839		4 506	1 335	384
	Cr	100	90			300	273	1 000
	Mn	950	850	16		70	203	154
	Tj	5 700	4 600			2 640	3 825	1 020
	Y	33	26				150	300
	La	30	92			250	75	90
	Yb	3	2.6				60	70
	U	2.7	3.7			50	130	338
	Tb	9.6	12				7.3	
	F	625	740					24 800
亲铜元素	Cu	55	45		27 500	455	200	70
	Ag	0.07	0.07		140	7.5	4.9	8.4
	Au	0.004	0.00x			0.13	0.15	
	Zn	70	95		约15 000	220	980	100
	Cd	0.2	0.3			34	30	12
	Ga	15	19			3	23	
	Gc	1.5	1.6				1.5	
	Tl	0.45	1.4				25	1.2
	Pb	12.5	20		约15 000		87	500
	As	1.8	13				683	700
	Se	0.05	0.6			36	191	76
	Te	0.000 6				0.0x	2	
	S	260	2 400	296 401	5 800	15 700	51 775	17 850
	L	0.5	2.2					11.5

注：$x = 1 \sim 9$。

中,钼和铼比克拉克值富集了 1 000 倍以上。14 种亲铜元素中,只有铜、镓、锗、锌的富集程度不高,其余都达到 50 ~ 500 倍。在 10 种亲石元素中,除钒、铀和稀土元素以外,其余都很少富集,其中锰、钛、钍低于克拉克值和页岩平均值。与国外相似的"黑色页岩"(如中欧曼斯菲尔德含铜页岩、美国帕廷黑色页岩、斯堪的纳维亚"明矾页岩"等)相比较,中国南方早寒武世黑色页岩的特点是钒、镍、钼及与其地球化学性质关系密切的一系列元素含量较高,而铜、铅、锌等则相对较低。纵观富集程度较高的 20 多种元素,它们有的是属于典型的基性-超基性岩的微量元素组合,如钒、镍、铂族元素等;有的是属于酸性岩岩石的微量元素组合,如铊、铀、钡等;更多的一些是属于中性岩岩石的微量元素组合,如钼、铼、砷、镉、硒、碲、锗和稀土元素等。这些元素在黑色页岩建造中按一定组合方式出现,如镍-钼组合、镍-钼-锌组合、钼-钒组合、钒-银组合、钒-铀组合、镉-铀组合、磷-铀-稀土组合等。总之,在所研究的黑色页岩中元素间的组合是非常复杂的。

(2)空间展布的分带性

下寒武统底部黑色页岩建造中元素组成的空间展布具有明显的分带性。元素富集的分带受早寒武世岩相古地理条件控制。据研究,早寒武世早期,中国南方的广大地区主要是浅海,西南有康滇古陆,东南及中部有岛群或水下隆起,东北方向是淮阳古陆。当时主要海岸线沿东北-西南向延伸,因此各岩相带也大体沿东北-西南方向平行展布。与岩相带密切相关,元素也呈带状分布。由西至东,在康滇古陆东侧扬子浅海陆棚沉积相带中,沉积了厚层磷块岩,至黔东、湘西一带,磷块岩厚度大大变薄;进入江南浅海的炭质页岩相带之后,海水中磷的浓度减小,在含磷层位上只有磷结核沿层分布,结核或疏或密,随地层性质而异。江南浅海区,碳泥质、硅质岩相发育,形成有巨厚的石煤层和沉积矾矿床、钒铀矿床。扬子浅海的东部及其与江南边缘海相的过渡带,发育有碳泥质磷质硅质岩相,形成镍钼多元素富集带。镍、钼、锌的富集在滇东浅海陆棚沉积相带中也有发现(图 1 - 10),其层位稍高。在东南活动海槽区,发育着砂页岩夹硅质岩相带,形成复理石建造,沉积厚度大,有机物质少,有用元素分散,没有形成可观的富集。由于海底地形复杂,有许多次一级的沉积坳陷,因而往往在不大范围内岩相和元素分布也呈现出小的条带或环带。

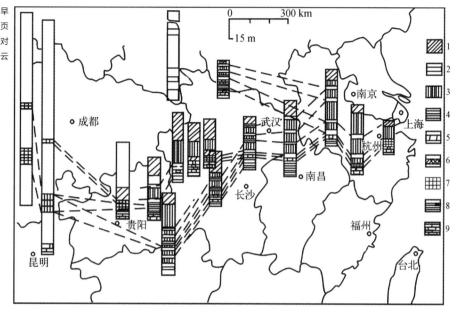

图1-10 早寒武世黑色页岩建造矿层对比（张爱云等，1987）

1—含碳页岩；2—腐泥煤；3—石煤；4—钒矿层；5—磷结核层；6—镍钼矿层；7—磷块岩层；8—硅质岩；9—白云质灰岩

（3）多旋回成矿作用

早寒武世黑色页岩建造总的说来是一套海侵沉积序列，从寒武系与震旦系之间的界面起，依次是磷块岩（或硅质岩）和磷结核层、镍钼多元素富集层（或缺失）、含磷质碳泥质硅质岩、碳泥质硅质岩（即石煤）和钒矿层以及黑色页岩夹泥灰岩。详细研究矿区某些钻孔剖面后发现，在几米至十余米范围内，岩性往往呈周期性变化，贫矿层与富矿层交替出现。特别明显的是，作为黑色页岩建造主体的石煤层与钒矿层，许多矿区甚至可以划分出五六个小旋回，岩性序列依次是细碎屑沉积、生物化学沉积、细碎屑沉积、碳酸盐沉积。有用元素的富集部位常常在海侵与海退的转折处，钒的最高的富集大多在中间旋回，并常与磷结核伴生（张爱云，1982和1983）。

多种有用元素在黑色页岩建造下段形成富集，这基本上是全区性的普遍现象。在镍钼矿带分布区，元素富集以震旦-寒武系假整合面为界发生突变。以磷块岩相沉积起，金属元素开始聚集，到磷块岩相沉积的末期，多种金属元素的富集达到高峰，形成金属硫化物矿层,向上随着磷质沉积的基本结束和硅质页岩相的发育并占据优势,镍钼矿化迅速减弱。钒矿带分布区,岩性剖面表现为逐渐过渡,寒武系与震旦系大多连续沉积,但钒的大量富集仍与磷结核层相一致。钒矿层与顶底黑色页岩在岩性上往往无明显差别。根据湘西镍-钼-钒矿带的研究,在矿层沉积之后,在整个黑色页岩建造堆积期间,镍、钼、钒等金属元素仍在继续沉积,只是沉积速度大大降低而已。镍、钼、钒在矿层(集中)和上部黑色页岩建造(分散)中的分布根据典型矿区资料计算结果如表1-9所示。计算得知,钼在矿层内的集中部分大约为总金属量的一半,另一半呈分散状态赋存于上部黑色页岩建造中,在分散范围内的丰度一般为$(10 \sim 20) \times 10^{-6}$;镍则更加分散,集于矿层内的部分只相当于总金属量的$1/6$,分散范围内的丰度一般为$(50 \sim 100) \times 10^{-6}$;钒介于两者之间,集中部分与分散部分之比约为$1:2$。当然,这种计算是粗略的,不同地区也不尽相同。但总的情况表明,镍、钼、钒等金属元素不仅可以富集成矿层,而且还有很大部分分散在黑色页岩建造的各类岩石中,使整个建造金属元素总量相当可观。因此可以认为,黑色页岩建造是一个重要的矿源层。

层　位	厚度/m	元素单位面积含量/(g/m³)		
		镍	钼	V₂O₅
(1) 上覆黑色页岩	$50 \sim 70$	2.8×10^4	8.6×10^3	1.2×10^3
(2) 矿层	$1.2 \sim 2.5$	5.9×10^4	7.7×10^3	5.1×10^3
(1)/(2)	32	4.7	1.1	2.4

表1-9 湘西地区黑色页岩建造中镍、钼、钒的分布(张爱云等, 1987)

　　海相黑色页岩建造中微量元素的分布与组合具有明显的规律性。从剖面上看,不同的岩性组合具有不同的元素组合:(1) 磷块岩-镍钼多元素富集层-碳硅质岩-含碳水云母页岩,这是镍铜矿带常见的岩性组合;(2) 硅质岩(或磷质硅质岩)-碳硅质岩与钒矿层(富磷结核)-碳粉砂岩与页岩,这是钒矿带常见的岩性组合;(3) 含碳钙泥质岩-腐泥无烟煤-泥灰岩,除腐泥无烟煤外,伴有钒、镍、钼、铀等元素。

　　三种不同的组合类型具有共同的特点:(1) 下部有富磷层位,虽然各地富集程度不一,但向上磷质含量逐渐降低;(2) 硅质含量总趋势是由下而上逐渐减少,粉砂质与钙质含量逐渐增多;(3) 各类矿层除各类的主元素外,都含有多种类似的微量元素组合,只是在含量上有所区别,例如,钒矿层中常含有铜、钼、镍、铀、银、铂、铅等元素伴生,见图1-11及图1-12;而镍、钼矿床中,常含有钒、铜、锌、镉、钍、银、金、砹、钯等元素,并有稀土元素伴生。

图1-11 微量元素
垂向分布

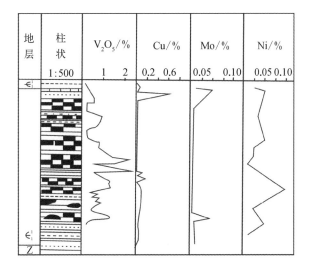

图1-12 微量元素
分布曲线(张爱云等,
1986)

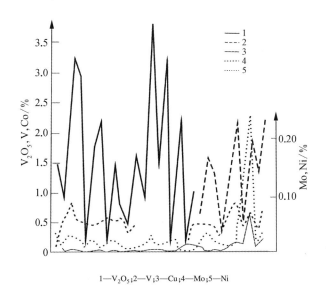

1—V₂O₅;2—V;3—Cu;4—Mo;5—Ni

1.3.3　海相页岩同位素特征

1. 碳同位素

对于海相沉积,通常认为碳同位素组成的正向波动与海平面的上升有关,而负向波动则意味着海平面的下降。地壳发展史中,碳同位素组成的正向波动大多伴随有"黑色页岩事件"发生。如晚白垩世早期(土仑阶底部与赛诺曼阶界线附近)的海相黑色页岩是世界范围内广泛分布的一套重要的烃源岩,其有机质明显富含^{13}C(δ^{13}C值约为 $-23‰$)。海平面上升,海盆底层洋流活跃,在沿岸带形成上升流,增强表层水生产力。有机质的下沉分解使中层水溶解氧含量降低,缺氧带逐步扩展,形成有机碳堆积。随古海洋生物产率、有机质埋藏量升高和有机质氧化程度降低,有机质 δ^{13}C 值增大。

据 Craig(1953),Silverman 和 Epstein(1958),Eckelmann(1962)的资料显示,海相沉积物中有机质和海相成因石油的 δ^{13}C 值为 $-29.4‰ \sim -22.2‰$。早寒武世海相黑色页岩以及与其有成因联系的可溶有机质、干酪根的碳同位素 δ^{13}C 值轻于腐殖煤,重于碳沥青(图 1 – 13),为 $-34‰ \sim -24‰$。根据石油和干酪根的碳同位素比值随地质时代的增加显示出轻碳同位素富集的总趋势(图 1 – 14 ~ 图 1 – 15),那么黑色页岩、碳

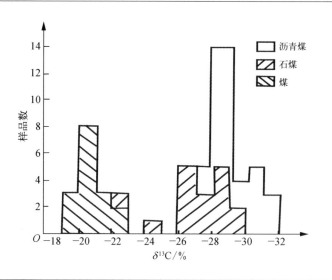

图 1 – 13　我国煤、石煤、沥青煤的 δ^{13}C 值分布(据陈锦石等, 1983)

图1-14 不同地质
时期内油母样品的碳
同位素组分的变化情
况(据Stahl, 1976)

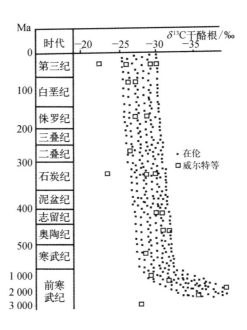

图1-15 不同地质
时期原油碳同位素组
分的变化情况(据
Stahl, 1976)

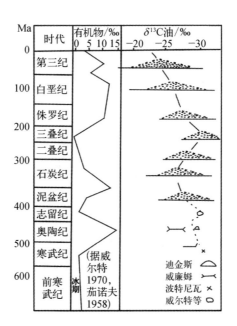

沥青的 $\delta^{13}C$ 出现偏轻现象是符合碳同位素随地质时代而变化的趋势的。与 Stahl（1976）不同的地质时期内,原油和干酪根样品的碳同位素组成变化图上的寒武系碳同位素比值 $\delta^{13}C$ 基本吻合。可以推断,黑色页岩建造中的有机质曾经是生成石油的原始母质。

黑色页岩中干酪根的碳同位素 $\delta^{13}C$ 值低于氯仿沥青的碳同位素 $\delta^{13}C$ 值（图 1-16）。这种"逆转"现象的出现主要与有机质的原始物质来源有关,也可能与有机质演化程度有关。

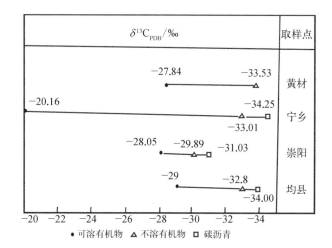

图 1-16 黑色页岩中可溶有机物与不溶有机物中 $\delta^{13}C$ 值的"逆转"现象

早寒武世黑色页岩中,有机质主要来源于以蓝藻为主的海洋浮游生物。蓝藻在光合作用的过程中是富集 ^{13}C 的。黑色页岩中的有机质应属于海相纯腐泥型的有机质。

腐泥型的有机质在成岩作用早期发生同位素分馏,优先排除重同位素,经过脱羧基作用、肽键破裂作用、蛋白质水解作用和糖的分解作用等除去重碳。而脱羧基的氨基酸、脂肪酸等的固结作用并与环状结构化合物化合使有机质富集 ^{13}C。在成岩作用早期,腐殖型有机质 $\delta^{13}C$ 的变化（1‰）要比海相腐泥型有机质（13‰）小得多。在腐殖质中,碳主要在芳核和氢化芳环中,所有这些结构的碳有相同的同位素组成,都富集 ^{13}C。随着原始有机质中腐殖作用的增加,碳同位素有变重的趋势（Еремеико 等,

1974)。海相腐泥型母质的碳同位素值要比相同成熟度的陆相腐殖型有机质低13‰~14‰(Stahl,1977)。

随着有机质演化程度的增高,腐泥型干酪根热裂解生成油气时,烃分子从干酪根中释出,仍具有含^{13}C较少的特征。在油从生油岩中运移出来的过程中,轻组分运移在前,重组分运移在后,导致原油比与其有成因联系的沥青要富集^{12}C。这就是碳沥青的δ^{13}C值低于抽提物的原因。当有机物进入过成熟阶段,干酪根的化学结构向芳构化转变,聚合作用达到了稠合芳环阶段,同位素分馏效应降到很低,还原的碳的化合物接近极大值。这种高稠合物富集了^{12}C,并固定在芳香稠核之中。随着演化程度加深,轻同位素在干酪根中愈来愈富集。那么,干酪根的δ^{13}C"逆转"是否可以看作是海相纯腐泥型有机质的标志呢?从世界各地δ^{13}C在各个时代中的分布特征(图1-17)可以看出,震旦纪、奥陶纪、志留纪海相地层中普遍出现了干酪根δ^{13}C的"逆转"现象;海相三叠纪和海相第三纪地层也都出现了干酪根δ^{13}C的逆转现象,因此,可以认为这是海相

图1-17
碳同位素的
逆转现象
(据 Welte
等,1975 补
充)

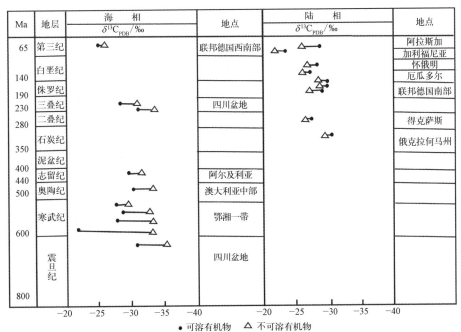

纯腐泥型有机质的固有特征。对于是否可以作为海相腐泥型有机质的鉴别标志这一问题,还有待进一步研究。

此外,这种"逆转"现象的出现,也可能是热裂解生气阶段的一种特征现象。当干酪根经过主要的生油气阶段之后,大部分可分解的物质已经释去,其自身因裂解产生的物质大大减少,因此造成同位素的分馏效应要低;另一方面,与之共存的烃类,包括生油岩沥青与已生成的液态石油是裂解阶段裂解产物的主要来源,因而碳同位素分馏效应要强。所以有可能出现生油岩中吸附沥青与油藏中液态石油的热裂解残余物 $\delta^{13}C$ 值高于相应的干酪根值,上述抽提物的 $\delta^{13}C_{PDB}‰$ 值大于相应干酪根的值,以及碳沥青与岩样抽提物的 $\delta^{13}C$ 差值大于相应的与干酪根的差值的现象。

2. 硫同位素

海相烃源岩中有机硫同位素($\delta^{34}S$)分布范围广,主要在 $-35‰ \sim 30‰$,平均值为 $-8.68‰$;而单质硫 $\delta^{34}S$ 的分布范围相对要小,主要在 $-25‰ \sim 10‰$,平均值为 $-5.65‰$。黄铁矿硫 $\delta^{34}S$ 的值变化范围也较大,主要分布在 $-30‰ \sim 30‰$,平均值为 $4.15‰$;硫酸盐硫同位素主要在 $-25‰ \sim 30‰$,平均值为 $2.19‰$;单硫化物硫分布在 $10‰ \sim 25‰$,平均值为 $19‰$,但数据较少。

海相烃源岩中相同赋存形式的硫同位素分布范围广,这说明不同样品中同一种含硫物质可能具有不同成因或硫源。有机硫和单质硫 $\delta^{34}S$ 值总体来说相对偏负,黄铁矿和硫酸盐硫 $\delta^{34}S$ 值则相对偏正。相对于四川盆地高含硫天然气藏储层中含硫物质硫同位素,海相烃源岩中有机硫 $\delta^{34}S$ 分布具有以下两个特点:一是分布范围宽,二是平均值相对偏负(图 1 – 18)。川东北地区高含硫气藏中硫化氢 $\delta^{34}S$ 值与同层位储层中硫酸盐(石膏)$\delta^{34}S$ 值具有良好的对应关系,总体上比储层中硫酸盐 $\delta^{34}S$ 值偏负 $10‰$,而相对于海相烃源岩中含硫物质 $\delta^{34}S$ 值则明显偏重。如高含硫气藏中 H_2S 硫主要继承于烃源岩,根据同位素分馏效应,则气藏中 H_2S 气体硫同位素应较烃源岩中硫同位素值总体偏轻,这与烃源岩和高含硫气藏中硫同位素实际分布特征不符,因此烃源岩中硫并非气藏中 H_2S 硫的主要来源,这从硫的物质来源角度佐证了高含硫气藏的 TSR 成因(付小东等,2013)。

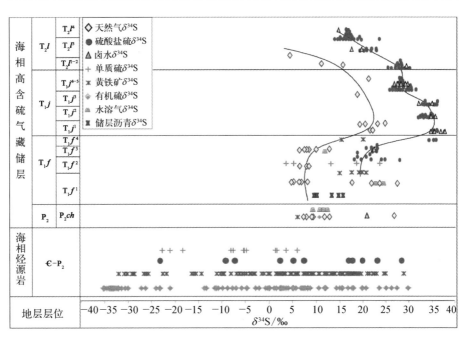

图 1-18
中上扬子区海相烃源岩与高含硫气藏中各种形态硫同位素分布特征（付小东等，2013）

1.4 湖相页岩地球化学特征

1.4.1 湖相页岩分布特征

1. 松辽盆地

松辽盆地是我国东北地区中新生代断陷-坳陷型含油气盆地，面积约 $26 \times 10^4 \ km^2$。烃源岩主要分布于嫩江组、青山口组、登娄库组、沙河子组。下白垩统嫩江组在全盆地稳定分布，厚度为 120～600 m。嫩江组一段在中央坳陷区的厚度超过 100 m，平均有机碳含量高达 2.40%，以 I_1 型和 I_2 型有机质为主，镜质组反射率 R_o 值为

0.9%~1.2%,在齐家古龙凹陷最高,达到 2.0%。嫩江组二~四段地层的有机质类型大部分为Ⅱ型和Ⅲ型,嫩二段平均有机碳 1.56%,大部分地层 R_o 小于 1.0%。下白垩统青山口组以深湖相黑色泥页岩为主,青一段在中央坳陷区几乎全部为暗色泥页岩,厚度为 60~80 m,总有机碳含量(TOC)为 0.50%~4.50%,平均为 2.2%,有机质以Ⅰ型和 Ⅱ_1 型为主,R_o 值为 0.6%~1.2%。下白垩统登娄库组有机碳大多小于 0.2%,个别地区大于 0.5%,以Ⅲ型干酪根为主,处于高成熟–过成熟阶段。上侏罗统沙河子组有机碳含量为 0.7%~1.5%,有机质类型以Ⅲ型为主,R_o 为 0.42%~4.16%。

2. 渤海湾盆地

渤海湾盆地是古生代沉积并在印支、燕山期运动的基础上发展起来的中新生代断陷盆地,面积近 $20 \times 10^4 \text{ km}^2$,有冀中、黄骅、渤中、辽河、济阳和临清 6 个富油气坳陷。古近系为主要生油层,主要发育于孔店组、沙河街组及东营组。

冀中坳陷古近系暗色泥页岩具有北厚南薄、东厚西薄的特点,厚度为 0~5 100 m,平均有机碳含量为 0.86%~2.55%,有机质以Ⅰ型和Ⅱ型为主,R_o 为 0.36%~1.10%;黄骅坳陷古近系以湖相沉积为主,源岩有机碳含量为 0.53%~2.01%,平均为 1.32%,有机质以Ⅰ型和 Ⅱ_1 型为主,R_o 随埋深增加,在 2 400~4 000 m 为 0.5%~1.1%;济阳坳陷暗色泥岩总厚度为 1 000~2 400 m,有机碳含量在 0.26%~2.20%,有机质以陆源及水生生物等陆相母源成分为主,R_o 为 0.5%~2.0%。东营凹陷沙三下–沙四上以高含碎屑矿物(石英和长石)和碳酸盐矿物(方解石、白云石和菱铁矿)、较低黏土矿物总量(一般小于 30%)为特征,脆性矿物总量一般在 50%~90%,平均高达 74%;辽河坳陷主要生油岩属浅湖–深湖相沉积,西部凹陷以Ⅰ型、Ⅱ_1 型为主,东部凹陷和大民屯凹陷以 Ⅱ_2 型和Ⅲ型为主。有机碳含量平均为 0.71%~3.36%,R_o 总的来看比较低,在埋深 2 700~4 500 m 为 0.5%~1.5%。

3. 鄂尔多斯盆地

鄂尔多斯盆地是在古生代沉积基础上形成和发展起来的中生代大型内陆坳陷型盆地。晚三叠世为湖盆发展的第一阶段,沉积岩厚 800~1 400 m,为一完整的沉积旋回,自上而下分为 5 段、10 个油组。第一段(长 10)为湖盆发育的开始,沉积以河流、滨浅湖相砂、砾岩为主。第二段(长 9、长 8)为湖盆扩张期,发育浅湖–半深湖相沉积,岩性以深灰色泥页岩为主,夹粉细砂岩。第三段(长 7、长 6、长 4+5)为湖盆发展的全盛期,其中,长7湖盆范围最大、水体最深,发育半深湖-深湖相沉积,岩性以深灰、灰黑色泥页岩、黑色页岩为主,富含有机质,为盆地的主要生油层段。长6及长4+5为湖退早期,湖盆周缘发育大型三角洲沉积,是盆地最主要的储层发育期。第四段(长3、长2)湖盆进一步收缩,发育河流、沼泽及滨浅湖相沉积,岩性为深灰色泥页岩及中厚层-块状细砂岩。第五段(长1)为湖盆的消亡期,大面积沼泽化,主要岩性为深灰、灰黑色泥页岩,夹粉细砂岩及煤线。

晚三叠世受印支运动的影响,鄂尔多斯盆地遭受了有史以来的重大变革。在沉积上实现了由海相、过渡相向陆相的根本性转变,使盆地自晚三叠世以来发育了完整和典型的陆相碎屑岩沉积体系,进入了大型内陆差异沉积盆地的形成和发展时期。中生界三叠系延长组长7段沉积时,北西和北东向断裂活动明显加强,基底整体下沉剧烈,湖盆发育达鼎盛期,分割性明显减弱,湖盆范围明显扩大,水体也明显加深,最大水深可达60 m,繁殖了大量的水生生物和浮游生物,发育了巨厚的泥页岩。该时期湖盆形态不对称,岩相沿湖盆边缘呈环带状分布。长7段沉积期的深湖亚相分布在黄陵-富县-甘泉-吴起-定边-马家滩-环县-镇原-泾川-长武-旬邑一线以内的广大地区,深湖沿盆地西北部延伸出去,呈北西-南东向不对称分布,南部深湖区面积较大,北部面积小。三叠系延长组烃源岩主要由深灰-灰黑色炭质泥页岩、灰黑色泥(页)岩组成。晚三叠世时,沉积了较厚的灰绿色砂泥页岩、煤层和较厚的油页岩。延长组上部在盆地西南部颜色较深,灰绿色、深灰绿色岩层增多,厚度由东北向西南变厚;在盆地南部总体为西薄东厚、北薄南厚,广泛发育黑色页岩及油页岩,水平层理较发育(赵彦德、刘显阳等,2011)。

长7油层组沉积时期为延长组湖盆发展全盛时期,湖盆范围大,"张家滩页岩"分布面积广(图1-19)。其岩性主要为黑色油页岩夹灰色薄层细砂岩沉积,部分地区发育浊流沉积,发育的砂岩为有利的储集层。长7地层沉积厚度一般为70~150 m,平均为96 m,湖盆沉积中心的志丹-富县地区最厚。张家滩页岩厚度一般分布在0~120 m,分布面积约$5 \times 10^4 km^2$,湖岸线长度达1 000 km以上,长轴方向为北西-南东走向,长度约300 km。沉积中心分布在直罗-甘泉-志丹-吴起一线,一般具有2~4套烃源岩(图1-20),向东北和西南厚度逐渐减薄以致演变为粉砂质泥岩或泥岩。东北部最大沉积范围可达靖边和子北地区;西南部最大沉积范围可达庆阳地区。"张家滩页岩"电测曲

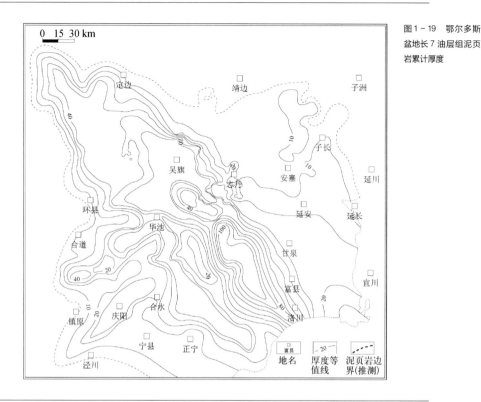

图 1 - 19 鄂尔多斯盆地长 7 油层组泥页岩累计厚度

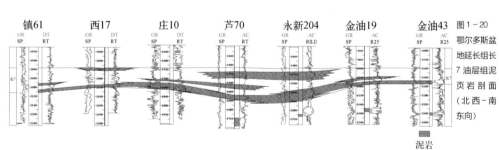

图 1 - 20 鄂尔多斯盆地延长组长 7 油层组泥页岩剖面（北西 - 南东向）

线呈"三高一低"特征（高声波、高电阻、高伽马和低密度）。长 7 沉积时期是延长组生油岩形成的最重要时期，是鄂尔多斯盆地延长组和延安组主力生油岩。

长 9 油层组属晚三叠世湖盆早期发展阶段的沉积地层。以往的烃源岩地球化学研究认为，长 8 到长 4 +5 油层组中的暗色泥页岩是中生界的主要烃源岩。由于客观条件所限,对长9油层组的烃源岩研究较少。随着石油勘探的不断深入,近期在长9油层组上段首次揭示了具有优质烃源岩属性的黑色泥页岩烃源层(张文正等,2007)。

根据长9_1黑色泥页岩烃源岩厚度统计表明,长9_1烃源岩主要分布于志丹地区南部(图1-21),累计厚度大于6 m的烃源岩分布面积约为4 336 km²,最大厚度约为18 m。显然,长9_1烃源岩分布范围远小于长7优质烃源。盆地东南部的洛川地区虽有薄层黑色泥岩分布,但累计厚度较小。

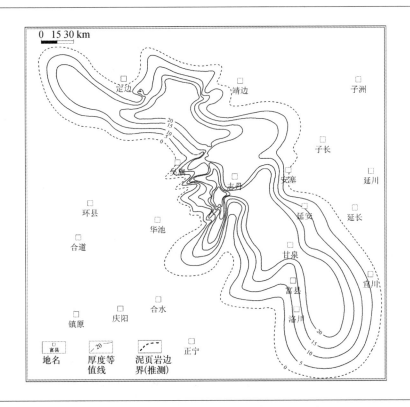

图1-21 鄂尔多斯盆地长9油层组泥页岩累计厚度

盆地其他地区以浅水砂泥沉积组合为主,少见黑色泥页岩。长9_1属湖盆发展初期阶段的沉积,该时期湖泛规模较小,水域面积也不太大,仅在局部坳陷形成了水体相对较深的半深湖相沉积环境,而盆地大部分地区水体浅,不具备湖相烃源岩发育的条件。因此,长9_1烃源岩的发育在时间上与湖泛作用相伴随,在空间上则明显受控于沉积格局(张文正等,2008)。

4. 柴达木盆地

柴达木盆地是在具有元古界变质结晶基底和古生界褶皱变形基底的地块上于印支运动后发育起来的一个中、新生代陆相含油气沉积盆地,面积约 $20 \times 10^4 km^2$。

柴北缘烃源岩为侏罗系中、下统。下侏罗统主要分布在冷湖-南八仙构造带以南,中侏罗统烃源岩主要分布在冷湖-南八仙构造带以北,互不叠置。下侏罗统烃源岩有机碳含量为 $0.28\% \sim 5.89\%$,平均为 1.97% ,有机质类型在 $II_2 \sim III$ 型,R_o 为 $0.40\% \sim 1.65\%$;中侏罗统烃源岩有机碳含量为 $0.4\% \sim 4.5\%$,平均为 1.84% ,有机质类型基本属于 II_2 型,R_o 为 $0.52\% \sim 1.41\%$,已达到成熟生油阶段。柴西第三系烃源岩划分为路乐河组、下干柴沟组下段、下干柴沟组上段、上干柴沟组、下油砂山组和上油砂山组,为咸化湖泊泥页岩、泥灰岩、钙质泥岩,含盐度和碳酸盐含量普遍较高。有机质类型以 II-III 型为主,有机质丰度在 $0.2\% \sim 0.8\%$,但烃转化率高,有机质热演化程度总体较低,大多处于生油高峰期。柴东第四系烃源岩有机碳仅 $0.15\% \sim 0.46\%$,厚度较薄,有机质类型主要是以陆源为主的腐殖型和含腐泥腐殖型,处于未成熟阶段,R_o 平均在 $0.2\% \sim 0.47\%$ 。

5. 吐哈盆地

吐哈盆地是海西期褶皱基底上发育起来的以中新生代沉积为主的山间沉积盆地,总面积约 $53\,500\ km^2$。吐哈盆地主要发育两套主力烃源岩,为中侏罗统煤系源岩和二叠系-三叠系湖相源岩。中侏罗统可分为七克台组湖相泥页岩和水西沟群煤系源岩:七克台组发育湖相泥页岩,有机质类型以 II 型为主,有机碳平均含量为 $0.71\% \sim 1.06\%$,$R_o < 0.5\%$;吐鲁番坳陷水西沟群地层广泛发育暗色泥页岩和炭质泥页岩,炭质泥页岩累积平均厚度在 $30\ m$ 以上,有机碳含量在 $6\% \sim 30\%$,有机质类型以 III 型和 II 型为主,在神泉-雁木西构造带 R_o 为 $0.5\% \sim 0.75\%$ 。台北凹陷水西沟群泥岩脆性矿物含量高,石英含量为 $32\% \sim 47\%$,黏土含量为 $31\% \sim 45\%$;二叠系-三叠系湖相源岩有机碳含量在 $0.42\% \sim 2.57\%$,有机质类型为 III 型。

6. 塔里木盆地

塔里木盆地是由古生代克拉通盆地与中、新生代前陆盆地叠置而成的大型复合型多旋回叠加的内陆含油气盆地,总面积约 $56 \times 10^4 km^2$。主要生油层为寒武系-下奥陶统、中上奥陶统、石炭-二叠系、三叠-侏罗系。三叠-侏罗系主要为陆相碎屑岩,有机碳均值在 1%~15%，有机质类型多以Ⅲ型为主，R_o 平均为 0.25%~1.82%。

7. 准噶尔盆地

准噶尔盆地是我国西部一个大型的叠合复合型含油气盆地，面积约 $13 \times 10^4 \, km^2$。主要烃源岩层为二叠系，其次为侏罗系、石炭系、三叠系、白垩系和古近系。

二叠系烃源岩主要分布在下二叠统的佳木河组和风城组以及中二叠统。佳木河组有机质类型以Ⅲ型为主，残余有机碳含量平均为 0.56%，R_o 分布在 1.38%~1.9%；风城组残余有机碳含量平均为 1.26%，有机质类型多为Ⅰ~Ⅱ型，R_o 为 0.85%~1.16%；中二叠统有机质类型多为Ⅲ型，有机碳含量为 0.41%~7.46%，R_o 分布在 0.5%~1.7%；石炭系埋深大多在 3 000 m 以下，滴水泉组富含有机质泥页岩包括暗色泥页岩和炭质泥页岩，累计厚度为 0~249 m，前者有机碳含量平均为 1.45%；后者有机碳含量平均为 15.53%，有机质类型主要为偏腐殖混合型腐殖型，R_o 介于 0.51%~1.75%，平均为 1.15%。

准噶尔盆地上三叠统形成于三叠纪晚期的湖盆扩张期，岩性组合的显著特点是湖相泥页岩发育，可能的烃源岩主要是各种黑色、黑灰色和灰色泥页岩。这些暗色泥页岩单层连续厚度大、分布广，砂岩主要以夹层形式存在。暗色泥页岩的泥地比高，最高接近 100%，连续厚度最大接近 400 m，但多数井钻遇厚度在 300 m 以下。三叠系烃源岩有机质类型以Ⅲ型为主，有机碳含量为 0.53%~7.48%。

8. 四川盆地下侏罗统

四川盆地侏罗系主要为一套内陆浅湖-半深湖相沉积，湖盆中心在达川-平昌一带。其中暗色泥页岩非常发育，是侏罗系主要的烃源岩，主要分布在下侏罗统的凉高山组和大安寨段。盆地内侏罗系暗色泥页岩主要分布在川中、川北和川东地区，有效烃源岩厚度多分布在 40~180 m，渡 1 井最厚可达 243 m。

据现有分析资料统计，下侏罗统深灰-黑色泥质岩有机碳含量多分布在 0.55% 以上，一般变化在 0.4%~1.2%，高者可达 6.3%，高值带主要分布在湖盆中心区。有机质类型以Ⅰ型和Ⅱ型为主。

根据川东-川北地区烃源岩实测 R_o 值统计，下侏罗统烃源岩已达到成熟-高成熟阶段，R_o 为 1%~1.87%，以通江-宣汉-开县一带热演化程度相对较高，以生成凝析油和湿气为主。川中地区 R_o 多为 1% 左右，正处于成熟阶段，以生成石油为主。

1.4.2 湖相页岩元素特征

1. 常量元素

以库车坳陷第三系泥岩为例(表1-10)。库车坳陷是一个中生代前陆盆地,新生代特别是晚第三纪渐新世以来,伴随着天山强烈的隆升,盆地内沉积了巨厚、连续的陆相沉积。库车坳陷第三系包括 5 个组,自下而上依次是库姆格列木组、苏维依组、吉迪克组、康村组和库车组。在克孜勒努尔沟剖面除了库姆格列木组底部的一小部分为海相沉积外,其余地层都是陆相沉积,沉积物的粒度向上变粗,沉积相由湖相逐步演变为河流相和冲积扇相。

由主量元素的纵向变化图(图1-22)可以看出,库车坳陷第三系泥岩中的 CaO 含量普遍较高,特别是在库姆格列木组,平均含量高达 36.4% ,受此影响,其他主量元素的含量偏低。库姆格列木组、苏维依组、吉迪克组和康村组 CaO 含量向上增加,但库车组的 CaO 含量有所降低。其他主量元素如 SiO_2 、Fe_2O_3 、MgO、K_2O 和 Na_2O 的变化趋势与 CaO 相反,Al_2O_3 和 TiO_2 的含量变化不明显,MnO 和 P_2O_5 的含量均小于 1% ,纵向上几乎没有什么变化。与澳大利亚后元古宙平均泥岩(PASS)主量元素相比,该区泥岩富 CaO,贫 TiO_2 、Al_2O_3 、Fe_2O_3 和 K_2O,而 SiO_2 、MgO、MnO 和 Na_2O 与 PASS 相类似(PASS 数据来自 Taylor 和 Mclennan,1985)(图1-23)。因为 SiO_2 亏损的程度并不高,所以 K_2O 和 Al_2O_3 的不完全亏损是由于碳酸盐岩稀释的影响。一般来讲,Al 和 K 元素富集于长石和伊利石、高岭石等黏土矿物中,K_2O 和 Al_2O_3 的亏损与岩石中这些矿物含量较少有关(李双建、王清晨,2006)。

2. 微量元素

库车坳陷第三系泥页岩中微量元素含量最大的特点是总量偏低(表1-10),特别是库姆格列木组,一些微量元素含量不及 PASS 的 1/5(图1-23),这可能与该区泥页岩中丰富的碳酸盐含量有关。大离子亲石元素 Rb、CS、Ba 和 Sr 的含量变化较大,但总体与 PASS 的成分相当(图1-23)。库姆格列木组 Sr 元素含量相对较高,这是由于 Sr 元素在碳酸盐岩中含量较高的缘故(Cullers,2002)。研究区沉积岩中 Co、Cr、Ni、Sc 和 V 等铁镁族元素的含量虽有一定的变化,但总体上除了总量偏低以外均类似于 PASS。

表1-10 库车坳陷第三系泥页岩主量元素(质量分数,%)与微量元素(质量分数×10⁶)含量(季汉建和王清晨,2006)

地层	样号	Sr	Y	Zr	Nb	Cs	Ba	Hf	Ta	Pb	Th	U	La	Ce	Pr	Nd	Sm
库姆格列木组	KM-40	1 416.40	8.26	21.92	2.81	0.89	970.67	0.63	0.33	6.08	1.51	0.43	8.19	11.90	1.88	7.40	1.53
	KM-45	484.58	9.98	37.87	3.75	1.51	429.62	1.08	0.47	14.21	2.40	0.82	11.92	14.70	2.68	10.20	2.00
	KM-42	618.58	12.29	38.08	3.72	1.38	512.17	1.09	0.47	15.14	2.41	0.83	13.08	15.60	2.90	11.22	2.37
苏维依组	KM-50	107.99	17.60	113.46	9.92	6.96	334.62	3.29	0.95	20.94	8.18	2.36	24.77	45.97	5.74	20.78	3.94
	KM-55	104.26	30.47	144.72	13.70	14.60	436.12	4.05	1.25	40.73	13.32	3.50	42.62	79.22	9.50	36.13	7.06
吉迪克组	KM-53	844.26	20.41	121.63	9.96	5.28	282.89	3.65	0.96	23.70	8.54	2.10	27.01	52.71	6.36	24.62	4.73
	KM-91	140.12	24.41	137.58	12.30	11.80	319.75	3.83	1.18	28.04	11.31	3.26	35.25	64.55	7.89	28.62	5.42
	KM-97	142.39	21.86	147.96	11.36	9.31	419.46	4.21	1.00	22.18	9.44	2.17	29.02	56.11	6.87	25.44	4.99
	KM-100	142.17	21.18	137.39	10.32	7.61	441.54	3.83	0.95	27.49	8.53	3.21	27.21	55.59	6.47	23.53	4.55
	KM-104	131.83	21.08	125.53	10.70	8.68	312.02	3.76	1.04	26.03	10.32	2.46	28.08	53.24	6.58	23.96	4.79
	KM-107	166.29	16.02	75.05	7.69	4.74	282.07	2.31	0.97	19.95	6.80	1.53	21.53	39.43	5.12	19.43	3.88
	KM-115	178.98	21.94	116.58	10.92	8.34	380.35	3.33	0.97	23.08	9.17	3.91	28.49	55.29	6.76	25.24	4.90
	KM-122	198.75	24.26	117.62	13.59	10.94	493.64	3.54	1.59	40.38	12.28	4.70	35.39	66.35	7.97	30.99	5.61
	KM-125	321.74	24.23	120.00	13.05	9.80	565.27	3.40	1.12	26.88	10.40	2.51	33.15	63.69	7.73	29.39	5.52
	KM-126	414.49	24.58	122.89	12.66	9.79	576.89	3.34	1.10	27.70	10.39	2.47	32.87	63.64	7.82	29.26	5.54
	KM-131	253.75	24.81	136.28	13.27	12.66	536.60	3.81	1.19	31.71	12.45	5.06	34.40	65.87	8.04	30.23	5.93
	KM-133	269.92	25.92	122.03	13.22	12.10	10.33	3.44	1.11	31.53	11.06	3.05	33.88	66.01	8.22	30.51	6.01
康村组	KM-137	207.27	18.85	91.72	8.67	5.36	253.71	2.55	0.80	15.27	6.59	1.27	24.14	44.24	5.57	21.43	4.17
	KM-142	361.60	23.34	130.76	12.29	9.32	370.40	3.54	1.05	26.26	9.65	2.56	30.03	57.61	7.10	26.58	5.18
	KM-144	243.93	16.36	81.37	8.17	6.01	2 951.63	2.31	0.77	18.08	6.61	1.22	20.13	38.57	4.71	17.47	3.44
	KM-169	194.06	23.22	115.44	12.76	10.24	431.42	3.25	1.23	23.13	11.66	2.25	33.19	62.92	7.51	28.08	5.47
	KM-150	469.81	21.20	99.22	11.18	9.81	446.63	2.84	1.02	27.40	10.13	2.04	30.02	56.70	6.79	24.68	4.68

（续表）

地层	样号	Sr	Y	Zr	Nb	Cs	Ba	Hf	Ta	Pb	Th	U	La	Ce	Pr	Nd	Sm
康村组	KM-153	191.83	22.93	102.04	11.59	7.15	368.56	3.05	1.14	23.25	11.21	2.18	35.43	65.48	8.24	31.26	5.79
	KM-9	252.56	18.54	60.32	7.65	5.38	251.17	1.85	0.86	21.83	7.11	1.59	23.65	45.98	5.45	20.51	4.12
	KM-73	224.09	20.13	89.64	11.39	7.06	363.14	2.81	1.18	17.70	11.17	2.15	29.66	55.72	6.91	26.59	5.09
	KM-13	268.18	18.71	59.44	8.52	5.91	1 030.97	0.74	0.84	32.41	7.38	1.54	27.36	47.34	6.11	22.25	4.36
	KM-18	228.60	19.03	75.73	11.50	8.44	400.80	2.39	1.11	22.91	11.97	2.24	29.94	57.64	6.83	25.81	4.76
	KM-23	192.73	27.74	111.81	12.28	5.66	319.89	3.24	1.36	14.29	11.14	2.15	37.69	65.64	8.93	32.70	6.37
	KM-24	337.70	16.61	91.22	11.01	9.10	351.97	2.62	1.09	21.02	10.14	2.19	22.63	45.17	5.05	19.40	3.65
	KM-35	254.91	16.77	59.05	8.42	6.95	3 166.99	1.84	0.92	21.92	8.59	1.80	23.52	41.35	5.10	18.86	3.73
	KM-58	172.58	19.62	83.98	10.84	9.09	465.31	2.62	1.22	30.12	11.16	2.44	28.62	58.32	6.63	25.03	4.80
	KM-63	176.71	23.26	93.76	12.62	10.76	461.16	2.61	1.13	32.56	11.71	2.60	32.88	64.09	7.74	28.14	5.48
库车组	KM-66	132.30	18.74	78.78	7.86	4.05	600.08	2.42	0.82	18.73	7.64	1.68	25.41	40.35	5.70	22.26	4.32
	KM-67	196.60	23.79	94.14	10.31	3.90	2 008.08	2.98	1.19	18.97	10.23	2.20	33.61	53.42	7.78	28.32	5.63
	KM-69	301.40	22.30	93.27	11.62	6.99	409.82	2.64	1.05	21.18	10.20	1.96	31.09	58.68	7.37	27.03	5.58
	KM-158	189.984	22.36	92.747	10.89	6.538	385.02	2.665	1.033	21.95	10.21	1.99	30.75	56.43	7.19	26.27	5.22

地层	样号	Eu	Gd	Tb	Dy	Ho	Er	Tm	Yb	Lu	SiO$_2$	TiO$_2$	Al$_2$O$_3$	Fe$_2$O$_3$	MnO	MgO	CaO	Na$_2$O
库姆格列木组	KM-40	0.45	1.50	0.24	1.45	0.29	0.75	0.10	0.59	0.08	20.62	0.09	2.06	0.58	0.05	1.19	38.34	0.00
	KM-45	0.46	1.85	0.28	1.67	0.34	0.91	0.13	0.79	0.11	28.55	0.16	3.35	1.21	0.08	1.67	33.54	0.06
	KM-42	0.58	2.29	0.35	2.11	0.42	1.11	0.15	0.91	0.13	34.70	0.16	3.60	1.30	0.08	1.63	30.06	0.64
苏维依组	KM-50	0.84	3.52	0.56	3.15	0.66	1.87	0.28	1.75	0.27	65.89	0.49	11.27	3.66	0.05	2.65	2.96	2.40
	KM-55	1.40	5.69	0.93	5.23	1.06	2.82	0.44	2.74	0.39	50.79	0.55	9.22	3.39	0.10	2.02	13.80	2.38
吉迪克组	KM-53	0.97	4.18	0.67	3.81	0.79	2.16	0.32	1.98	0.30	49.74	0.74	17.07	7.42	0.07	3.61	4.87	1.43
	KM-91	1.03	4.46	0.72	4.41	0.91	2.50	0.36	2.20	0.34	54.02	0.66	13.94	5.51	0.09	3.49	6.71	1.72

（续表）

地层	样号	Eu	Gd	Tb	Dy	Ho	Er	Tm	Yb	Lu	SiO$_2$	TiO$_2$	Al$_2$O$_3$	Fe$_2$O$_3$	MnO	MgO	CaO	Na$_2$O
昌迪克组	KM-97	0.92	4.01	0.66	3.84	0.80	2.20	0.33	1.97	0.29	56.14	0.58	11.82	4.44	0.07	2.19	8.99	1.56
	KM-100	0.86	3.97	0.60	3.62	0.76	2.15	0.32	1.97	0.29	55.97	0.50	10.62	3.72	0.13	2.10	11.00	1.63
	KM-104	0.95	4.13	0.66	3.90	0.82	2.29	0.34	2.11	0.30	58.43	0.56	12.37	4.48	0.09	2.15	7.40	1.64
	KM-107	0.81	3.53	0.56	3.13	0.64	1.73	0.24	1.50	0.22	38.13	0.38	7.22	2.54	0.06	1.67	25.18	1.09
	KM-115	0.93	4.07	0.61	3.85	0.78	2.25	0.32	2.07	0.31	50.43	0.64	13.00	5.36	0.09	3.06	9.00	2.33
	KM-122	1.18	4.98	0.82	4.62	0.96	2.64	0.40	2.42	0.37	53.03	0.71	13.65	5.74	0.11	3.07	7.85	1.80
	KM-125	1.11	4.79	0.73	4.25	0.85	2.41	0.36	2.19	0.34	43.88	0.50	7.37	2.82	0.08	1.46	21.29	1.72
	KM-126	1.11	4.77	0.76	4.21	0.86	2.41	0.36	2.21	0.33	48.10	0.54	10.32	4.06	0.08	2.26	13.84	1.71
	KM-131	1.13	4.81	0.70	4.48	0.91	2.54	0.39	2.37	0.35	47.86	0.68	14.96	6.79	0.11	3.44	8.10	1.46
	KM-133	1.21	5.13	0.78	4.65	0.93	2.57	0.38	2.34	0.35	46.95	0.65	14.05	6.28	0.09	3.56	9.55	1.42
	KM-137	0.83	3.58	0.55	3.25	0.66	1.86	0.27	1.64	0.25	50.37	0.67	12.35	5.18	0.09	3.88	9.01	1.79
	KM-142	0.98	4.33	0.71	4.04	0.82	2.29	0.35	2.17	0.33	37.74	0.45	8.09	3.27	0.09	2.08	22.86	0.96
	KM-144	0.92	2.97	0.47	2.76	0.56	1.64	0.24	1.46	0.21	31.68	0.37	7.57	3.06	0.08	2.28	26.60	0.56
	KM-169	1.11	4.63	0.74	4.17	0.88	2.34	0.36	2.13	0.32	50.13	0.65	12.58	5.31	0.10	3.13	9.64	1.33
	KM-150	0.93	3.98	0.66	3.68	0.77	2.07	0.31	1.91	0.28	45.38	0.55	12.12	5.07	0.11	3.91	11.01	1.38
	KM-153	1.15	5.09	0.79	4.43	0.89	2.44	0.36	2.09	0.31	48.55	0.60	10.44	4.27	0.10	2.72	14.23	1.35
康村组	KM-9	0.83	3.71	0.58	3.34	0.70	1.78	0.27	1.63	0.24	30.07	0.36	7.14	2.96	0.09	2.32	28.39	0.71
	KM-73	1.02	4.35	0.69	3.90	0.79	2.17	0.32	1.90	0.28	50.00	0.57	10.62	4.04	0.08	2.80	11.93	1.35
	KM-13	0.90	3.70	0.59	3.29	0.67	1.81	0.26	1.62	0.24	32.57	0.40	7.83	3.15	0.11	2.11	26.16	1.20
	KM-18	0.95	4.15	0.65	3.69	0.74	2.07	0.30	1.81	0.27	45.83	0.58	11.12	4.64	0.07	2.90	13.48	1.82
	KM-23	1.22	5.53	0.89	5.12	1.02	2.80	0.43	2.56	0.38	44.09	0.62	9.25	3.67	0.06	2.20	18.06	1.56
	KM-24	0.71	3.14	0.51	2.94	0.62	1.72	0.27	1.68	0.24	44.29	0.55	12.32	4.89	0.05	4.28	2.10	5.62

（续表）

地层	样号	Eu	Gd	Tb	Dy	Ho	Er	Tm	Yb	Lu	SiO_2	TiO_2	Al_2O_3	Fe_2O_3	MnO	MgO	CaO	Na_2O
康村组	KM-35	1.06	3.40	0.53	3.07	0.62	1.74	0.26	1.53	0.22	31.48	0.38	8.89	3.67	0.09	2.35	24.57	1.23
	KM-58	0.97	4.19	0.64	3.72	0.76	2.16	0.30	1.86	0.28	44.59	0.57	12.62	5.29	0.13	3.03	10.29	2.32
	KM-63	1.05	4.71	0.75	4.25	0.85	2.43	0.37	2.22	0.33	47.09	0.62	13.04	5.63	0.12	3.23	10.67	1.96
库车组	KM-66	0.94	3.86	0.60	3.48	0.72	1.90	0.28	1.67	0.25	50.12	0.40	7.29	2.89	0.07	1.47	17.48	1.39
	KM-67	1.27	5.05	0.80	4.51	0.91	2.50	0.35	2.08	0.31	51.22	0.52	9.93	3.96	0.08	1.98	13.63	1.59
	KM-69	0.99	4.53	0.69	3.91	0.82	2.25	0.32	1.91	0.30	52.41	0.67	13.06	5.32	0.12	3.19	8.40	1.93
	KM-158	1	4.46	0.71	4.128	0.832	2.25	0.33	1.95	0.29	51.4	0.64	12.99	5.324	0.121	3.29	8.5	1.79

地层	样号	K_2O	P_2O_5	LOI	TOTAL	CO_2	Li	Be	Sc	V	Cr	Co	Ni	Cu	Zn	Ga	Rb
库姆格列木组	KM-40	0.20	0.01	35.92	99.07	35.04	5.99	0.21	2.20	21.80	17.37	2.58	9.30	3.03	40.82	2.43	13.62
	KM-45	0.45	0.02	30.86	99.95	30.30	9.15	0.42	4.30	29.61	28.33	5.33	13.89	9.76	15.11	3.94	21.31
	KM-42	0.55	0.02	27.63	100.36	27.10	9.78	0.38	4.49	32.91	27.45	5.48	17.49	30.11	13.57	4.21	21.11
苏维依组	KM-50	2.59	0.11	7.88	99.96	2.45	39.67	1.60	10.19	106.84	54.03	10.81	29.71	48.39	53.52	13.55	94.84
	KM-55	1.37	0.10	15.78	99.50	11.53	57.79	3.31	19.13	143.30	86.50	18.46	50.26	38.20	94.79	25.28	164.21
吉迪克组	KM-53	4.15	0.21	10.98	100.28	4.00	28.78	1.07	9.17	59.26	47.59	9.36	26.51	53.15	55.52	10.75	68.62
	KM-91	3.14	0.16	10.55	99.97	5.88	54.19	2.15	14.22	97.37	70.61	14.36	44.93	33.02	221.30	17.85	124.01
	KM-97	2.51	0.13	10.97	99.40	7.69	41.14	1.74	11.45	84.04	68.22	12.11	32.28	20.12	73.97	15.13	101.68
	KM-100	2.13	0.13	12.06	99.98	9.54	38.76	1.48	10.06	70.32	63.52	9.99	73.07	32.52	55.82	13.07	86.74
	KM-104	2.49	0.12	10.02	99.76	6.46	42.08	1.64	11.78	79.27	57.53	12.01	33.43	21.90	72.07	15.70	101.84
	KM-107	1.17	0.06	22.49	99.99	21.69	24.21	0.97	7.23	49.59	37.00	7.10	17.31	12.91	38.76	8.79	56.61
	KM-115	2.42	0.14	13.10	99.56	7.62	41.47	1.82	13.27	84.11	58.11	12.97	35.68	20.43	64.07	15.32	99.05
	KM-122	2.71	0.15	10.98	99.80	6.68	51.86	2.05	14.59	99.20	81.22	15.32	42.39	28.40	97.11	17.89	113.95
	KM-125	1.28	0.15	18.96	99.49	7.28	50.07	1.90	14.83	101.47	79.80	15.75	43.64	25.25	76.74	17.01	109.20

（续表）

地层	样号	K$_2$O	P$_2$O$_5$	LOI	TOTAL	CO$_2$	Li	Be	Sc	V	Cr	Co	Ni	Cu	Zn	Ga	Rb
吉迪克组	KM-126	1.50	0.15	16.34	98.90	6.97	51.18	1.90	15.13	100.45	82.17	16.18	43.59	28.13	76.94	17.21	114.01
	KM-131	3.16	0.15	12.93	99.64	7.13	65.87	2.53	18.07	126.51	100.12	19.85	57.37	28.23	96.47	21.23	136.44
	KM-133	2.94	0.18	13.88	99.55	8.42	62.31	2.39	16.13	101.44	76.40	16.84	47.37	27.45	90.79	18.85	124.50
	KM-137	2.26	0.12	13.66	99.39	8.73	24.15	1.19	9.38	60.58	45.88	10.11	28.50	22.94	52.31	10.27	64.88
	KM-142	1.03	0.09	23.31	99.97	19.29	43.66	1.75	14.02	98.81	75.75	15.16	41.86	29.99	84.21	15.64	100.92
	KM-144	0.96	0.07	25.81	99.04	23.11	29.62	1.23	8.87	54.83	50.29	9.65	29.24	20.89	41.89	9.81	64.30
	KM-169	2.40	0.12	14.00	99.39	8.01	42.11	2.03	14.58	101.71	73.49	14.81	74.18	50.43	75.49	17.55	112.59
	KM-150	2.12	0.11	17.78	99.54	9.53	35.62	1.81	13.68	98.37	71.43	16.07	36.32	22.30	66.95	16.41	98.44
	KM-153	1.99	0.15	15.38	99.78	12.17	32.02	1.53	11.43	80.14	61.71	11.94	29.02	19.43	60.01	13.44	84.72
	KM-9	0.91	0.09	26.45	99.49	25.22	24.16	1.06	7.98	52.58	46.03	8.95	21.25	19.67	41.30	9.46	60.56
康村组	KM-73	1.64	0.14	16.02	99.19	10.14	33.33	1.52	11.33	70.88	56.86	10.39	28.78	19.46	65.04	13.57	87.15
	KM-13	1.14	0.10	24.45	99.22	22.58	26.48	1.19	8.73	59.19	42.84	10.52	26.00	22.56	52.90	10.32	70.01
	KM-18	1.74	0.13	17.43	99.74	10.82	34.45	1.65	11.70	78.72	60.68	11.40	29.25	25.15	73.35	14.76	97.14
	KM-23	1.29	0.16	18.69	99.65	15.02	26.73	1.22	10.79	67.79	74.48	7.73	27.36	23.00	53.43	11.51	72.85
	KM-24	1.86	0.09	22.11	98.16	0.76	37.40	1.84	13.72	93.91	77.92	12.26	35.72	29.11	64.07	16.65	101.71
	KM-35	0.94	0.09	25.60	99.29	21.38	29.24	1.39	9.39	65.35	47.05	12.12	28.18	23.03	50.77	11.77	76.82
	KM-58	1.56	0.10	18.92	99.43	8.16	39.09	1.81	13.53	90.86	63.14	15.14	38.18	29.33	66.98	16.01	102.91
	KM-63	2.34	0.14	14.75	99.58	8.95	45.03	2.04	14.32	100.74	70.63	16.22	42.11	35.38	91.85	18.41	122.01
库车组	KM-66	1.16	0.08	17.21	99.56	14.62	19.90	0.95	7.66	47.83	46.71	7.65	18.29	15.94	37.17	8.94	61.07
	KM-67	1.81	0.13	14.53	99.38	10.86	19.48	1.07	8.16	49.74	37.67	7.43	17.91	13.98	40.29	9.10	56.42
	KM-69	2.60	0.17	11.34	99.22	10.87	32.60	1.49	11.09	71.01	53.81	10.68	29.63	26.55	58.31	13.44	89.34
	KM-158	2.54	0.18	12.06	98.831	11.1	30.09	1.432	10.6	69.485	51.054	10.14	29.41	22.75	55.481	12.61	84.856

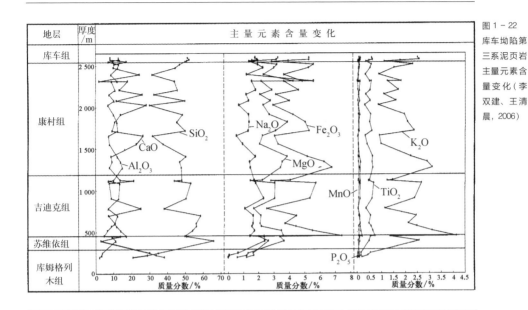

图 1-22
库车坳陷第
三系泥页岩
主量元素含
量变化(李
双建、王清
晨, 2006)

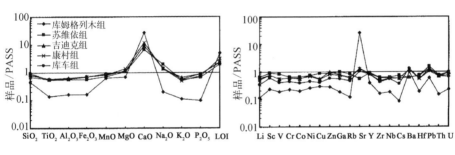

图 1-23
库车坳陷第
三系各组泥
页岩主、微
量元素平均
含量 PASS
标准化蛛网
(李双建、
王清晨,
2006)

该区稀土元素同样受到了碳酸盐岩稀释作用的影响。在碳酸盐岩含量高的库姆格列木组,ΣREE 平均值仅为 45.88×10^{-6},说明稀土元素富集于碎屑组分中。经球粒陨石标准化后,各组稀土元素的分布模式相似(图 1-24),均表现为轻稀土元素富集,重稀土元素分布平坦,Eu 显著负异常;指示轻重稀土元素分异度的 $(La/Yb)_n$ 在 9~11,各组平均值均大于 PASS 的值(9.2);指示轻稀土元素分异程度的 $(La/Sm)_n$ 一般都大于 4;指示重稀土元素分异程度的 $(Gd/Yb)_n$ 一般都小于 2;Eu 负异常在库姆格列木组最大(平均0.8),其他组平均为 0.65~0.68,与 PASS 的 Eu 异常相近(0.66)。(李双建、王清晨,2006)

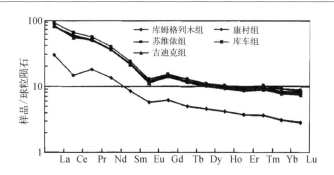

图1-24 库车坳陷第三系各组泥页岩稀土元素平均含量球粒陨石标准化蛛网(李双建、王清晨,2006)

又如鄂尔多斯盆地长7页岩,(张文正等,2008)对其微量元素测试(岛津 ICPS - 7500,核工业 203 研究所分析测试中心)结果显示,Mo 的平均含量为 74.8×10^{-6}(58个样品)、V 的平均含量为 224.4×10^{-6},Cu 的平均含量为 226.4×10^{-6}, U 的平均含量为 41.6×10^{-6},Pb 的平均含量为 31.6×10^{-6},个别样品的 Sr($>1\,000 \times 10^{-6}$)和 Mn($>1\,000 \times 10^{-6}$)呈显著正异常。与页岩克拉克值相比(图 1 - 25),长 7 优质烃源岩中 Mo、U、Cu、Pb 等微量元素呈显著正异常或正异常,而 Li、Ni、Zr、Sr、Cr 等微量元素相对亏损,其他微量元素无异常。长 7 优质烃源岩中生命元素 Cu、V,亲铁元素 Mo,亲铜元素 Pb 的富集,一方面反映了湖盆水体富无机营养盐的特征;另一方面,富营养水体促进了生物勃发和高的初级生产力,水生生物对这些元素的吸收以及高初级生产力造成的缺氧环境也使得这些元素在岩石中富集。U 的异常富集与有机质的富集和缺氧的沉积环境有关(张文正等,2008)。

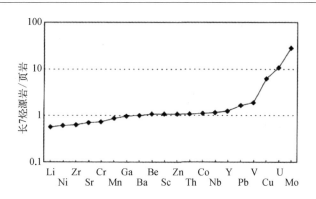

图1-25 长7烃源岩微量元素页岩克拉克值标准化分布模式(张文正等, 2008)

从长 7 优质烃源层的剖面(图 1 - 26)可以看出,Cu、V、Mo、Ba、Sr 和 U 等微量元素呈现出与 TOC 同步变化的特征,这一现象清楚地反映出生物勃发与沉积作用对微量元素富集的显著影响。同时,还可以看出,个别样品具有显著富集 Mn、Cu 和 Mo 等元素的特征,这一现象可能与事件地质作用有关。

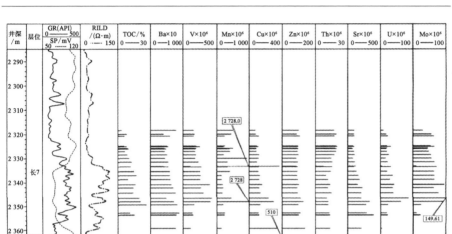

图 1 - 26 里 57 井长 7 优质烃源层微量元素丰度的纵向变化特征(张文正等,2008)

变价元素 V、U 等的地球化学行为与沉积、成岩的氧化-还原环境有着密切的关系。在还原环境下,V、U 呈低价,易于富集。因此,V/(V + Ni)、U/Th、V/Cr、V/Sc 等参数通常被用作指示氧化-还原环境的地球化学参数。计算结果(图 1 - 27)显示,长 7 优质烃源岩的 V/(V + Ni)比值主要分布在 0.8 ~ 0.9;U/Th 比值均大于 1,最高达 10 以上;V/Cr 比值较大,主要分布在 2 ~ 5;V/Sc 比值大,主要分布在 7 ~ 20。延长组湖相生油岩的 V/(V + Ni)与 U/Th 比值之间存在着良好的正相关关系(图 1 - 28),长 7 优质烃源岩的 U/Th 比值显著高于其他生油岩,同时 V/(V + Ni)比值也明显高于其他生油岩。上述讨论表明,V/(V + Ni)、U/Th、V/Cr、V/Sc 等参数能够有效地指示湖相生油岩沉积环境的氧化-还原属性。长 7 优质烃源岩 V、U 的显著正异常和高的 V/(V + Ni)、U/Th 等比值反映了其缺氧的沉积成岩环境特征。

微量元素参数中的 Sr/Ba 比值通常被用作指示海相或陆相环境的指标,长 7 优质烃源岩的 Sr/Ba 比值均较低(小于 0.5,个别样品除外),反映了陆相湖泊的沉积特征。

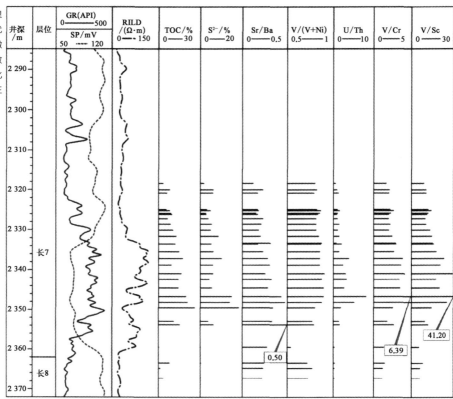

图1-27 里
57 井长7 优
质烃源层微
量元素参数
的纵向变化
特征(张文正
等, 2008)

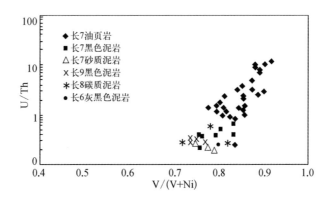

图1-28 延长组湖
相生油岩 U/Th - V/
(V +Ni)相关图解(张
文正等, 2008)

同时,长 7 优质烃源岩的 B 含量($11.1 \times 10^{-6} \sim 91.9 \times 10^{-6}$)较低,说明湖盆水体的含盐度不高。

长 7 优质烃源岩微量元素参数在纵向上的变化呈现出明显的规律性,自下而上,V/(V + Ni)、U/Th、V/Cr、V/Sc 等参数均表现出快速增高、缓慢降低的变化特征,并且与 TOC 和 S^{2-} 的变化同步。这一变化特征与湖盆快速扩张、沉降,缓慢回升的演化过程相一致,同时清晰地反映了沉积环境的还原性由强变弱的演化特征。湖盆快速沉降和高初级生产力促进了缺氧环境的形成,反过来,缺氧环境又促进了有机质的富集。

因此,根据岩石化学组成、微量元素丰度和相关参数的变化,可以将发育长 7 优质烃源岩的湖泛旋回划分为快速扩张、稳定沉降和缓慢回升 3 个阶段。相应地,Fe、P_2O_5、V、U、Cu、Mo 和 Sr 等微量元素丰度和 V/(V + Ni)、U/Th 等地球化学参数也表现出快速增高-缓慢降低的变化过程,反映出湖盆水体营养状况和缺氧程度由强转弱的演化过程(张文正等,2008)。

1.4.3　湖相页岩同位素特征

1. 碳同位素

湖泊沉积物中有机质 ^{13}C 值与沉积物中有机质来源密不可分。沉积物中有机质主要来源于陆生植物及湖泊水生植物。依据光合作用途径的差异,陆生植物可分为 C3、C4 及 GAM 三类,其中 GAM 植物不常见。不同光合作用途径的陆生植物具有不同的 $\delta^{13}C$ 值,一般认为 C4 类植物 $\delta^{13}C$ 值在 $-19‰ \sim -9‰$ 波动,C3 类植物在 $-37‰ \sim -24‰$ 波动。湖泊水生植物 $\delta^{13}C$ 值与其光合作用所需碳的来源密切相关。不同气候条件影响植物光合作用的途径,也同样影响水生植物合成有机质所需碳的来源。在低温条件下,C3 和 C4 类植物的光合强度基本接近,温度增高则 C4 植物的光合强度明显升高,在 $30 \sim 35℃$ 时,C4 植物光合强度约为 C3 植物的二倍。对于湖泊水体,随着湖水硬度增大,水生生物新陈代谢所需碳渐渐地由重碳酸根提供,因而使水生生物 $\delta^{13}C$ 值偏正。

湖泊沉积物中有机质 $\delta^{13}C$ 值与气候存在一定的关系。C4 类植物($\delta^{13}C$ 值较高)适合生长于暖偏干的气候条件,而 C3 类植物(δ^{13}C 值偏低)分布广,除受温度制约,还明显受湿度控制。C3 植物间的 δ^{13}C 值也受温度制约,一般情况下,温度升高促进光合作用进一步加强以及受同位素动力作用影响,使 δ^{13}C 值偏负,湖泊水生生物中 δ^{13}C 明显受湖水化学性质影响,而湖水的 pH 值、硬度等特性间接地反映了当时的气候状况。

湖泊沉积物中有机质 δ^{13}C 值除与有机质来源及气候因素有关外,还受湖水化学性质(pH 值、水的硬度等)、湖泊有机生产力、大气中 CO_2 的浓度、流域水文特征、沉积环境以及沉积物的后期保存等因素影响。

深湖相泥页岩有机质生源以水生生物为主,烃源岩类型为腐泥型和混合型,碳同位素组成轻(干酪根碳同位素组成小于 -26‰);浅湖及湖沼相烃源岩有机质以高等植物生源为主,类型主要为偏腐殖型及腐殖型,干酪根碳同位素组成较重(大于 -26‰)。研究者们常依据原油和天然气中重烃气的碳同位素组成进行油气成因类型划分,腐泥型有机质生成的油气碳同位素组成较轻,腐殖型有机质生成的油气碳同位素组成较重。黄第藩通过对各种湖相和沼泽相沉积岩有机质碳同位素组成的研究提出,盐湖相烃源岩干酪根碳同位素组成比一般湖相和沼泽相烃源岩偏重。孙玉梅等(2009)在中国珠江口盆地、渤海湾盆地及印度尼西亚巽它盆地等近海盆地烃源岩研究中发现,部分淡水或淡水-半咸水深湖相烃源岩有机质的碳同位素组成异常重(重于相邻层位湖沼相烃源岩),生成的油气碳同位素组成亦重。

近海湖相烃源岩有机质具有异常重碳同位素组成的现象在大西洋裂谷盆地亦有报道。巴西的 Camamu-Almada 盆地为大西洋被动大陆边缘盆地之一,早白垩世裂谷期湖相泥页岩(Barremian 阶)有机质碳同位素组成为 -29‰ ~ -23‰,有机碳含量可达 10%,氢指数为 400 ~ 800 mg/g,干酪根显微组分中无定形组分含量大于 90%,且亦具有碳同位素组成重的层段有机碳含量和氢指数更高的特点。Goncalves E T T 等认为,碳同位素正向偏移与高有机碳含量和氢指数一致反映了高的初始生产率。Barremian 阶之下的 Berriasian 阶湖相烃源岩具有碳同位素负向偏移(-30‰)、有机碳含量(2% ~ 4%)与氢指数高(大于 800 mg/g)的特点,反映了中-低的初始生产率和厌氧细菌对有机质降解产生的强烈碳循环。刚果盆地是位于大西洋东岸的又一裂谷盆地,早白垩世裂谷期湖相烃源岩有机质碳同位素组成为 -27.2‰ ~ -23.3‰,有机质的碳同位素组成可以作为确定生物生产率和氧化还原条件对有机碳含量影响相对重要性的敏感性指标。

生物生产率起重要作用时,有机质的碳同位素组成与有机碳含量为正相关关系;当还原条件对有机碳含量起决定作用时,有机质的碳同位素组成与有机碳含量为负相关关系(即有机碳含量越高,碳同位素组成越轻)。根据对湖盆不同发育阶段碳同位素组成与有机碳含量的研究,认为在断裂活动晚期,生物生产率对有机碳含量起控制作用,断裂活动早期有机碳含量则主要与氧化还原条件有关。刚果盆地的裂谷湖盆发育晚期相当于前文所述的珠江口及渤海湾盆地始新世湖盆发育的鼎盛时期(断陷 II 期)。

与现代生物圈一样,原始古生物圈中影响稳定碳同位素组成的因素主要包括温度、CO_2 分压、沉积环境及保存的有机质类型和数量等。据 Sakai 对日本 Biwa 湖现代沉积物中有机碳含量及其 $\delta^{13}C$ 值与用孢粉资料做出的气温波动对比可知,温暖气候条件下沉积物的有机碳含量高,碳同位素组成正向偏移。寒冷气候时沉积物的有机碳含量低,碳同位素组成负偏移。Galimov 分析水温对水生生物碳同位素组成的影响后指出,温带和高纬度地区海洋中的浮游植物与赤道水体中的浮游植物相比具有较轻的碳同位素组成,这是由于 CO_2 在冷水中溶解度较大,具有较高的浓度,从而使水生生物主要利用溶解 CO_2(碳同位素组成较轻)作为酶作用物。

湖泊沉积有机质生源比较复杂,既有陆生高等植物,又有水生植物和浮游藻类。一般来讲,陆生植物来源的有机质碳同位素组成较重,藻类生源为主的湖相有机质碳同位素组成较轻。但对现代生物的热压模拟实验研究表明,水生生物比陆地植物富集 ^{13}C,并认为两类生物碳同位素组成产生差异的原因可能是利用了不同的碳源。水生生物光合作用过程中利用的碳源为水中的 HCO^{3-},而陆地植物光合作用的碳源为大气中的 CO_2(具有较轻的碳同位素组成)。江汉盆地和辽河西部凹陷始新统湖相烃源岩的碳同位素组成及孢粉组合等综合分析认为,干酪根富 ^{13}C 与沟鞭藻的高生产速率和相对高产率有关。

湖泊与海洋同属地球表层系统,珠江口盆地、渤海湾盆地、Sunda 盆地及大西洋裂谷盆地等湖相优质烃源岩碳同位素组成偏正可能反映湖相与海相有着相似的机理。自然界碳基本上储藏在有机碳与无机碳两大碳库内,当其中一个碳库同位素变化时,必将影响到另一个碳库同位素的变化。生物活动可以造成碳同位素分馏,^{12}C 优先为活有机体利用。水生生物多数利用溶解 CO_2 作为酶作用物,当水体中藻类生产率较高时,溶解的 CO_2 供不应求,生物体利用富含^{13}C 的 HCO_3^-(正常湖水温度下,HCO_3^- 比溶解 CO_2 的 δ^{13}C 值重 7‰ ~ 10‰)。因此,以水生生物为主的湖相有机质的碳同位素值偏重可能指示较高的湖泊古生产率。

渤海湾盆地沙三段下部、珠江口盆地文昌组的孢粉组合分析已经表明,当时为湖泊发育的鼎盛时期,古湖泊较大、水体较深、气候温暖潮湿、藻类等浮游生物极其繁盛,具有高的浮游生物产率。因此,高生物产率是富有机碳的湖相烃源岩碳同位素组成偏重的根本原因。

2. 氢同位素

产自不同陆相沉积环境的正构烷烃氢同位素组成特征明显不同。如图 1 – 29(a)所示,上二叠统湖相泥岩(AC1)δD 组成大体呈水平分布,分布在 – 180‰ ~ – 160‰;

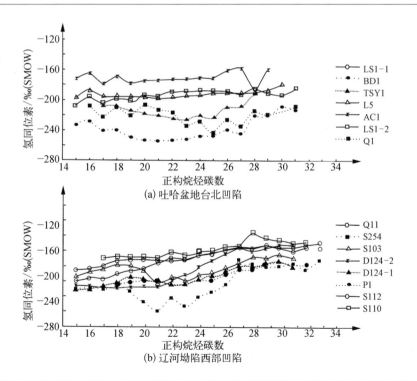

图 1 – 29 烃源岩正构烷烃单体氢同位素组成分布曲线(熊永强等,2004)

中、下侏罗统煤系泥岩 δD 分布范围为 $-210‰\sim-180‰$,且不同碳数的正构烷烃之间相差较小;而中侏罗统沼泽相的煤及煤系泥岩 δD 分布范围为 $-250‰\sim-200‰$,明显较滨浅湖相的煤系泥岩贫 D,并且在高碳数部分,奇碳数的正构烷烃明显较偶碳数的相对贫 D,呈现锯齿状分布,这一特征可能是陆源高等植物输入所造成的。

辽河坳陷烃源岩的正构烷烃单体化合物呈现随碳数增加逐渐富 D 的趋势[图 1-29(b)],与加拿大西部沉积盆地中的原油相似。根据正构烷烃氢同位素组成分布,可以大体将沙三段和沙四段烃源岩分开,沙四段的正构烷烃 δD 分布范围大致为 $-200‰\sim-140‰$,而沙三段的正构烷烃相对沙四段的贫 D 约 40‰。

总体上看,沉积环境可能是控制正构烷烃氢同位素组成的重要因素。从沼泽相→滨浅湖相→咸水湖相,正构烷烃的 δD 明显存在富 D 的趋势,这与从轻质油和凝析油的氢同位素组成研究中得出的结论相同。

1.5 煤系页岩地球化学特征

1.5.1 煤系页岩分布特征

中国煤炭资源十分丰富,含煤地层遍布中国大部分地区,总体上呈现"北多南少、西多东少"的特点。中国进行过多次全国性煤炭资源潜力评价,新一轮全国煤炭潜力评价通过对中国含煤地层科学翔实的研究,将中国分为 5 大赋煤区,对各赋煤区的构造格架及其演化特征、含煤地层沉积展布特征、地层区划及煤岩学特征等展开了综合研究。

晚古生代以来,随着气候、环境的改变,植物的大量发育为含煤地层沉积提供了客观物质基础,中国 5 大赋煤区发育了多期的含煤地层,经过后期改造,形成众多各具特点的赋煤单元(表1-11)。

中国煤系泥页岩发育,泥页岩总厚大,且有机质丰度高,为煤系页岩气的发育提供了基础条件(表1-12)。中国地质历史中成煤期多,煤系分布广泛,众多的含煤盆地普

表1-11 中国各赋煤区含煤地层发育情况(曹代勇等，2014)

赋煤区划	主要聚煤时代	主要赋煤盆地(地区)	代表性含煤层位
东北赋煤区	J_3-K_1、E	三江-穆棱河、松辽-辽西、海拉尔-二连、浑江-红阳	阜新组、巴彦花群、伊敏组、大磨拐河组、城子河组、穆棱组
华北赋煤区	C-P、T、J	鄂尔多斯、沁水、大同、太行山东麓、京唐、豫西、徐淮、渤海湾	本溪组、太原组、山西组、瓦窑堡组、大同组、窑坡组
华南赋煤区	C-P、T、J	川南-黔北、滇东-黔西、川东、湘中-赣中、黔桂	测水组、龙潭组、须家河组、安源组、香溪组
西北赋煤区	C、J	准格尔、吐哈、塔里木、柴达木、伊犁、河西走廊	羊虎沟组、延安组、八道湾组、西山窑组、大煤沟组、木里组
滇藏赋煤区	C-P、T、K、N	羌塘、昌都、滇西	马查拉组、土门格拉组、多尼组、小龙潭组

表1-12 中国主要含煤盆地煤系泥页岩发育情况(曹代勇等，2014)

地区	层位	有机碳%	厚度/m
鄂尔多斯盆地	太原组+山西组	0.6~12.67	80~140
沁水盆地	太原组+山西组	0.78~12.97	63.2~147.62
渤海湾盆地	太原组+山西组	2.37~3.12	46~370
吐哈盆地	八道湾组+西山窑组	0.23~15.6	290~900
准格尔盆地	八道湾组+西山窑组	0.5~2.5	700
柴北缘	大煤沟组	0.18~22.53	500
祁连山木里	木里组+江仓组	0.52~4.05	120~600
松辽盆地	营城组	0.03~4.55	100~300
松辽盆地	沙河子组	0.07~2.43	124.9~200
海拉尔盆地	伊敏组	—	40~297
海拉尔盆地	大磨拐河组	0.26~4.93	60~390
四川盆地	须家河组	1.6~14.2	300~1400

遍沉积了多套良好的煤系暗色泥页岩(图1-30)。

1. 四川盆地须家河组

四川盆地上三叠统须家河组主要为一套暗色泥质岩夹煤层的陆相煤系地层，主要由深灰、灰黑色泥岩、页岩、炭质页岩和煤层组成，厚度变化在15~1240 m，变化趋势大致由盆地西部向东南部减薄，烃源岩层数多，有效烃源岩累计厚度在150~450 m，有

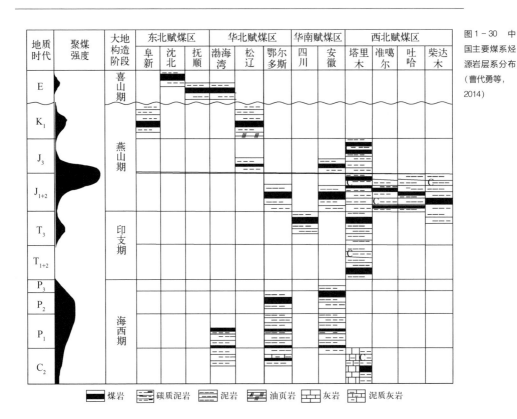

图 1-30 中国主要煤系烃源岩层系分布（曹代勇等，2014）

机碳含量主要分布在 $1.2\% \sim 6.4\%$,生烃强度大,目前都已处于成熟-高成熟阶段。有机质类型以Ⅲ型为主,R_o 变化在 $1.0\% \sim 2.2\%$ 。黏土矿物含量为 $15\% \sim 78\%$,平均为 50% 左右,石英、长石等脆性矿物含量为 $22\% \sim 85\%$,平均为 50% 左右。

上三叠统须家河组主要分布在川西和川中地区。川西坳陷、上三叠统主要气源为须家河组,厚度为 $1\,500 \sim 5\,000$ m。主要的气源岩是炭质页岩和暗色泥岩,须家河组四段有较厚的黑色页岩层出现。由于古地温较高,镜质组偏高,须三、须四段的生气量占上三叠统总生气量的 50% 。川西坳陷是须家河组的生气中心区,生气强度一般可达 $50 \times 10^8 \mathrm{m}^3 / \mathrm{km}^2$ 以上。这说明本区具有良好的页岩气成藏条件。

2. 塔里木盆地中、下侏罗统

库车坳陷位于塔里木盆地北缘,面积为 $1.6 \times 10^4 \mathrm{km}^2$,是一个新生代类前陆盆地。

天然气属煤型气,气源主要来自中、下侏罗统煤系。

　　库车中生代含煤岩系的主要含煤层段发育在侏罗系的基准面下降旋回中(图1-31)。在基准面逐渐下降过程中,盆地不断被沉积物充填,从北缘的天山到湖盆依次发育冲积扇、冲积平原、滨浅湖-三角洲、半深湖和深湖沉积体系。富煤带和聚煤中心区主要与滨湖三角洲和冲积平原沉积的沼泽化有关。(李瑞生等,1994)研究认为,聚煤中心与沉积中心基本吻合,位于沉积中心的南侧。早、中侏罗世时期,浅湖-滨湖-三角洲-冲积平原古地理环境主要保持在拜城-库车-阳霞一带,滨浅湖、三角洲平原和

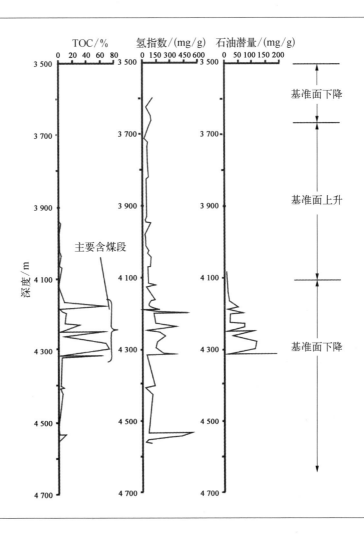

图1-31　依南2井侏罗系岩石热解参数垂向变化规律

冲积平原(曲流河泛滥平原相)等的沼泽化比较有利于聚煤作用的进行,形成了拜城-阳霞一带近东西向的狭长富煤区带,其中聚积了库车坳陷的主要陆源有机物质。主要含煤段沉积之后,盆地逐渐下沉,基准面上升,开始形成不含煤的湖泊相细碎屑沉积,有机质富集度大不如前。

中、上三叠统也是库车坳陷的潜在烃源岩层之一。据邹华耀等研究,从平面分布上看,中、上三叠统与中、下侏罗统烃源岩在库车坳陷都不是均匀分布的,中、上三叠统烃源岩从北部的山前延伸到南部相当于秋立塔克背斜带附近尖灭;而中、下侏罗统则分布于整个库车坳陷。剖面上,中、上三叠统在北部克-依构造带较厚,向南部逐渐减薄直至尖灭(图1-32);中、下侏罗统分布在克-依构造带及其南侧的拜城凹陷东部和阳霞凹陷。

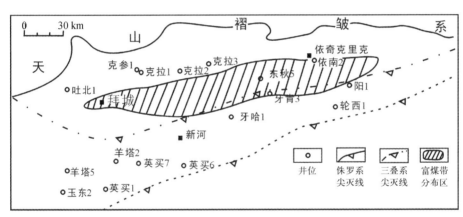

图 1 - 32
库车坳陷侏罗系富煤带分布示意

另外,塔里木盆地东北部侏罗系也发育了一套煤系烃源岩,由暗色泥页岩、炭质泥页岩和煤岩构成。据对区内钻井揭示的烃源岩厚度资料统计,在孔雀河斜坡,烃源岩累厚55～111 m,占地层厚度的13.9%～24.3%,其中煤岩厚13～24 m;在英吉苏凹陷,烃源岩累厚258～370 m,占地层厚度的27.7%～61%,其中煤岩厚19.5～58 m。凹陷内YN1井区烃源岩厚度只有90 m,占地层厚度的10.9%,反映了该井可能处于当时沉积凹陷中的古构造高部位,而导致烃源岩不发育;研究区南部塔东低凸起东部 TD1 井区,为一套红色粗碎屑建造,属边缘相沉积,侏罗系自北而南逐渐超覆尖灭,烃源岩不发育。

英吉苏凹陷的东、西两个洼槽区侏罗系底界埋深达 4 000 m 以上,地层厚度至少在 2 400 m 以上,烃源岩累厚在 400 m 以上,主要发育半深湖暗色泥页岩,煤层和炭质泥页岩相对较薄;孔雀河斜坡北部和塔东低凸起,侏罗系埋深浅、地层厚度小,烃源岩也相对较薄,一般累厚 100 m 左右,主要为浅湖、沼泽相的暗色泥页岩,但煤层和炭质泥页岩相对较发育。

3. 柴达木盆地侏罗系

侏罗系在柴达木盆地北缘地区(以下简称"柴北缘")沉积较好,发育多套陆相富有机质泥页岩,既有煤系炭质泥页岩,又有深水相油页岩、黑色页岩等,厚度大、分布广,页岩气资源潜力较大。

柴北缘侏罗系共发育 9 套富有机质泥页岩,从老到新编号为 H1 ~ H9(图 1 - 33),各套泥页岩发育的岩相类型及其组合形式、层段厚度和结构差异较大。其中,下侏罗统湖西山组发育 3 套富有机质泥页岩,分别赋存在湖西山组的一段、二段和三段。H1 富有机质泥页岩连续分布在湖西山组一段中,岩性组成为灰黑色泥页岩、粉砂质泥页岩和黑灰色泥质粉砂岩和粉砂岩,夹炭质泥页岩。泥页岩层段不均匀夹有砾岩、含砾砂岩、粗砂岩、中砂岩和薄煤层,单层厚度 1 ~ 31.5 m,平均累计厚度为 365 m。H2 泥页岩岩性为灰黑色泥页岩、砂质泥岩、炭质泥页岩和黑灰色粉砂岩,含多层煤,垂向连续分布,仅在顶部夹薄层砾状砂岩,单层厚度 1 ~ 15 m,泥页岩平均累计厚度 225 m。H3 富有机质泥页岩,岩性为灰黑色泥页岩和灰黑色粉砂质泥岩,结构稳定,连续分布,单层厚度在 0.5 ~ 11 m,平均累计厚度可达 390 m。

下侏罗统小煤沟组发育 H4 ~ H6 富有机质泥页岩,H4 泥页岩位于小煤沟组一段顶部和底部,岩性为灰黑色泥页岩和炭质泥页岩,含薄煤层,单层厚度在 0.2 ~ 27.3 m,在大煤沟剖面累计厚度为 40.37 m,垂向不连续,中部发育 20 多米的砾岩层。H5 泥页岩位于下侏罗统小煤沟组二段中上部,主体为黑褐色油页岩,夹薄层黑色页岩和黑灰色粉砂岩。单层厚度为 0.2 ~ 14.5 m,平均累计厚度可达 61.2 m,在富有机质泥页岩段中部夹 2 ~ 3 层细砂岩,垂向较连续。H6 泥页岩为灰黑色泥页岩、炭质泥页岩和黑灰色粉砂岩,单层厚层为 2.1 ~ 19.9 m,在大煤沟剖面累计厚度为 51.8 m,垂向连续性中等,中部含多层含砾砂岩和细砂岩。小煤沟组四段不发育富有机质泥页岩。

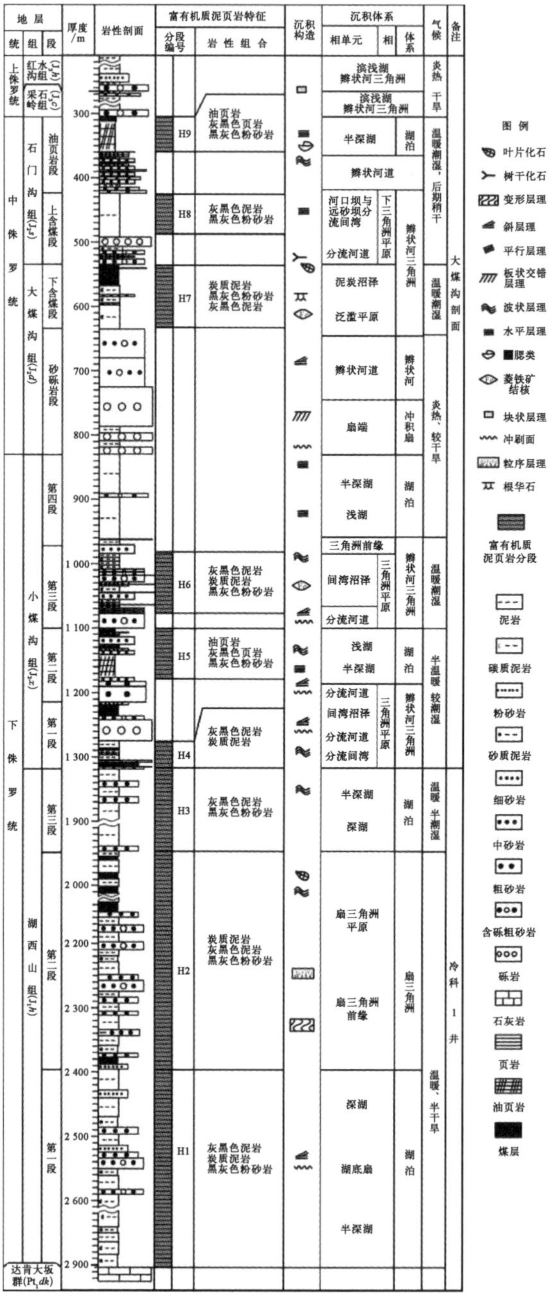

图1-33 柴达木盆地北缘侏罗系沉积与页岩特征综合柱状图

H7 套富有机质泥页岩发育在中侏罗统大煤沟组上段,以灰黑色泥页岩和炭质泥页岩为主,夹薄层黑灰色粉砂岩,通常为 F 煤层的顶底板,垂向连续性很好,平均单层厚度为 0.1 ~ 15.6 m,累计厚度较大,在鱼卡 33 井达 97.92 m。H8 泥页岩位于中侏罗统石门沟组下段,为黑灰色粉砂岩、灰黑色泥页岩和炭质泥页岩,含薄煤层,通常层段结构复杂,夹有多层砂岩和含砾砂岩,大煤沟地区相对较好,单层厚度一般在 10 m 以下,鱼卡 33 井富有机质泥页岩累计厚度 16.5 m。H9 泥页岩层位于中侏罗统石门沟组上段,岩性以油页岩为主,局部渐变为黑色页岩,鱼卡地区和旺朵秀地区油页岩发育较好,泥页岩层结构简单、分布稳定,多呈单一巨厚层状展布,局部含粉砂岩夹层,平均累计厚度为 59.3 m,Y‐1Y 和 Y‐3Y 参数井分布见厚层油页岩和黑色页岩 49.3 m 和 71.9 m,W‐4Y 井富有机质泥页岩厚度为 56.9 m,大煤沟剖面达 55.25 m。

平面上,下侏罗统 H1‐H3 泥页岩段主要分布在柴北缘西南部的冷湖、一里坪和南八仙地区,分布范围较广,面积约 2.1×10^4 km^2,厚度较大,累计厚度在 20 ~ 1 200 m,整体在 500 m 以上,厚度中心位于冷湖构造带和昆特依凹陷。下侏罗统 H4 ~ H6 泥页岩段主要发育在大煤沟及周边地区,冷湖构造带的潜西地区也有发育,累计厚度较大,但分布范围较为局限。中侏罗统 H7 ~ H9 富有机质泥页岩段主要发育于柴北缘北部的赛什腾凹陷、鱼卡红山凹陷和德令哈凹陷内,分布面积约 2.05×10^4 km^2,泥页岩段整体厚度较下侏罗统变小,累计厚度为 50 ~ 350 m,但横向连续性较好。

4. 鄂尔多斯盆地

鄂尔多斯盆地现已探明的上古生界大气田(苏里格、榆林、乌审旗、米脂等)的主要烃源岩为煤和煤系暗色泥页岩。其烃源岩为上古生界一套广覆型沉积的含煤岩系,自下而上发育了石炭系本溪组(靖远组、羊虎沟组)、二叠系太原组、山西组 3 套海相-海陆过渡相-陆相的煤系气源岩(暗色泥页岩、炭质泥页岩、炭质页岩、煤层)。暗色泥页岩总体分布特点为盆地西部最厚,东部次之,中部厚度薄而稳定。

1) 上石炭统本溪组

石炭系上统本溪组与奥陶系马家沟组地层一般呈平行不整合或角度不整合接触,其下部由于长期遭受风化淋滤剥蚀,普遍缺失奥陶系中上统、志留系、泥盆系及下石炭统地层。本溪组为障壁海岸沉积体系,沉积厚度一般在15～50 m。

本溪组上部多为煤层夹薄层灰岩透镜体及石英砂岩,中部为深灰色泥岩,或灰黑色泥灰岩夹浅灰色细砂岩,下部主要为一套潮坪石英砂岩或海相-潟湖边缘沉积的铁铝岩,属风化壳之上的坡积、残积物再沉积而成,厚度一般在4～12 m。根据岩性特征,自下而上分为本2段,本1段。

2）下二叠统太原组

太原组地层连续沉积于本溪组之上,分布广泛,地层厚度为25～40 m,是以清水和浑水混合沉积为主的陆表海沉积。依据沉积序列及岩性组合分为上下两段,即太1、太2段。

太2段以砂泥岩为主,夹煤层,有时夹生物碎屑灰岩透镜体,一般以斜道灰岩之底与太1段分开;太1段则以灰岩、砂岩、泥页岩为主,夹煤层。

太原组底界为下伏本溪组地层顶部下煤层组（8#、9#煤）之顶,电性特征表现为低伽马、低电位、低密度、高电阻率、高声波时差、大井径,极易识别,且分布广泛;太原组顶界为东大窑灰岩之顶,分布广泛,厚度在2～12 m,是上古生界地层划分的良好标志层之一。

3）下二叠统山西组

以"北岔沟砂岩"之底为底界,与下伏太原组为区域冲刷面接触,以 K3 标志层"骆驼脖子砂岩"之底为顶界。该组岩性主要为深灰-灰黑色泥页岩、粉砂岩及中细砂岩,中下部夹薄煤层,地层厚度一般为90～120 m。该组地层东、西部厚度差异明显变小,而在南北向上表现为中间厚、南北薄的变化特征（付金华,2004）。根据沉积旋回,自下而上分为山2、山1两段。

（1）山2段

山2段主要为一套三角洲含煤地层,其中又分布着河流-三角洲砂体,岩性为灰白色、深灰色石英砂岩、灰色中-粗粒岩屑石英砂岩、砂砾岩及深灰色含泥中-粗粒岩屑砂岩、砂砾岩,夹黑色-灰黑色泥页岩和连续性较好的煤层（4#、5#煤）,地层厚度为45～60 m。

山2段底界,即山西组底界以太原组东大窑灰岩之顶为其底,平行整合于太原组之上。东大窑灰岩电性特征表现为低平状声波时差、高电阻率,电性特征明显。

（2）山1段

山1段主要为一套河流-三角洲环境的砂泥岩沉积，岩性以灰色、深灰色细-中粒岩屑砂岩、岩屑质石英砂岩、灰色-深灰色泥质砂岩和深灰色泥质岩为主，薄煤层发育（1#、2#、3#煤），地层总厚度一般为45～60 m。

山1段底部常发育船窝砂岩（又名铁磨沟砂岩），以此段砂岩为标志，船窝砂岩之底即为山1段之底。测井曲线相对平缓，起伏不大，没有突然跳跃现象。

4）下侏罗统延安组

侏罗纪含煤岩系是鄂尔多斯盆地中最重要的含煤岩系之一，其分布面积广，因各地沉积环境不同，因而各地含煤性及聚煤作用的时空变化很大。盆地内侏罗纪地层，呈新月形出露于东胜-神木-榆林-延安-黄陵-陇县一带，向北、向西倾伏，分布于盆地的腹地。在盆地的西南缘和西缘的华亭、磁窑堡、石炭井及汝箕沟等地则只有零星出露，但均有煤田分布。鄂尔多斯盆地侏罗纪含煤岩系中有机质的有机岩石类型主要是煤、炭质泥页岩、泥页岩和油页岩（黄文辉等，2011）。

早中侏罗世延安组厚度一般在100～300 m，是一套煤系地层，为由潮湿向干燥气候转变的河、湖、沼泽及三角洲沉积。在延安组典型剖面的上部为褐色、灰绿色、黄灰色砂岩和泥页岩互层；中部为灰黑色、灰绿色泥页岩、粉砂质泥页岩、粉砂岩与黄绿色灰白色细-中粒砂岩互层夹炭质泥页岩、煤线和煤层；下部为灰白色、浅灰黄色巨厚块状中-粗粒长石石英砂岩。从沉积环境分析，鄂尔多斯盆地侏罗纪延安组主要为湖泊三角洲相和河流三角洲相，但在湖盆条件下湖浪和湖流均较弱的情况下，河流作用占绝对优势。相对盆地北部而言，盆地南部湖泊相沉积覆水条件更好，覆水时间长，在黄陵矿区甚至形成了烛煤和油页岩，有机质中脂类含量丰富，说明盆地内部古地理差异对有机质类型和丰度均有控制作用（黄文辉等，2011）。

侏罗系延安组有机碳含量为1.74%～2.47%，氯仿沥青"A"含量为0.044%～0.087%，烃含量为151～240 mg/kg。有机质类型以腐殖型为主，见少量过渡型，有机质演化多处于未成熟阶段，不具备大规模生烃能力（苗建宇等，2005）。

5. 准噶尔盆地

准噶尔盆地石炭系滴水泉组富含有机质泥页岩，包括暗色泥岩和炭质泥页岩，累计厚度为 0～249 m，前者有机碳含量平均为 1.45%；后者有机碳含量平均为 15.53%，有机质类型主要为偏腐殖混合型-腐殖型，R_o 介于 0.51%～1.75%，平均为 1.15%。中新生代断陷含煤盆地的暗色泥岩、煤和炭质泥岩互层分布的特点突出，暗色泥岩总有机碳含量多数超过 1.0%，炭质页岩多数超过 10.0%，单层厚度普遍不大，但累计厚度较大，R_o 多在 1.3% 以下。

侏罗系是一套湖沼相的含煤沉积建造，其中八道湾组和西山窑组既发育暗色泥页岩又发育炭质泥页岩和煤岩，埋深 2 000～4 000 m，有机质类型以 II_2～II_1 型为主，有机质丰度高低相差较大，以其类型而论丰度仍较低；下白垩统四参 1 井有机质类型为 I～II 型，有机碳含量平均为 1.27%，R_o 小于 0.5%，在昌吉凹陷深处可能达到成熟阶段；古近系安集海河组烃源岩有机碳含量为 0.04%～1.5%，有机质类型为 II_1 型和 II_2 型，热演化程度处于未成熟阶段。

总体上，我国上古生界海陆交互相富含有机质泥页岩除上扬子及滇黔桂地区单层厚度较大且具有页岩气单独勘探开发的条件外，多数地区发育的海陆交互相及陆相煤系地层富含有机质泥页岩单层厚度都不大，不利于页岩气的单层独立开发。中新生代陆相煤系富含有机质泥页岩一般单层厚度虽然也不大，但其总有机碳含量较高、演化程度一般在过成熟早期以下，有利于成气。另外，煤系泥页岩层多与煤层、致密砂岩层互层，易形成页岩气、煤层气和致密砂岩气等多种类型天然气近距离叠置成藏。这是我国煤系地层普遍存在的天然气聚集特点。因此，进一步深入研究页岩气、煤层气和致密砂岩气等多种类型天然气共生特点和叠置成藏规律，开展多种共生天然气资源勘查，探索其经济有效的多层合采开发技术，是这类天然气资源有效开发利用的一个新课题。

1.5.2　煤系页岩元素特征

1. 常量元素

以四川盆地上二叠统龙潭组煤系地层为例（表 1-13），煤系页岩的元素组成主要以 N、C、S、H 为主，其中以 C 为主，含量主体分布在 52%～75%。N 含量在 0.58%～

表1-13 四川盆地上二叠统龙潭组煤系地层有机质组分及元素组成(付成信等,2012)

样品编号	V/%	E/%	I/%	MM/%	N/%	C/%	S/%	H/%	H/C
1	87	4.6	0	8.4	1.17	66.32	0.78	4.61	0.069
2	88.2	9.4	0.6	1.4	1.4	70.54	0.25	5.62	0.081
3	80	10.8	8.8	0.4	0.98	37.74	0.4	3.7	0.098
4	69.4	24.8	3.6	2.2	1.15	75.49	0.15	8.02	0.106
5	6.6	1.8	0	91.6	0.64	52.48	5.31	6.03	0.115
6	82.6	15.4	0.6	1.4	1.3	71.93	0.3	5.31	0.074
7	71.4	4.8	22	1.8	1.47	72.67	0.73	4.48	0.062
8	78	2.6	8.2	11.2	0.69	73.28	0.26	4.23	0.058
9	61.2	6.8	32	0	0.8	70.59	0.35	4.49	0.064
10	1.4	0.8	0	97.8	0.58	6.16	1.11	3.43	0.557
11	—	—	—	—	—	—	—	—	—
12	88	2.8	5.6	3.6	1.27	67.21	0.65	4.67	0.069

注:1. 显微组分析结果为V—镜质组;E—壳质组;I—惰质组;MM—矿物质。
2. N,C,S,H,H/C—元素分析的结果。

1.47%,S 含量为0.15%~5.31%,H 含量为3.70%~8.02%。

2. 微量元素

以吐哈盆地中、下侏罗统泥质岩为例,硼的含量为10~60 mg/kg,Sr/Ba 为0.13~0.81,反映了沉积时的水介质为淡水环境。平面上以台北凹陷北部 B 和 Sr/Ba 偏高(红旗1 井西山窑组硼含量为60~104 mg/kg,Sr/Ba 为0.27),反映了台北凹陷北部(红旗坎一带)为水介质偏碱、盐度偏高的开阔湖泊地带。纵向上从八道湾组至西山窑组,B、Sr/Ba 亦有增高的趋势,亦反映了沉积环境由河流-沼泽向湖泊-沼泽变化的特点。另外,Fe^{2+}/Fe^{3+} 值反映中、下侏罗统以还原环境为主,环境演变经历了强还原-弱还原-弱氧化的变化过程。

又如宣化煤田下花园组泥页岩,其微量元素分析见表1-14。泥页岩中硼的含量小于40 mg/kg,Sr/Ba <1,该区泥页岩多形成于内陆淡水湖环境中。

样　品	Ge×10⁶	Ga×10⁶	U×10⁶	Tb×10⁶	Ba×10⁶	Sr×10⁶	B/Ga×10⁶	(Sr/Ba)×10⁶	环境
5-1-44	2	28	5	55	0.06	0.02	1.07	0.33	湖
5-1-107	1	32	7	40	0.07	0.01	0.94	0.14	河流
5-1-111	1	34	4	44	0.08	0.02	0.88	0.25	湖
5-1-117	1	38	7	44	0.06	0.02	0.94	0.33	湖
9-4-96	9	22	7	37	0.04	0.01	1.36	0.25	湖
9-4-113	4	24	1	36	0.04	0.01	1.67	0.25	湖

表 1-14　宣化煤
田下花园组泥页岩
微量元素分析(刘
卫民, 2013)

注: Sr/Ba 小于 1 代表淡水环境,Sr/Ba 大于 1 代表咸水环境;B/Ga 小于 3.3 代表大陆环境,B/Ga 大于 4.5 代表海洋环境。

1.5.3　煤系页岩碳同位素特征

煤系页岩普遍具有碳同位素组成偏重的特点。煤系暗色泥页岩中,氯仿沥青"A" $\delta^{13}C$ 值为 $-40.24‰ \sim -23.17‰$,平均为 $-27.38‰$;而一般烃源岩的氯仿沥青"A"及其族组分碳同位素组成则相对偏轻。这与形成煤系和非煤系烃源岩有机质的原始物质密切相关:陆相环境淡水湖泊水生生物具有较轻的碳同位素组成,而陆相沼泽或海陆过渡相环境下形成的高等植物则 ^{13}C 相对富集(曹代勇等,2014)。

塔里木盆地库车坳陷东部阳霞凹陷煤系泥页岩和煤岩干酪根的碳同位素值分别为 $-24.5‰ \sim -23.8‰$ 和 $-24.4‰ \sim -23.7‰$,而吐哈盆地该值分别为 $-23.86‰$ 和 $-24.21‰$。

第2章

页岩有机
地球化学

2.1 页岩有机地球化学评价指标

2.1.1 有机质来源

黑色页岩的形成需要大量的有机质供给、较快速的沉积条件和封闭性良好的还原环境。大量的有机质是烃类生成必需的物源基础;快速的沉积速率使得富含有机质页岩在被氧化剥蚀等破坏之前能够大量沉积下来;缺氧抑制了微生物的活动性,减小了对有机质的破坏作用。在沉积埋藏后控制甲烷产量的因素是缺氧环境、缺硫酸盐环境、低温、富含有机物质和充足的储存气体的空间。

1. 海洋环境

1) 有机质的沉积特征

海洋是最大的生物生活空间,也是有机质得以沉积和保存的最大空间,从古至今接受了地球上最大的有机质沉积。就整个海洋环境来说,其各个部分的生物发育程度不尽相同,沉积保存条件也有差异。海洋环境的差异性和分带性十分明显(图2-1)。在水平方向上,随着离岸远近和水深分为: 滨海(潮间)带,高潮线至低潮线之间;浅海带,低潮线至200 m水深的连续水域,其海底地形为大陆架(陆棚)。其中浪基面以上的部分,包括滨海带和浅海带的上部,又称为滨岸相(或海岸相、海滩相);浪基面以下的浅海相可称为浅海陆棚相;半深海带,水深200~4 000 m的连续水域,其海底地形为

图2-1 海洋环境和海底的分区(卢双舫等, 2008)

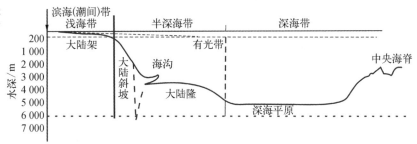

大陆坡和陆隆,大陆架、大陆坡和陆隆合称为大陆边缘;深海带,水深超过 4 000 m 的连续水域,海底地形包括大陆基、海沟、大洋盆地等。在垂直方向上按光亮度分为强光带(海面至 80 m 水深)、弱光带(80 ~ 200 m 水深)、无光带(200 m 以下)。

远洋水域有机质来源单一,主要来源于海洋内部生物的初级生产力;近陆海域既有水生生物有机质沉积,又接受陆源有机质沉积。有机质的有利沉积条件是表层生物高产、下层缺氧还原,持续较快沉降。

(1)滨岸带不利于有机质沉积和保存

滨岸带位于波浪作用、潮汐进退的高能、氧化环境之中,有机质难以沉积聚集,即使一部分有机质沉积下来,也会被氧化而消耗掉。因此,滨岸带生物发育不利于有机质沉积,它是有机质沉积贫乏的环境。

(2)浅海陆棚是海洋内有机质的主要沉积区

浅海包括内陆海(如黑海、里海)、有障壁的陆缘浅海(渤海、墨西哥湾)和无障壁的开阔浅海(东海、黄海)。浅海的环境特征以浪基面为界,上下部水体明显不同。上部水体由于具有适宜的温度、阳光、丰富的养分使其生物初产率高;而下部水体则为静水、低能还原环境,同时,沉积速率适中,可使有机质得到较为迅速的埋藏,保存条件良好。因此,浅海有机质的沉积特征为:富含有机质的细粒沉积物分布广、厚度大,有机质总量大;由于以水生生物的贡献为主,有机质性质较好,倾向于产油,在陆表海由于陆源有机质的贡献,可能有混合型的有机质。这些特征使浅海成为(海洋内)有机质的主要沉积区,是油气生成的良好区域。

(3)大陆斜坡及其邻近的深海盆地是有机质沉积较为丰富的地区(仅次于浅海带)

有机质主要来自上部的浮游生物和由重力流沉积从大陆架和三角洲地区带来的有机质。重力流不仅运来大量的砂体,同时也有富含有机质的泥质物,使大陆斜坡沉积物中具有较丰富的有机质。

(4)远洋盆地(半深海-深海)是有机质沉积的贫瘠区

虽然环境特征为静水、低能的还原环境,但远洋盆地由于营养物质缺乏、光照度极低、生物不发育、沉积速率缓慢,有限的有机质在下沉过程中被水中溶解的氧或某些深海生物所消耗,从而形成有机质沉积的贫瘠区。

2）有机质的产率

现代海洋空间巨大,环境的差异性和分带现象十分明显。生物产率主要受阳光、养料［包括二氧化碳、氮、磷和微量有机质(维生素)］和海水的混合作用所控制。

海洋中所有的有机质主要是由单细胞藻类通过光合作用产生的。光合作用产物在空间分布上的变化主要受阳光和养料供应的控制。一般只在两极地区的海洋表面、广阔大洋的深处和混浊的滨海水域中,生物生长受到阳光供给的限制(Melol,1970),其余地区养料的供给控制了生物产率,而养料的供给又受再循环和环流作用的影响,再循环和环流作用可从水体的透光带(一般位于表面水体顶部的 200 m)中补充或带走养料。此外,快速的混合作用可使透光带连续地获得营养。而植物细胞在其发生分裂和繁殖以前,可以被混合的水流搬运到透光带以外。

不同浮游植物的种属都具有不同的"适宜"温度。如单藻喜欢在温度为 25 ℃ 或更高的温暖热带的水体中生活,而硅藻和放射虫则喜欢在冷的水体中(5～15 ℃),尤其是在两极区生活。盐分的变化也有相似之处,低盐度区具有生物种属数目较少的特点。但种属数目的减少并不意味着产率也必须减少。

海洋中有机质的主要提供者是浮游植物,现在是硅藻、甲藻、颗石藻、红藻、褐藻等藻类。海洋中的主要消费者是浮游动物,现代的是有孔虫、放射虫、桡足类等,它们体型小、数量大、繁殖快、种类多、比重轻,因而占领了海洋表层最佳环境领域。它们始终是地史时期海洋环境的生态优势种类。次级消费者依次是自游动物、底栖动物、大型鱼类等,分解者细菌对海洋的营养物质再生产作用较小,对沉积物有机质改造作用较大。

浮游植物进行光合作用生产有机物是海洋生态中最重要的生产过程。故在垂向上,生物大量集中在表层强光带,弱光带次之,200 m 以下锐减。强光带生物量比深层(5 000 m 以下)大 1 000 倍以上。海洋中的营养物质决定了生物在各海域的发育分布状况,具体可以分为以下 4 种发育区。

（1）特高产区　美洲、非洲大陆(秘鲁、加利福尼业及南非)的西海岸,由于信风和地球自转偏向力(科里奥利力)使表层海水吹离岸区,使富含营养物质的深层海水不断上涌,形成海洋上涌流,是生物最高产区。河口附近海域接受河流带来的大量营养物质,包括无机盐类(磷酸盐、硝酸盐等)和有机碎屑,也造成生物的特高产区。

（2）高产区　主要是大陆架的近岸浅海区。其原因是:① 江河、波浪、潮汐带来陆岸大量营养物;② 沿岸带常有不同性质的水团汇合;③ 滨岸发育的沼泽和潮坪,生物亦丰富;④ 热带、亚热带滨岸发育生产力极高的红树林和珊瑚礁。

（3）中产区　南极、北极大陆及沿赤道的海域,由于海流和风使水混合,产量中等。

（4）"海洋沙漠"区　远离大陆的深海区,在纬度之间深海区,缺乏营养物质来源。温跃层、盐跃层的存在又使深层含营养物质的水不易升到表层。生物极少,产量较低。

3）典型地区有机质来源

北美页岩气大都产自海相页岩,以深水沉积环境为主,多为浅水陆棚和深水陆棚相。页岩富含有机质,颜色为黑色,见图2-2~图2-5。

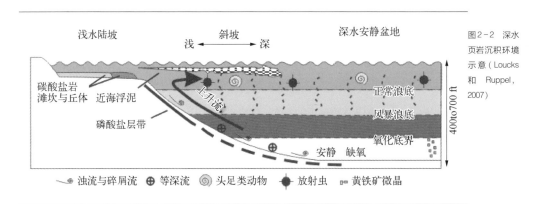

图2-2 深水页岩沉积环境示意（Loucks 和 Ruppel, 2007）

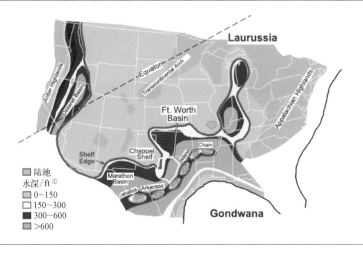

图2-3 早石炭世中期美国古地理（Loucks 和 Ruppel, 2007）

① 1英尺(ft) = 0.304 8 米(m)。

图 2 - 4 Woodford 黑色页岩野外露头（Loucks 和 Ruppel，2007）

图 2 - 5 Barnett 黑色页岩薄片特征

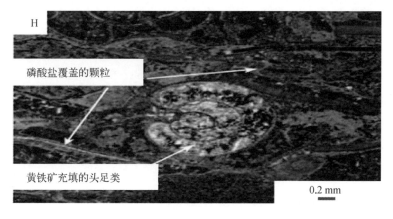

如 Fort Worth 盆地 Barnett 页岩，形成于安静的较深水的前陆盆地内，为正常盐度缺氧的海相沉积，时间跨度超过 25 Ma。沉积物主要来自近海浮泥、浊流、泥石流和海洋生物。古地理分析表明，早石炭世，Fort Worth 盆地位于迅速靠近的劳伦西亚和冈瓦纳古陆之间狭窄的海域中。海域西部为宽阔的浅水碳酸盐岩缓坡，东部为岛弧链。盆地主要的物源来自西侧的 Chappel 陆架和南侧的 Caballos Arkansas 岛链。除了生物碎屑，盆地北部绝大多数沉积物都是粉砂或更细的粒级，说明没有来自 Caballos Arkansas 岛链的陆源粗碎屑。Robert 和 Stephen 研究认为，盆地的水深为 120～300 m，Barnett 沉积物处于风暴浪底和氧化面之下，盆地东北部靠近 Muenster 脊处沉积厚度最大，因

此形成的页岩为黑色,富含有机质。

2. 过渡环境

1) 有机质的沉积特征

过渡环境是指海陆交互的沉积环境,如三角洲、河口湾、潟湖、港湾、堤礁及深入大陆的地表海。这种环境位于滨海带附近,兼有海洋和陆地的某些特征。最为典型的过渡环境是三角洲。

过渡环境既受海洋的潮汐、波浪作用,也受河流的影响,营养物质一般较海洋和淡水更为丰富,因此,生物比较发育。过渡环境有机质来源具有明显的二元性,即水生生物与陆源有机质并存,既有淡水生物又有海洋生物。

在河流入海的河口区,因坡度减缓,水流扩散,流速降低,形成三角洲,陆源砂质大致按粒度在分流河道亚环境和三角洲前缘亚环境中分别卸载沉积下来,黏土质和有机质被带到更向海方向的前三角洲亚环境。在近陆地部分(三角洲平原和前缘),为浅水、高能、氧化环境,因此,有机质沉积贫乏。而在向海部分(前三角洲),水深已达浪基面以下,为静水、低能、还原环境,加上相对快速的沉积,非常有利于有机质的保存。过渡环境中有机质的高产率和河流带来的丰富的陆源有机质,使这里沉积的有机质丰度往往很高,有机质来源的二元性使有机质的类型以混合型为主。

2) 有机质的产率

海陆过渡环境不但处于海陆过渡的位置,而且生态特征介于海洋和大陆淡水环境特征之间,包括河口湾、三角洲、港湾、潟湖、堤礁及深入大陆的陆表海。这里海水和淡水混合,水的蒸发和补给在各处差异极大。潮汐、河流、波浪作用强,营养物质丰富,盐度、温度和阳光是控制生物产率的主要因素。

海陆过渡环境生物的显著特点是生产者的多样性。世界上 3 种主要生产者类型,即大型植物、小型底栖植物和浮游植物在过渡环境都十分发育。潮汐涨落引起水位经常变动,使大型植物和小型底栖植物在整年内都可进行光合作用,加上丰富的浮游植物,生产者产率很高。这里的初级消费者是浮游动物和食植动物。

3. 湖泊环境

湖泊是大陆上地形相对低洼和流水汇集的地区,也是沉积物和有机质堆积的重要场所。湖泊环境空间比海洋小得多,湖泊的水动力作用与海洋有些近似,主要表现为波浪和岸流作用,但无潮汐作用。与海洋环境相比,不同湖泊以及同一湖泊的不同相带之间,环境差异性极大,有机质沉积的丰度和类型也体现出更大的差异和变化。比如,湖泊对气候的变化较为敏感,湖水含盐度变化较大,可由小于1%至大于25%。有些湖盆含有非常丰富的有机质沉积,如我国松辽、渤海湾等大型湖盆成为重要的含油气盆地。但也有相当多的小型湖泊,有机质含量较低,或者富含有机质的细粒岩石分布非常局限,或埋深很浅,不足以为工业性油气藏的形成提供沉积有机质基础。在大型湖泊中,并非所有的相带都具有良好的有机质富集条件,小型盆地中,也可能具有相对丰富的有机质聚集,这主要与有机质的供给和有机质的保存条件有关。

就有机质的供给来说,湖泊沉积环境除了其本身产出的水生生物外,同时还由于湖泊的规模比海盆小,受陆源有机质影响较大,从而造成其有机质来源的多元性。此外,湖泊为大陆所包围,入湖的河流可以从四面八方带来有机质,造成湖泊陆源有机质来源的多方向性,使得其沉积物中的有机质具二元多方向性。陆源有机质影响的大小,一方面与陆源有机质的发育程度(取决于气候条件)有关,同时还与湖盆的大小有关。但总体上讲,越往湖盆中心,陆源有机质的影响越小(重力流的影响除外)。

就有机质的保存条件来说,尽管不同的湖泊有明显的差异,但总体上讲,从湖泊边缘到中心,随着水体逐步加深,湖泊从滨湖、浅湖逐步过渡到深湖-半深湖相(图2-6),水体的搅动程度逐渐减弱,沉积物逐渐变细,环境的还原性逐步增强(图2-7),有机质的保存条件逐渐变好。

与海洋环境相比,湖泊碳酸盐岩沉积并不普遍,规模也较小。因此湖泊中有机质主要发育在泥质岩中,但在湖水中钙质来源丰富,钙质生物特别是在水藻大量发育的条件下,可形成特殊的湖泊碳酸盐岩和富含有机质的油页岩沉积,如美国犹他州、科罗拉多州的绿河页岩。

湖泊空间比海洋小得多,大多为淡水,也有微咸、半咸和咸水。不同的湖泊或同一湖泊的不同发展期含盐度变化很大。湖泊水体较浅,存在时期一般比海洋短,河流波浪作用较强,无潮汐作用。河流从四面八方将矿物质和营养物带入湖盆。营养性、温

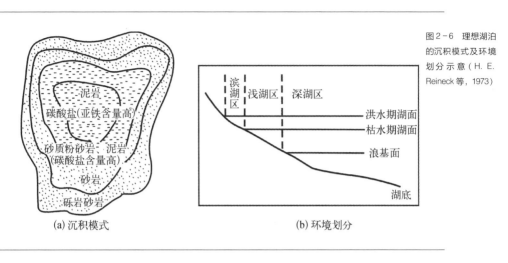

图2-6 理想湖泊的沉积模式及环境划分示意（H. E. Reineck 等，1973）

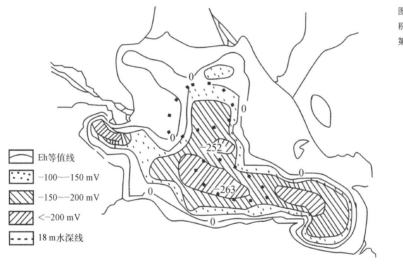

图2-7 青海湖沉积物氧化还原相（黄第藩等，1979）

度、透明度、水中含氧和二氧化碳浓度、盐度是控制湖泊中生物发育的主要因素。

　　以淡水环境为主的现代湖泊，藻类是最重要的生产者，水生种子植物次之。在动物消费者中，主要是浮游动物、软体动物、水生昆虫、甲壳动物和鱼类。作为还原者的细菌和真菌在湖泊生态中常起十分重要的作用。湖泊沿岸带既发育有根和底栖的植物，又发育浮游植物（藻类为主），这里又是多种动物之家。在开阔水面，以藻类为主的浮游植物占绝对优势。

贫营养湖生物产率很低,营养湖具中等产率;富营养湖具有高和特高产率。温带的富营养湖,还发生浮游植物季节性"开花"现象,即生物产率急剧而短暂地增长。从地史时期看,生物先在海洋中形成、繁衍,以后逐步扩展到大陆及其水域。在我国中、新生代地史时期,发育了大规模湖盆环境,比现今湖泊面积大得多,有的湖泊生物产率很高。

4. 沼泽环境

沼泽地形平坦低洼,构造上持续缓慢沉降,气候温暖潮湿,致使土壤充分湿润、季节性或长期积水、水体停滞、丛生着多年喜湿性植物的低洼地段,是一种静水低能环境。这种环境常造成原地大量繁殖的植物就地堆积,异地碎屑和有机质稀少,导致有机质来源的原地单一性。同时,植物遗骸的堆积速度大致与地壳的缓慢下沉速度平衡,从而保持着相当长时期的沼泽生态和沼泽沉积环境。

上述环境特征,导致其有机质沉积具有两个非常突出的特征:一是有机质丰度很高,可高达70%~90%;二是有机质类型单一,以腐殖型为主(Ⅲ型),少数为藻质型。因此,沼泽环境是一种主要成煤、成煤系气的环境,不同于上述成油环境。

沼泽煤系常与湖泊、潟湖生油层系交替。沼泽沉积的层序往往取决于和它有成因联系的相。湖泊-沼泽沉积的层序一般是:下部为湖泊的碎屑(或有机、或化学)沉积物,上部为沼泽相的腐殖质软泥、腐泥、泥质的沉积。若沼泽植物茂盛,腐泥可较快地过渡为腐殖煤。

沼泽可视为水生环境与陆地环境的过渡环境。沼泽环境湿度变化大、含氧多、透光性好;常年或季节性积水,地下水位浅,水体基本停滞,水流、波浪、近海潮汐作用微小,大气降水、风对其影响较大。生产者生物群以水生高等植物为主,可以是草本,也可以是木本,大多是底生挺水植物(叶、茎高出水面)。也有极少数沼泽生产者以低等藻类植物为主。生产者的生产量占了沼泽生物生产量的绝大部分。初级消费者(食植动物)所占比重比海洋、湖泊小得多。各地区沼泽植物群落不同,主要是气温和湿度在很大程度上决定了植物群落和种属的不同;其次,盐碱度和地下水位对植物生长影响也十分明显。

稳定适宜的环境条件,使绿色植物在沼泽长期繁茂,生物产率很高。从地史时期生物进化来说,沼泽的大规模发育是在植物进化到较高水平,有了支撑的骨架和输导组织——维管束以后,维管植物是泥盆纪以后大量发展的。欧洲、北美石炭系成煤沼泽主要是由蕨类植物组成,二叠系冈瓦纳成煤沼泽主要由舌羊齿植物组成。晚中生代以来,沼泽的植物群落逐步接近现代沼泽群落。

2.1.2　页岩有机相

烃源岩在地下总是有一定的分布面积。而由于钻井及取样分析数据的限制,人们依据有限的分析数据所评价的只能是有限个点的烃源岩的性质。要从总体上评价它的全貌,必须将点的评价结果推广到平面上。而有机相是一个由有机组分组成的沉积集合体,这些有机组分可以由镜下鉴定或与具有显著特征的大量有机地球化学组分相联系。有机相概念(Rogers,1979)的提出,正好适应了这一需要。

自 Rogers(1979)明确提出应用有机相来评价烃源岩中有机质的数量、类型与产油气率和油气关系以来,源岩有机相分析在油气勘探中得到了广泛应用。但国内外不同学者所给出的有机相的定义和划分仍有所差别,其中影响较大的是 Rogers(1980)和 Jones(1987)对有机相的认识和划分。

Rogers 认为,有机相类似于沉积相,它可以跨越时间,不受地层和岩石单位的限制,有机质丰度、类型和沉积环境是确定有机相的必要条件,其中尤以有机质类型最为重要。显然,Rogers 强调的主要是生物和环境(表 2 - 1)。

有机相	产物	沉积环境	内部结构	有机物质	H/C 原子比 ($R_o \approx 0.5\%$)	热解产物	
						I_H	I_O
A	油	缺氧(盐水)湖相为主,海相稀有	细纹层状	藻类、无定形陆源物质缺乏	1.4	700 ~ 1 000	10 ~ 40
B	油	缺氧海相	纹层状成层较好	藻类、无定形通常为陆源的	1.2 ~ 1.4	350 ~ 700	20 ~ 60
B-C	油-气	可变三角洲	层理明显	海、陆混合的	1.0 ~ 1.2	200 ~ 350	40 ~ 80
C	气	中等含氧陆架/斜坡煤	层理不明显生物搅动	陆源的几乎全为镜质体,部分被降解的藻	0.7 ~ 1.0	50 ~ 200	50 ~ 150
D	干气	强氧化任何地方	块状生物搅动	强氧化的、再造的	0.4 ~ 0.7	50	20 ~ 200

表 2 - 1　有机相 A - D 的综合沉积地球化学特征(Jones 和 Demaison, 1982)

　　Jones(1987)定义有机相为"一个给定地层单位的可制图的单位,在其有机成分基础上区别于附近亚单位,不考虑沉积岩的无机面貌"。该定义强调了岩石自身的有机组成。Jones(1987)根据干酪根元素比(H/C),氢指数(HI)定量地划分出 7 种有机相类型(表 2 - 2)。由有机相 A 到有机相 D,藻类含量逐渐减少,陆源组分和残余有机质增加,有机质的氧化作用增强。有机相 A 沉积特征是纹层十分发育,通常形成于底层水长期缺氧的碱性湖中,如美国西北格林河组油页岩。有机相 AB,纹层发育,也形成于缺氧水体中,如沙特阿拉伯上侏罗统碳酸盐生油岩。有机相 B 为纹层状或层状的,通常为沉积水体相对较浅的海侵页岩,如北海的启莫里支阶(Kimmeridgian)页岩。有机相 BC 形成于细粒硅质碎屑体系中,沉积时水体充氧,但沉积物沉积后由于快速沉积作用,沉积物-水界面可以缺氧,如前三角洲泥。有机相 C 多为煤层,沉积在大陆边缘第三纪和中生代陆架斜坡上,如加拿大拉布拉多地区古近系滨海相。有机相 CD 多为块状构造,典型实例为美国东部近海白垩系沉积。有机相 D 通常为非烃源岩,可发育于由海湾到陆地的许多氧化沉积环境中,如碳酸盐陆架。总之由有机相 A 到有机相 D,沉积环境逐渐由强还原或还原的封闭缺氧环境(深海或深湖)→浅水环境→过渡环境→弱还原,弱氧化环境→氧化环境。

表2-2 有机相的划分(据 Jones R. W., 1987)

有机相	H/C 原子比 (R_o0.5%)	热解产物		主 要 有 机 质
		I_H	I_O	
A	1.45	>850	10 ~ 30	藻,无定形
AB	1.35 ~ 1.45	650 ~ 850	20 ~ 50	无定形,少量陆源组分
B	1.15 ~ 1.35	400 ~ 650	30 ~ 80	无定形,普通含陆源组分
BC	0.95 ~ 1.15	250 ~ 400	40 ~ 80	混合来源,一定氧化作用
C	0.75 ~ 0.95	125 ~ 250	50 ~ 150	陆源组分为主,一定氧化作用
CD	0.60 ~ 0.75	50 ~ 125	40 ~ 150 +	氧化的,再改造
D	<0.6	<50	20 ~ 200 +	高度氧化,再改造

　　从我国的应用情况看,出现了根据各自目的和技术手段给出的有机相定义和划分方案。郭迪孝等(1989)把生油层的有机、无机特征作为一个总体加以研究,它将有机相称为沉积有机相,并将它定义为:有机相是沉积环境、生物组合、成岩环境、氧化-还

原条件以及相近有机质特征的地层单元。姚素平等(1995)依据显微组分的有机岩石学和地球化学的双重特性将准噶尔盆地和吐鲁番哈密盆地侏罗系煤系划分为 4 种沉积有机相类型,其中森林沼泽有机相和流水沼泽有机相是主要的生烃有机相,森林沼泽有机相是煤型气的主要源区,并具有较高的生油潜力,流水沼泽有机相则是煤成油的主要源区。彭立才等(2000)根据柴达木盆地北缘侏罗系烃源岩的有机岩石学、沉积学和有机地球化学特征将烃源岩的沉积有机相划分为 4 种类型,即高位泥炭沼泽有机相、森林泥炭有机相、滨浅湖有机相、半深湖–较深湖有机相,指出半深湖–较深湖有机相生烃性最好,森林泥炭有机相生烃性较差,以生气为主,高位泥炭沼泽有机相生烃能力较差,以生气为主。可见,有机相既可以用代号命名(如 A、B 相或 I、II……),也可以用主要含有的有机质来命名(如浮游藻相),还可以用沉积相来命名(如深湖相)。

可以看出,有机质类型、沉积环境是有机相分析必须考虑的因素,有机质丰度、成熟度也可能成为备选。由于有机质类型的研究方法和指标很多,而沉积环境要素极为复杂,并且研究有机相的目的也有差异,使得有机相的定义和划分出现了因人而异、因地而异的局面。实际上有机相的提出,更重要的是体现为一种研究思想,即以“相”和“相律”思想为指导,研究烃源岩某些属性在空间或时间上的差异性及其分布的有序性,为源岩评价、油源对比等勘探所需服务。其中要点在于突出与研究目的有重要联系的“源岩”和“相”的关键要素的差异性;不同地质背景决定了这种要素的不同,也就决定了划分的依据不同。因此,有机相研究应根据具体目的、地质实际及资料的丰富程度灵活运用。

不过,我们认为,应用有机相的概念必须突出两点:第一,既然是有机相,当然要以有机组作为定义和划相的重点,事实上,沉积环境、成岩环境、氧化–还原条件都在一定程度上在有机组分的组合上得到了体现;第二,要使有机相具有预测功能,必须将它与沉积相相结合,因为许多地球物理信息(如地震)可以反映沉积相而难以直接反映有机相。

有机相的定义和划分方案目前并不统一,本书更倾向于郝芳(1994)给出的定义,即有机相为具有一定丰度和特定成因类型的有机质的地层单元(表2–3)。图2–8以中、下寒武统为例给出了沉积古地理与有机相图。该图中,有机相与沉积相(古地理)相结合,并以主要的有机组合命名有机相。

表2-3 有机相的划分（郝芳等，1994）

有机相	亚相	有机质生源	氧化还原条件（可能的沉积环境）	标志型干酪根成因类型	可出现的干酪根成因类型	产物特征
A	—	湖生浮游植物	强还原（深湖）	藻质I型(Ia) 细菌改造I型(Ibr)	IIA-a	高蜡原油
B	B	浮游植物为主 少量高等植物	还原-强还原（深湖，较深湖-深湖；海相）	藻质IIA型(IIA-a)	Ia IIB-m	油
B	B₁	浮游植物为主 少量高等植物	弱氧化-弱还原（深湖，较深湖-深湖；海相）	藻质III型(IIIa) 藻质IIB型(IIB-a)		气、油
C	—	浮游植物 高等植物	弱还原-还原（深湖，浅湖-较深湖；海相）	混合IIB型(IIB-m)	IIA-a IIIw	凝析油(轻质油)、气
D	D	高等植物	弱氧化-弱还原（滨浅湖/海，沼泽）	木质III型(IIIw)	IIB-m IVw	气
D	D₁	高等植物	弱氧化-氧化（缓慢沉积浅湖、较深湖）	壳质IIA型(IIA-e) 壳质IIB型(IIB-e)	IIIw IVw	凝析油(轻质油)、气
D	D₂	高等植物	弱氧化-还原（海水影响、成岩均一化）	木质IIB型(IIB-w)	IIIw	凝析油(轻质油)、气
E	—	高等植物	强氧化（冲积平原，滨湖/海）	木质IV型(IVw) 再循环IV型(IVre)	IIIw IIB-e	干气

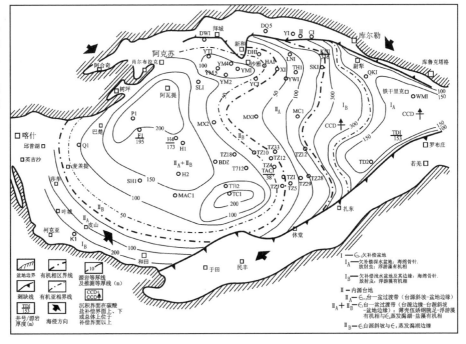

图2-8 塔里木盆地中、下寒武统沉积（TOC ≥ 0.5%）古地理与有机相（张水昌等，2004）

2.1.3 有机质类型

干酪根是有机物降解后形成的一种不溶于有机溶剂和含水碱性溶剂的沉积有机质。不同类型干酪根的页岩具有不同的生烃潜力,形成不同的产物,这种差异与有机质的化学组成和结构有关。干酪根的类型不但对岩石的生烃能力有一定的影响作用,还可以影响天然气吸附率和扩散率。

干酪根最初是由碳的光学显微分析进行分类的,元素分析最终转化为干酪根分析。元素分析主要基于从 Van Krevelen 图中的斜率得出的 H/C 原子比和 O/C 原子比的定量。如图 2 - 9 所示,Van Krevelen 用图解法作出了干酪根类型和热成熟度比例关系曲线,我们称之为 Van Krevelen 图。

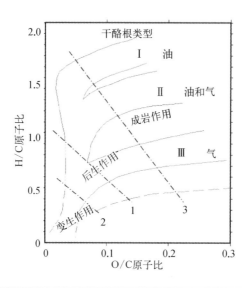

图 2 - 9 Van Krevelen

Van Krevelen 图中的斜率是由修正的 Van Krevelen 图中 Rock-Eval 数据(HI 和 OI)的指标代替。我们常常用这个修正的图与其他绘图手段相结合来确定干酪根的类型。

不同类型的干酪根产物不同(表 2 - 4)。I 型干酪根具有较高的氢碳比(1.5 或更高)和较低的氧含量(通常小于 0.1)。这种干酪根主要是通过藻类物质部分细菌降解

表2-4 干酪根类型
(Waples, 1985)

干酪根类型	沉积环境	有机质母体	烃的产出状态
I	湖相	藻类	液态
II	海相、还原环境	海藻、花粉、孢子、叶蜡、化石树脂	液态
III	海相、氧化环境	陆相外来木质	气态
IV	海相、氧化环境	再沉积的有机质碎屑、高氧化物质(死碳)	无

作用形成的。具有这种干酪根类型的岩石通常都是细粒富含有机质的泥页岩,在安静、缺氧的浅水环境下,如潟湖、湖泊和沼泽中形成的。

II型干酪根通常是壳质组、稳定组和镜质组颗粒的混合。氢含量比I型干酪根稍低,来源于海相浮游生物(以浮游植物为主)和微生物的混合有机质,在还原环境下沉积。几乎所有的海相黑色页岩最初都是由以非晶质为主的II型干酪根组成的。

III型干酪根通常具有低的原始 H/C 比(通常 <1.0)和高的原始 O/C 比(能达到 0.2 或 0.3)。这种干酪根对生油不利,但在埋藏到足够深度时更利于生气。这种类型的干酪根来源于陆地(陆生)的植物,通常包含可辨认的植物碎屑。根据 Tissot 和 Welte 的定义,富镜质体的干酪根与 III 型干酪根紧密对应。

IV型干酪根可以被定义为干酪根的残余类型或是死碳。通常具有低的 H/C 比和高的 O/C 比。这种类型的干酪根不能再生烃,在生油的意义上可以理解为死碳,因此在常规石油地质学中通常只把干酪根划分为三种类型,即I型、II型和III型。

2.1.4　有机质丰度

页岩气的生成需要具备充足的有机质,有机质丰度是生烃强度的主要影响因素,有机质丰度越高,表明页岩层的生烃潜力越大。页岩中的有机物质不仅可以生成天然气,也可以将气体吸附在其表面。因此,较高的有机碳含量意味着更高的生烃潜力及对页岩气更好的吸附能力。在有机碳含量高的地区,页岩气的产量比有机碳含量低的地区要高。

1. 总有机碳(TOC/%)

有机碳是指岩石中存在于有机质中的碳,不包括碳酸盐岩、石墨中的无机碳,通常用占岩石质量的百分比来表示。理论上讲,岩石中有机质的量还应包括 H、O、N、S 等所有存在于有机质中的元素的总量。但要实测各种有机元素的含量之后求和,并不是一项轻松、经济的工作。考虑到 C 元素一般占有机质的绝大部分,且含量相对稳定,故常用有机碳的含量来反映有机质的丰度。将有机碳的量转换为有机质的量,需要补偿其他有机元素的量,常用的方法是乘以校正系数 K,即有机质 = K × 有机碳。不难理解,K 值是随有机质类型和演化程度而变化的量。Tissot 等给出了经验的 K 值(表 2-5)。

演化阶段	干酪根类型			煤
	I	II	III	
成岩阶段	1.25	1.34	1.48	1.57
深成阶段	1.2	1.19	1.18	1.12

表2-5 由有机碳含量计算有机质含量的转换系数(Tissot, 1984)

从分析原理来看,有机碳既包括占岩石有机质大部分的干酪根中的碳,也包括可溶有机质中的碳,但不包括已经从烃源岩中排出的油气中的碳和虽然仍残留于岩石中但分子量较小、挥发性较强的轻质油和天然气中的有机碳。因此,所测得的有机碳只能是残余有机碳。

2. 氯仿沥青"A"(%)和总烃(HC × 10^6)

氯仿沥青"A"是指用氯仿从沉积岩(物)中溶解(抽提)出来的有机质。它反映的是沉积岩中可溶有机质的含量,通常用占岩石质量的百分比来表示。严格地讲,它作为生烃(取决于有机质丰度、类型和成熟度)和排烃作用的综合结果,只能反映烃源岩中残余可溶有机质的丰度而不能反映总有机质的丰度。氯仿沥青"A"中饱和烃和芳香烃之和称为总烃,通常用占岩石质量的 10^{-6} 作单位。显然,它反映的是烃源岩中烃类的丰度而不是总有机质的丰度。但在其他条件相近的前提下,这两项指标的值越高,所指示的有机质的丰度越高。因此,它们也常常被用作烃源岩评价时的丰度指标。但显而易见的是,这两项指标均无法反映烃源岩的生气能力。同时,在烃源岩的高-过成熟阶段,由于液态产物裂解为气态产物,它也难以指示其生油能力。此外,由于氯仿抽提及饱和烃、芳香烃分离时的恒重过程,C_{14} 的烃类基本损失殆尽,两项指标实际上也未能反映烃源岩中的全部残油和残烃量。也有学者(庞雄奇等,1993 和 1995)认为,氯仿沥青"A"和总烃是一个残油、残烃量的指标,因此,其值高,可能不一定表明生烃条件好,反而可能指示烃源岩的排烃条件不好,即指示这类烃源岩对成藏的贡献可能有限。

3. 生烃潜量

对岩石用 Rock Eval 热解仪分析得到的 S_1 被称为残留烃,相当于岩石中已由有机质生成但尚未排出的残留烃(或称之为游离烃),内涵上与氯仿沥青"A"和总烃有重叠,但比较富含轻质组分而贫重质组分。分析所得的 S_2 为裂解烃,是岩石中能够生烃但尚未生烃的有机质,对应着不溶有机质中的可产烃部分。所以 $(S_1 + S_2)$ 被称为"Genetic potential"(Tissot 等,1978)。中文一般将它译为"生烃潜力"或者"生烃潜量"。考虑到"潜力"含有"能够但尚未实现的"意义,即从字面上理解,更容易将它与 S_2 相联系,因此本书建议将"Genetic potential"译为"生烃潜量"。黄第藩等(1984)也曾在著名的《陆相有机质的演化和成烃机理》一书中将 $(S_1 + S_2)$ 称为生油势,它包括烃源岩中已经生成的和潜在能生成的烃量之和,但不包括生成后已从烃源岩中排出的部分。可见,在其他条件相近的前提下,两部分之和 $(S_1 + S_2)$ 也随岩石中有机质含量的升高而增大。因此,$S_1 + S_2$ 也成为目前常用的评价烃源岩有机质丰度的指标,称为生烃潜量,单位为 mg/g。显然,它也会随着有机质生烃潜力的消耗和排烃过程的进行而逐步降低。

除了上述常用的有机质丰度指标外,还可以利用全岩薄片在显微镜下统计的有机质数量(面积%)反映有机质的丰度。早期,也有人利用氨基酸的含量来反映有机质的丰度。

2.1.5　　　　有机质成熟度

油气虽然是由有机质生成的,但有机质并不等于油气。从有机质到油气需要经过一系列的变化。衡量这种变化程度(有机质向油气转化程度)的参数为成熟度指标,这方面的研究即为有机质的成熟度评价。理论上讲,无论是成烃母质还是其产物,只要在成熟演化过程中体现出规律性的变化,反映这种变化的参数即可成为成熟度指标。因此,反映生烃母质干酪根演变特征有元素组成的变化、官能团构成的变化、自由基含量的变化、颜色及荧光性的变化、热失重的变化、碳同位素组成的变化、镜质组反射率的变化以及反映热解产物演化的可溶有机质的含量及组成、烃类的含量及组成等,均可成为成熟度指标。此外,生物标志化合物异构化参数、奇偶优势参数等也可以成为成熟度指标。

1. 镜质组反射率(R_o)作为成熟度指标

虽然镜质体并非是十分有利的成烃母质,R_o 的增大与烃类的生成并没有内在的必然联系,但由于镜质组反射率随热演化程度的升高而稳定增大,并具有相对广泛、稳定的可比性,使 R_o 成为目前应用最为广泛、权威的成熟度指标。表 2-6 列出了我国石油行业 1995 年颁布的 R_o 与有机质演化阶段(成熟度)的关系。

表 2-6 陆相烃源岩有机质成烃演化阶段划分及判别指标(SY/T 5735—1995 简化)

演化阶段	R_o/%	孢粉颜色指数 SCI	T_{max}/℃	H/C 原子比	孢子体显微荧光 Q	孢粉(干酪根)颜色	生物标志化合物		古地温/℃	油气性质及产状
							$\alpha\alpha\alpha$-$C_{29}20S/$ (20S+20H)	$C_{29}\beta\beta/$ ($\beta\beta+\alpha\alpha$)		
未成熟	<0.5	<2.0	<435	>1.6	1~1.4	浅黄色	<0.20	<0.20	50~60	生物甲烷未成熟油、凝析油
低成熟	0.5~0.7	2.0~3.0	435~440	1.6~1.2	1.4~2.0	黄色	0.20~0.40	0.20~0.40	60~90	低成熟重质油、凝析油
成熟	0.7~1.3	3.0~4.5	440~450	1.2~1.0	2.0~3.0	深黄色	>0.40	>0.40	90~150	成熟中质油
高成熟	1.3~2.0	4.5~6.0	450~580	1.0~0.5	>3.0	浅棕色-棕黑色	~	~	150~200	高成熟轻质油、凝析油、湿气
过成熟	>2.0	>6.0	>580	<0.5	>3.0	黑色	~	~	>200	干气

注:SCI = $p \times n_i / \sum n_i$;式中 p 为颜色级别数,具体规定为1—淡黄色;2—黄色;3—棕黄色;4—棕色;5—深棕色;6—棕黑色;7—黑色;n_i 为颜色级别数为 i 的化石数量。

但这一指标在应用中也存在不少局限。首先,镜质体源于高等植物的碎片,所以泥盆纪以前的沉积岩中因缺乏镜质体,使这一指标难以应用。第二,通常使用的 R_o 值是在显微镜下测量的若干值的平均值,对于以水生生物为主的倾油性的干酪根,由于缺少高等植物输入会使干酪根中的镜质体很少或缺乏(如碳酸盐岩),这种情况下,反射率值可能不可靠。第三,一般认为 R_o 只与时间、温度有关,这是它能成为公认的成熟度指标的基础之一。但已有证据表明,大量的油型显微组分或沥青的存在(对镜质体的浸染)或烃源岩内存在超压(Hao Fang,1995)都会使镜质组反射率的测值偏低或者正常演化变得迟缓。这些有时会使得 R_o 作为权威成熟度指标的有效性受到挑战。

针对陆相烃源岩,未成熟阶段, R_o <0.5%;低成熟阶段,0.5% < R_o <0.7%;成熟阶段,0.7% < R_o <1.3%;高成熟阶段,1.3% < R_o <2%;过成熟阶段, R_o >2%(表2-6)。

2. 干酪根元素组成的变化反映有机质的成熟度

干酪根的成烃过程是一个脱氧、去氢、富集碳的过程。因此,干酪根的 H/C、O/C 原子比随成熟度的升高而持续降低,这是元素组成的变化能够反映有机质成熟度的基础。对同一类型的干酪根,一般比值越低,成熟度越高。但是,对不同类型的干酪根,这一比较并不成立,从而使 H/C、O/C 原子比并非良好的成熟度指标。不过在由干酪根元素分析获得的 H/C、O/C 值构成的范氏图中,不同类型干酪根都有自己的热演化轨迹。成熟度越高的样品,越靠近图的左下角。这比仅仅依靠原子比(表2-5)来判断成熟度更为有效。但由于 O/C 原子比往往受无机矿物的影响,故这也只是一种粗略估计干酪根成熟度的方法。与 R_o 指标相比,其定量性较差。

3. 干酪根颜色及荧光性的变化作为成熟度指标

随着热演化程度的升高,干酪根或生物残体(显微组分:牙形石、孢子、花粉、藻类)的芳核缩聚程度加大,碳化程度提高,对光吸收增强,导致颜色由浅变深,使反映颜色变化的热变指数成为常用的成熟度指标之一。而干酪根中类脂组的荧光强度随热演化程度的升高而降低以及荧光波长的红移,使干酪根荧光性的变化成为近20年来在研究中被广泛探讨的热指标。这类指标的优点在于可以广泛应用,而不足在于分级较少,定量性偏低,颜色描述在一定程度上受观测者主观因素影响。

4. 碳同位素组成的变化作为成熟度指标

在有机质演化早期的成岩作用阶段,由于富含[13]C 的含氧基团的脱去,有机母质的碳同位素组成逐渐变轻。在大量成烃的深成热解作用阶段,[12]C-[12]C 键的优先断裂使裂解生成的烃类产物相对富含轻碳同位素,理论上会使母质的碳同位素组成变重。然而由于这一过程导致的碳同位素分馏效应有限,同时,还有部分相对富集[13]C 的含氧基团(如羧基)的继续脱去,使干酪根总体的碳同位素组成变化幅度一般不大,难以作为有分辨力的成熟度指标。相反,在有机质生成烃类气体时,碳同位素的分馏效应往往非常明显,从而使天然气的碳同位素组成可以敏感地反映成熟度的变化。正因为如此,烃气,尤其是 C_1 的同位素成为判识天然气成熟度的最为常用和有效的指标。$\delta^{13}C_1 - R_o$ 关系式即是基于这一原理,但不同类型的有机质的 $\delta^{13}C_1 - R_o$ 关系并不相同。从原理上讲,烃源岩中吸附气的碳同位素组成也可以作为衡量烃源岩成熟度的指标,但这需要考虑运移、扩散等过程导致的分馏效应的影响。

5. 氯仿沥青"A"及烃类的含量和组成的变化反映成熟度

无论是氯仿沥青"A",还是总烃或饱和烃、芳香烃,其对有机碳归一化后的含量随埋深(成熟度)的升高均体现出先增后减的规律性变化,故它们可以反映有机质的成烃进程。但可溶有机质和烃类含量反映有机质的成熟度主要不是依靠其绝对量的大小,而是依据其(如氯仿沥青"A"/TOC 或总烃/TOC)在地质剖面上的变化趋势,即含量由低变高的拐点对应着生油门限,含量最高的点被认为对应着生油高峰,而含量重新降到低值对应着生油下限。理论上讲,有机质成油(成烃)阶段的确定和划分主要应依据这种成烃量的变化。但由于受取样的深度分布范围、有机质类型变化、排烃效率变化等因素的影响,不少情况下(尤其是在勘探早期),往往难以得到理想的演化剖面。因此,实际应用中更多地依赖于镜质组反射率等成熟度指标来划分成烃阶段。

氯仿沥青"A"的族组成及烃类的各组成(各组分的相对含量及不同结构、不同环数、不同化合物之间的比值)也随埋深呈规律性变化,因此,它们也可以在一定程度上反映出有机质的热演化程度。但由于它们受有机质类型、排烃效应等非热因素的影响更大,因此,大多数情况下,它们仅仅被用作判识成熟度时的参考性指标。

6. 热解最高峰温(T_{max})作为成熟度指标

T_{max} 是由 Rock-Eval 热解仪分析所得到的 S_2 峰的峰顶温度,对应着实验室恒速升温的条件下热解产烃速率最高的温度。由于有机质在埋藏过程中随热应力的升高逐步生烃时,活化能较低,容易成烃的部分更多地被优先裂解,因此,随着成熟度的升高,残余有机质成烃的活化能越来越高,相应的,生烃所需的温度也逐渐升高,即 T_{max} 逐渐升高。这是 T_{max} 作为成熟度指标的基础。

T_{max} 异常的现象较为突出,造成异常的原因主要有可溶有机质进入 S_2 峰而导致

T_{max} 值降低;干酪根显微组分差异导致 T_{max} 异常;矿物对烃类的吸附导致 T_{max} 偏高;火成岩侵入的影响;岩石热解分析称样量的影响(张振苓等,2006)。

T_{max} 值主要取决于干酪根的结构,即与干酪根活化能的分布有关。当沉积岩的成熟度较高时,干酪根中活化能较低的化学键早已被裂解,剩余的干酪根的活化能分布较高,T_{max} 值大。T_{max} 与沉积岩的干酪根类型关系密切,I 型干酪根活化能分布很窄,随着成熟度的增加,其 T_{max} 值变化很小。Ⅲ 型干酪根活化能分布很宽,随成熟度的增加,T_{max} 值增大得很明显(Tissot 等,1987)。因此,T_{max} 指标用于标定含Ⅲ型干酪根的沉积岩的成熟度效果比较好。

通常情况下,未成熟阶段,$T_{max}<435℃$;低成熟阶段,$435℃<T_{max}<440℃$;成熟阶段,$440℃<T_{max}<450℃$;高成熟阶段,$450℃<T_{max}<580℃$;过成熟阶段,$T_{max}>580℃$(表 2-6)。

另外,不难理解,如果没有发生排烃作用,岩石热解获得的 $S_1/(S_1+S_2)$ 也应该能很好地反映有机质向油气转化的程度,即反映有机质的成熟度。但由于 S_1 与源岩的排烃效率关系很大,使得它并非为很好的成熟度指标。

7. 时间温度指数(TTI)作为成熟度指标

除了上述依据生烃母质或者其演化产物的特征来判识有机质的成熟度的方法之外,目前常常用到的一种判断有机质成熟度的半定量方法 TTI(时间温度指数)法,与有机质本身没有任何关系。

如前所述,有机质所经历的时间-温度史是决定油气生成量的关键因素。因此,苏联学者洛泊京基于"温度每升高 10℃,化学反应(成熟作用)速度增大 1 倍"的范特霍夫经验规则,提出了时间温度指数(TTI)的概念来描述烃源岩(有机质)所经历时间和温度史:

$$TTI = \sum \Delta t \times 2^n \qquad (2-1)$$

式中,Δt 为烃源岩在某一温度下所经历的时间,Ma;在所选择的基准温度间隔(洛泊京选取 100~110℃)内 $n=0$,以后温度每升高 10℃,n 增加 1;每降低 10℃,n 减少 1。显然,TTI 值越大,有机质的成熟度应该越高。

上面简单介绍了一些代表性的成熟度指标。事实上,文献报道过的成熟度参数远远不止这些,如早期探讨过的卟啉类指标及近 20 年来探讨的轻烃成熟度指标等。对成熟度指标有如此广泛的关注,一方面显示了成熟度评价在烃源岩评价和油气地球化学研究中具有重要意义;另一方面,也与不同的指标有不同的适应范围和应用条件有关,如最为权威的 R_o 指标在缺少镜质体的前泥盆纪地层中和水生生物占绝对优势的地层中难以应用,在低成熟度阶段的分辨率较低等。许多情况下,源岩或原油的成熟度需要多种指标的配合使用才能准确界定(表 2-6)。同时,有些热指标只是其他研究的副产品,如干酪根的元素组成、官能团构成、热失重等,最主要的是有机质的类型指标,但它也具有一定的成熟度含义。指标的多用性也使它具有多解性。比较而言,除了镜质组反射率指标外,生物标志化合物(尤其是甾萜)、T_{max}、热变指数(干酪根颜色)等也是应用较为广泛的成熟度参数。

2.2　海相页岩有机地球化学特征

2.2.1　有机相划分

表 2-7 给出了用于划分哥伦比亚上 Magdalena 河谷 Quebrada Oeal 剖面白垩系黑色页岩有机相类型的参数。Caballos 组最上部黑色页岩段和 Hondita 组下部(单元 2 的最下部和单元 1)以含有机相类型 C 的陆相有机质为特征。此外,这种划分是经地化数据(TOC,HI,OI,T_{max})证实的。Caballos 组最上部黑色页岩段的显微组分和有机组分的大颗粒以及良好的保存证明这是近陆源物质沉积。另外,不稳定的角质体类和树脂体类有机质的含量指示氧化分解区的一个短暂滞留时间。相反,Hondita 组下部的有机组分显示出氧化分解和改造的标志。其中有机碳含量较低,镜质体以小而圆为特征,且 T_{max} 和镜质体反射率值分散。

在上覆岩层(单元 2 的中部和上部)中,观察到海相有机质影响逐渐增大,这是通过显微组分的分布变化与 TOC 值和 HI 值增大来确定的。该层段对应于有机相 BC 和

表2-7 Quebrada Oeal 剖面有机相类型（Ute Mann 和 Ruediger Stein）

有 机 相	D	C	BC	B
TOC/%	1.1～1.5	0.7～8.2	2.5～10.9	2.9～10.6
HI/（mg HC/Gc）	<50	43～278(f160)	211～446(f350)	388～911(f485)
主要显微组分的含量	镜质体55% 类脂组45%	镜质体15%～90% 类脂组10%～85%	镜质体0～27% 类脂组73%～100%	镜质体22%～35% 类脂组65%～78%
原油中 R_m/%	0.5(变化大)	0.6(变化大)	0.5	0.5
T_{max}/℃	426	433	424	418
保持状况	中等	好-中等	好	好
有机质特性	海相-陆相	海相-陆相	海相-陆相	海相-陆相

B。Jones（1987）将有机相 B 描述为通常沉积于缺氧水体中的海相或湖泊环境。在单元 2 的中部和上部，纤维状碎屑壳质体嵌入细纹层状脉石中，含鱼类磷质残余物和黑色无定形物质指示一宁静缺氧环境。另外，生物扰动构造缺乏、黄铁矿结核及微量金属的富集证明，有机相类型 B 的沉积环境为缺氧的底水环境（Mann，1995），仅存少量小而圆的镜质体颗粒可能表明为远距离陆源供应。

单元 2 的最上部和单元 3（Lomgaorda 组）中，地化和显微数据显示海相有机质的含量急剧减少。该层段与有机相 C 和 D 有关。据 Jones（1987）提供的资料，我们认为有机相 CD 和 D 的残余有机质通常沉积在孔隙中，有足够的氧存在，以使喜氧细菌和底栖生物来氧化除最稳定有机质之外的全部有机质的地方。低 TOC 值、低 HI 值、无纹层浅色碎屑石英脉和散布广的镜质体反射率值与 T_{max} 值表明了这部分剖面中的氧化分解和改造过程，这一点在单元 3 中尤为突出。

2.2.2　有机质类型

中国南方海相页岩的干酪根显微组分以Ⅱ型有机质为主。据上、中、下扬子研究区烃源岩全岩光片鉴定结果显示，显微组分已呈黑色、棕黑色，有机质光学性质趋同，与"镜质体"相一致，占60%～100%，难以判别其原始性质。这是热演化程度高、干酪根腐泥组分"老化"造成的假象,不能用来判定干酪根的原始类型。

从干酪根显微组分鉴定图2-10可以看出,下古生界海相干酪根以"腐殖无定形"为主,含量占95%以上;显微组分类型指数在40%~50%,属Ⅱ型有机质。寒武系干酪根的扫描电镜(图2-11)显示,有机质呈絮状、片状结构,多种超微体及菌藻化石清晰可见,呈微粒状、椭球状、丝状、网状、枝状的单体和群体,有时可见凝胶体,属来源于低等水生生物的菌藻类腐泥成分。

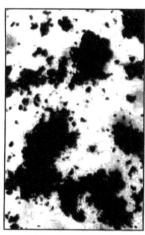  

图 2 - 10
中国南方下
古生界海相
页岩干酪根
的显微组分
(梁狄刚等,
2009)

(a) 黔中凯里浅6井,ϵ_1 (b) 渝东北城口双河,O_3w (c) 渝东北巫溪田坝,S_1l

O_3w: 五峰组;S_1l: 龙马溪组

图2-11 南方地区下寒武统烃源岩典型干酪根(梁狄刚等,2009)扫描电镜(×3 000)

四川盆地龙马溪组黑色页岩有机质类型好,为腐泥型(I型)。页岩中腐泥质含量为68.7%~75.8%,腐泥组中绝大部分为矿物沥青基质,由腐泥与泥质均匀混合而成(表2-8)。该类干酪根来源于藻类、低等水生浮游生物或其他被沉积岩中的细菌或微生物完全分解的物质。该类干酪根含氢量高,含氧量低,易于产油,但也可以产气,主要取决于热演化阶段。

表2-8 长芯1井有机显微组分分析(蒲泊伶,2013)

深度 /m	总有机质 /%	腐泥质 /%	藻粒体 /%	碳沥青 /%	微粒体 /%	动物体 /%	有机质 类型	备 注
19.5	2.7	75.8	7.8	2.7	4.6	9.1	I	笔石大化石
40	3.1	74.4	10.2	—	4.7	10.7	I	笔石碎屑
60	2.5	68.7	8.3	4.9	6.5	11.6	I	笔石碎屑
80	3.2	77.4	7.7	6.8	6	2.1	I	笔石大化石
100	2.9	72.2	9.6	3.1	7.9	7.3	I	笔石大化石
120	3.5	70.3	11	2.4	6.4	9.9	I	笔石碎屑
140	2.7	75.8	10.4	—	7.7	6.1	I	笔石碎屑
153	2.5	74	11.2	—	9.4	5.3	I	笔石碎屑

2.2.3　有机质丰度

层序地层学研究表明,海相盆地中沉积有机质含量的变化与相对海平面-沉积水体深度变化之间存在良好的对应关系。一般情况下,最大海侵时期即沉积水体总体变深的时期形成的沉积物中的有机质含量相对较高,这可能与最大海泛期所造成的沉积环境更趋于还原环境有关,从而更有利于沉积有机质的保存。

在塔里木盆地震旦系-奥陶系中,相对海平面变化与沉积有机质含量之间亦呈现出良好的相关性,以代表盆地相区的塔东2井来说明。从图2-12看到,塔东2井震旦系-奥陶系基本上为连续沉积,由下向上沉积水深呈现出多次变化,其中的下奥陶统上部-中奥陶统下部黑土凹组沉积时期的沉积水深最大,代表了塔里木盆地自震旦系至

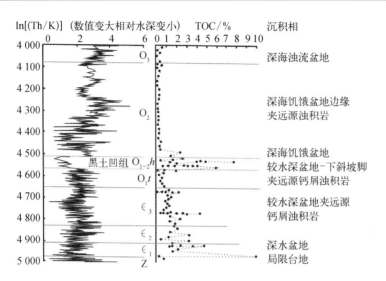

图 2 - 12　塔东 2 井
震旦系-奥陶系相对水
深及沉积相- TOC 变
化对比

ln[(Th/K)]—自然伽马能谱测井 Th/K 的自然对数,大致反映了沉积水深相对变化,其数值变大则相对沉积水深变小

奥陶系期间的最大海侵期,这与全球二级海平面相对最高时期也是吻合的。岩心观察显示,塔东 2 井黑土凹组为黑色炭质泥页岩与灰黑色硅质页岩、硅质岩薄互层,具水平纹理,含炭质沥青(染手),见较多莓状黄铁矿(反映沉积环境属于强还原条件),属于典型的深海饥饿盆地相沉积,也是震旦系-奥陶系中唯一缺乏碳酸盐岩沉积的层位,说明其沉积水深已经大于碳酸盐溶解深度(CCD),估计在 1 500 m 以上。从残余有机碳含量(TOC)变化也可看到,黑土凹组是震旦系-奥陶系中相对最高的层位,其平均有机碳含量达 2.85%,完全可与下寒武统媲美。塔东地区的中-上奥陶统却尔却克群虽然沉积水深也很大,但由于其为浊流沉积,具有很高的沉积速率,所以其沉积有机质含量较低。

　　这样的相对沉积水深-有机质含量相关性在柯坪地区、巴楚-塔中及轮南地区的奥陶系中也有良好显示。沉积相研究表明,上述地区的奥陶系总体呈现出下奥陶统相对水体较浅(以台地相为主)、中上奥陶统沉积水体变深(以陆棚、斜坡及滞流盆地相为主)的格局,也可称之为台地的沉没。因此,其烃源岩主要发育在中上奥陶统之中,而不同于塔东盆地相区的奥陶系烃源岩主要发育于中下奥陶统中(表 2 - 9),因为上述台地-陆棚相地区的中上奥陶统缺乏浊流沉积,致使其沉积速率较低及沉积有机质含量较高。

表2-9 塔里木盆地台盆区典型钻井及地面剖面奥陶系沉积相-主要烃源岩发育层位(赵宗举等,2005)

时代		柯坪地区			巴楚-塔中-轮南地区										塔东地区		
统	阶	地层	剖面	烃源岩	地层	方1	和4	塔参1	塔中5	塔中43	塔中29	英买2	库南1	烃源岩	地层	塔东2	烃源岩
上奥陶统	钱塘江阶	柯坪塔格组	陆棚		塔里木组O_3s	碎屑陆棚	碎屑陆棚				浊流盆地	潮坪			却尔却克群$O_{1-2}h$	深海浊流盆地	
	艾家山阶	印干组	滞流盆地	烃源岩	良里塔格组O_3l	陆棚缓坡	陆棚缓坡	陆棚缓坡		陆棚缓坡	远源浊流盆地	深水陆棚缓坡		烃源岩			烃源岩
		其浪组	深缓坡														
		坎岭组	浅缓坡		吐木休克组$O_{2-3}t$						下斜坡浊流碎屑流	深水陆棚		烃源岩			
中奥陶统	达瑞威尔阶	萨尔干组	滞流盆地	烃源岩													
	大湾阶	上丘里塔格群$O_{1-2}q$	陆棚缓坡		上丘里塔格群$O_{1-2}q$	台地潮下	台地潮下	开阔台地	开阔台地	开阔台地	陆棚缓坡	下斜坡-盆地边缘	烃源岩仅见于库南1		黑土凹组$O_{1-2}h$	深海饥饿盆地	烃源岩
下奥陶统	道保湾阶		开阔台地			开阔台地	开阔台地	半局限台地	上斜坡	上斜坡	灰泥丘						
	新厂阶		局限台地			局限台地	局限台地	局限台地	局限台地	局限台地		缓坡			突尔沙克塔格组O_1t	较深水盆地	
上寒武统	风山阶	下丘里塔格群	局限台地		下丘里塔格群	局限台地	局限台地	局限台地	局限台地	局限台地		下斜坡					

2.2.4　有机质成熟度

通过郑民等(2014)对我国海相富有机质页岩层系的基本参数统计(表2-10),华北地区长城系-青白口系下马岭组页岩R_o介于0.6%~1.65%,成熟度相对较低,长城

表2-10　中国海相富有机质页岩地质特征(郑民等,2014)

地区	地区或盆地	页岩层位	地层符号	页岩面积/km²	页岩厚度/m	TOC/%	有机质类型	热成熟度 R_o/%
华北地区	渤海湾盆地	下马岭组	Pt_3x	—	50~170	0.85~24.3(5.14)	I	0.6~1.65
	渤海湾盆地	洪水庄组	Pt_3x	—	40~100	2.84	I	1.1
	鄂尔多斯盆地	平凉组	O_2p	15 000	50~392.4(162)	0.1~2.17(0.4)	I-II	0.57~1.5
	四川盆地	陡山沱组	Z_2d	68 355	32~233(100)	0.67~3.02(1.85)	I	2.67~4.5
		筇竹寺组	ϵ_1q	185 700	46~445(200)	0.43~22.15(3.5)	I	2.3~5.2
		大乘寺组	O_1d	31 000	20~225(90)	0.42~6.0(2.1)	I	1.7~4.6
		五峰组-龙马溪组	O_3w-S_1l	137 000	23~847(203)	0.51~25.73(2.59)	I	1.6~3.6
南方地区	滇黔桂	陡山沱组	Z_2d	103 320	10~40(25)	1.15~3.74(1.9)	I	2~2.5
		筇竹寺组	ϵ_1q	214 200		0.61~22.15(4.71)	I	1.28~4.18
		五峰组-龙马溪组	O_3w-S_1l	27 825	200~1 113(600)	2.64~8.28	I	
		印堂组-罗富组	$D_{2-3}y$-1	195 195	50~500(250)	0.53~12.1(3.14)	I-II	0.99~2.03
		旧司组	C_1j	97 125	10~90(50)	0.61~15.9(3.07)	I-II	2.22
	渝东-湘鄂西	陡山沱	Z_2d	90 195	50~400(200)		I	
		筇竹寺组	ϵ_1q	69 300	50~650(350)	0.61~22.15	I	
		五峰组-龙马溪组	O_3w-S_1l	65 100		0.41~8.28	I	

（续表）

地区或盆地		页岩层位	地层符号	页岩面积/km²	页岩厚度/m	TOC/%	有机质类型	热成熟度 R_o/%
南方地区	中扬子区	陡山沱组	Z_2d	128 415	10~70(30)		Ⅰ	
		筇竹寺组	ϵ_1q	189 315	20~400(200)	0.5~6.58(2.05)	Ⅰ	20~4.0(2.8)
		五峰组-龙马溪组	$O_3w\sim S_1l$	114 450	20~500(250)			1.5~2.5
		印堂组-罗富组	$D_{2-3}y^{-1}$	41 160	50~400(250)	0.53~4.74(3.14)	Ⅰ-Ⅱ	1.53~2.03
	下扬子区	陡山沱组	Z_2d	28 455	40~120(70)	0.58~12		
		筇竹寺组	ϵ_1q	215 040	20~465(300)	0.35~9.93(4.5)	Ⅰ	2.5~4.6(3.5)
		五峰组-龙马溪组	$O_3w\sim S_1l$	45 465	40~150(100)	0.5~2.08(1.02)	Ⅱ₁	
塔里木盆地		玉尔吐斯组	ϵ_1y	130 208	0~200(80)	0.5~14.21(2.0)	Ⅰ-Ⅱ	1.2~5.0(1.85)
		萨尔干组	$\epsilon_3\sim O_1s$	101 125	0~160(80)	0.61~4.65(2.86)	Ⅰ-Ⅱ	1.2~4.6(1.8)
		印干组	O_3y	99 178	0~120(40)	0.5~4.4(1.5)	Ⅰ-Ⅱ	0.8~3.4(1.6)
羌塘盆地		肖茶卡组	T_3x	141 960	100~747(253)	0.11~13.45(1.63)	Ⅱ₁-Ⅱ₂	1.13~5.35(2.31)
		布曲组	J_2b	79 830	25~400(181)	0.3~9.83(0.55)	Ⅲ	1.79~2.4(1.93)
		夏里组	J_2x	114 200	78~713(366)	0.13~26.12(2.03)	Ⅱ₁-Ⅱ₂	0.69~2.03(1.5)

注：括号内为对应的平均值。

系-青白口系页岩分布在华北北部地区的张家口下花园-承德宽城一带。鄂尔多斯盆地西缘零星出露,目前在露头区发现一些以此套页岩为源的油苗,R_o介于 0.57% ~ 1.5% ,尚未发现以此为源形成的工业性油气藏。扬子地区寒武系筇竹寺组、志留系龙马溪组页岩 R_o 介于 1.5% ~ 4.6% ,成熟度相对较高,在扬子地区广泛发育,是当前我国页岩气勘探的主力层位。塔里木盆地的 3 套海相页岩 R_o 介于 0.8% ~ 5.0% ,成熟度相对较高,但埋深是制约目前其页岩气勘探潜力的重要因素。

2.3   湖相页岩有机地球化学特征

陆相盆地为山系、高地和低地所环绕,有的陆盆在某一演化阶段还和海域有不同程度的联系。湖泊是油气生成的主要场所,现代湖泊沉积和古代湖泊沉积的研究表明,影响湖盆油气生成有诸多地质因素。潮湿气候或半潮湿半干旱气候有利于生物的繁荣,提供了丰富的有机物质。广阔的湖盆,其内部次级环境具有不同的油气生成条件。深水湖区出现湖水分层和还原环境,有利于有机物质的保存和生油;沼泽沉积区丰富的有机物质有利于生气;湖泊的营养类型是决定有机质丰度和生烃潜力的重要因素。快速堆积和沉降有利于有机质的保存和向烃类的转化;地温梯度决定生油门限深度和不同性质烃类的垂向分布;裂谷湖盆区的火山活动对湖盆油气生成也有不同程度的影响。

2.3.1   有机相划分

不同类型的暗色泥页岩岩相与有机质丰度、有机质类型有较好的对应关系。因此,以母质类型和显微组分为基本指标,以岩相为有机质赋存的基本单元,综合有机质类型、有机质丰度、生烃潜量等参数,可以进行有机相划分。如鄂尔多斯盆地城壕地区延长组长 7 段页岩可据此划分为 4 种有机相:藻源页岩相、藻源泥岩相、植源藻源砂质泥岩相和植源藻源泥质砂岩相(表 2 - 11)。

表2-11 鄂尔多斯盆地城壕地区延长组长7段有机相类型划分

有机相	显微组分/%	$\delta^{13}C$/‰	TOC/%	S_1+S_2/(mg/g)岩石	Pr/Ph	C_{21}^-/C_{22}^+	岩相类型
藻源页岩相	腐泥组 81.6~98.1 / 92.6(4) 镜质组 1.9~18.4 / 7.4(4)	-28.98~-27.33 / -28.35(4)	0.99~29.43 / 17.33(27)	17.77~100.99 / 52.21(27)	1.085~1.56 / 1.36(4)	1.21~2.59 / 1.93(4)	黑色页岩相
藻源泥岩相	腐泥组 46~97.5 / 80.8(6) 镜质组 2.5~54 / 19.2(6)	-30.9~-28.57	0.55~13.89 / 4.01(43)	0.56~29.59 / 11.36(43)	0.973~1.757 / 1.29(5)	1.09~3.41 / 1.69(5)	纹层状泥岩相
植源藻源砂质泥岩相	腐泥组 0~86.1 / 20.2(9) 镜质组 13.9~98 / 76.3(9) 壳质组 0~16.7 / 3.5(9)	-29.76~-26.33 / -27.34(9)	0.37~3.7 / 15(25)	0.43~11.47 / 3.6(26)	0.941~1.312 / 1.13(5)	1.52~3.51 / 2.38(5)	粉砂质泥岩相
植源藻源泥质砂岩相		-27.7~26.06	0.15~3.4 / 1.14(41)	0.19~8.57 / 2.38(41)	0.732~1.53 / 1.08(5)	0.99~1.66 / 1.21(5)	泥质粉砂岩相

藻源页岩相显微组分以腐泥组为主,有机碳含量高,生烃潜量高,是4种有机相中最好的类型,其次为藻源泥岩相。上述两种有机相的母质类型为低等水生生物,有机质类型基本上以Ⅰ型干酪根为主。植源藻源砂质泥岩相和植源藻源泥质砂岩相更多地受到陆源碎屑供给的影响,有机质类型复杂,有机质丰度变化较大,但大部分都达到了烃源岩的指标下限,属于差-好烃源岩。

渤海湾盆地南堡凹陷烃源岩根据其沉积学特征、有机地球化学特征和有机岩石学特征,将其有机相划分为以下4种类型(赵彦德,2009)。

1. 藻源相

这类有机相发育在半深湖-深湖区,暗色泥页岩发育,沉积环境属于还原环境下的间歇性闭塞半深湖-深湖相。有机质显微组分主要为壳质组和矿物沥青基质,干酪根类型好,为Ⅰ型和Ⅱ₁型;可溶有机质组分中,饱和烃含量高,w(饱和烃)/w(芳烃)均值大于3;$w(nC_{21}+nC_{22})/w(nC_{28}+nC_{29})$ 和 $w(C_{21-})/w(C_{22+})$ 相对较高;$w(C_{29}$藿烷$)/w(C_{30}$藿烷$)$ 小于0.5,$w(\alpha\alpha\alpha 20RC_{27}$甾烷$) > w(\alpha\alpha\alpha 20RC_{29}$甾烷$)$,伽马蜡烷丰度相对较高,母质以水生生物藻类为主,含少量陆源物质。有机碳含量 >2.0% ,生烃潜量超过 6 mg/g。半深湖-深湖藻源相是有机质类型最好、有机质丰度高且已经相当成熟的源岩有机相带。

2. 含植源藻源相

有机质显微组分壳质组和矿物沥青基质含量较高,干酪根类型为 II_1 型。可溶有机组分中饱和烃含量较高,$w(\text{饱和烃})/w(\text{芳烃})$ 均值大于 2;$w(nC_{21} + nC_{22})/w(nC_{28} + nC_{29})$ 和 $w(C_{21-})/w(C_{22+})$ 相对较高;$w(C_{29}$ 藿烷$)/w(C_{30}$ 藿烷$)$ 为 0.5 ~ 0.6,$w(\alpha\alpha\alpha20RC_{27}$ 甾烷$) > w(\alpha\alpha\alpha20RC_{29}$ 甾烷$)$,伽马蜡烷丰度相对较高,有机质生源母质主要为藻类和无定形类,含部分陆源物质的特征;有机碳含量达到 1.5% ,生烃潜量达到 4.0 mg/g。这类有机相发育在浅湖-半深湖区,暗色泥页岩较发育,沉积环境属于远岸开阔湖相,为弱还原环境下的稳定沉积浅湖-半深湖含植藻源有机相是有机质类型较好、有机丰度较高、生烃潜量较高的源岩有机相带。

3. 含藻源植源相

有机质显微组分镜质组和惰质组较高,干酪根类型为 II_2 型。可溶有机质组分中饱和烃含量相对较高,$w(\text{饱和烃})/w(\text{芳烃})$ 均值为 1.2;$w(nC_{21} + nC_{22})/w(nC_{28} + nC_{29})$ 和 $w(C_{21-})/w(C_{22+})$ 相对较低;$w(C_{29}$ 藿烷$)/w(C_{30}$ 藿烷$)$ 为 0.6 ~ 0.9,$w(\alpha\alpha\alpha20RC_{27}$ 甾烷$) < w(\alpha\alpha\alpha20RC_{29}$ 甾烷$)$,$\alpha\alpha\alpha20RC_{27}$ 甾烷、$\alpha\alpha\alpha20RC_{28}$ 甾烷和 $\alpha\alpha\alpha20RC_{29}$ 甾烷呈反"L"型,伽马蜡烷丰度较低,有机质生源母质呈现出以陆源高等植物为主,含少量藻类物质的特征。这类有机相发育在滨浅湖、三角洲区、岩性主要为泥页岩,属于弱还原-弱氧化环境下的稳定沉积。

4. 植源相

有机质显微组分镜质组和惰质组含量高,干酪根类型为 III 型。可溶有机质组分中,饱和烃含量低,$w(\text{饱和烃})/w(\text{芳烃})$ 均值为 0.8,$w(nC_{21} + nC_{22})/w(nC_{28} + nC_{29})$ 和 $w(C_{21-})/w(C_{22+})$ 值低;$w(C_{29}$ 藿烷$)/w(C_{30}$ 藿烷$)$ 大于 0.9,$w(\alpha\alpha\alpha20RC_{27}$ 甾烷$) < w(\alpha\alpha\alpha20RC_{29}$ 甾烷$)$,$\alpha\alpha\alpha20RC_{27}$ 甾烷、$\alpha\alpha\alpha20RC_{28}$ 甾烷和 $\alpha\alpha\alpha20RC_{29}$ 甾烷呈反"L"型,伽马蜡烷丰度低或无,有机质生源母质主要为陆源高等植物。有机碳含量一般小于 0.5% ,生烃潜量小于 2.0 mg/g。这类有机相主要发育在近岸水下扇、扇三角洲、河口等环境,岩性主要为泥页岩和炭质泥页岩,属于氧化环境下的沉积。上述各

类型有机相中,藻源相、含植源藻源相带水体为还原和还原-弱氧化环境,有机质保存条件好,有机碳含量高,为最有利的生烃相带。

2.3.2   有机质类型

总体上看,从湖盆边缘到中心,有机质的丰度逐渐升高,陆源有机质的贡献逐渐减少,有机质类型逐渐变好。事实上,湖盆中有机质沉积的主要场所为位于浪基面之下的深湖-半深湖相。湖泊中有机质的类型复杂,从典型的腐殖型(Ⅲ型),到典型的腐泥型(Ⅰ型),所有的有机质类型在湖泊中都能见到。一般在大型湖泊(如松辽盆地)的深湖相,由于远离陆源有机质的影响,基本上以产烃能力强的水生生物的贡献为主,有机质类型较好。由于湖泊沉积物的发育受湖盆大小、湖底地形、湖岸陡缓、距源区距离以及气候条件等因素的控制,其实际状况要比理想情况复杂得多。

2.3.3   有机质丰度

湖相地层中的有机碳总量主要与湖泊的生产率和沉积物的输入速率有关。在湖平面周期性的波动过程中,水体深度和沉积物输入速率同样具有周期性变化的特征,因此使得有机碳总量在剖面上呈一定的规律变化。以东濮凹陷沙三段层序3为例,在层序边界处,水体较浅,甚至处于暴露状态,沉积物堆积速度快且氧化作用活跃,剖面上往往出现有机碳总量最小值;在最大湖泛面附近,沉积物供应速度慢,为欠补偿沉积段,有利于有机质的相对富集,常出现有机碳总量最大值。

湖底淤泥有机质的分布受湖底氧化还原环境的控制,而后者则受水体深度和水动力状况的制约。青海湖氧化相 Eh 大于 0,一般水体深度小于 15 m,而在河口附近水深可大于 20 m,氧化相位于入湖水系发育区和滨岸高能带,湖水为动水层,有机质分解强烈,有机碳含量小于 1.5%。氧化-弱还原相 Eh 值为 $-150 \sim 0$ mV,湖水深度一般为 $15 \sim 25$ m,湖湾区深度可小于 15 m,湖水不分层或分层,但动水层较厚,有机碳耗损减慢,含量为 1.5%~2.5%。还原相 Eh 小于 -150 mV,一般水深大于 25 m,湖水分层,还原相位于远离河流三角洲的湖盆中部低能带,耗氧分解对降低碳含量作用较慢,有机碳含量大于 2.5%(表 2-12)。

表 2-12 青海湖氧化还原环境与有机质丰度

氧化还原相	氧 化 相	弱氧化-弱还原相	还 原 相
水体深度	一般小于 15 m,受河口影响可达 20 m	一般为 15~25 m,湖湾区可小于 15 m	一般大于 25 m,湖湾区可小于 15 m
湖水分层及水动力条件	动水层,位于入湖水系发育及滨岸高能带	不分层,若分层则动水层厚,位于高低能带之间的过渡带	分层,动水层薄,位于远离河流三角洲的湖盆中部及湖湾地能带
含泥量(<0.01 mm)	<10%	一般为 10%~15%,湖湾区可达 80%	一般大于 50%,湖湾区可小于 50%
Eh 值/mV	>0	-150~0	<-150
Fe^{2+}/Fe^{3+}	≤1	1~2.6	5~25
$(S+5)/S$ 总/%	大于 90	90~40	<40
有机碳/%	上层 <1.5 下层 <1.2	上层 1.5~2.5 下层 1.2~2.3	上层 >2.5 下层 >2.3

随着水体加深,沉积物变细,还原性增强,有机质丰度增高,沥青和氯仿沥青的含量也增大,其高值区位于湖盆南部洼陷。湖盆南部有机质沥青化程度比北部高(前者为 2.42,后者为 1.64),主要原因是原始有机质丰度和还原程度的差异。南部洼陷生物比北部繁盛(浮游生物南部为 70 468 个/升,北部为 57 774 个/升;底栖生物南部为 338 个/升,北部为 252 个/升);南部水动力状况比北部稳定,水团中溶氧量南部比北部低(南部为 2.11 mg/L,北部为 4.48 mg/L);底水 H_2S 渲染南部比北部高(南部为 4.14 mg/L,北部为 0.69 mg/L),还原性比北部高。

随着暗色淤泥沉积物埋藏加深,奇偶优势也逐渐减小。湖底表层有机质丰度为 6.2,埋深 40 m 处丰度为 3.8,埋深 45 m 为 2.83,埋深 62 m 为 2.63,埋深 90 m 为 2.44,埋深 135 m 为 1.64。

位于不同气候带和湖盆不同演化阶段的湖泊,其有机质丰度有明显差别。云南滇池、洱海和抚仙湖处于南亚热带,气候潮湿,植被繁茂。

滇池面积为 297.8 km²,最大水深 5.86 m,平均水深 3.92 m,流域面积 2 866 km²。

湖水很浅,入湖水系较多,带来大量泥砂,形成多个三角洲沉积体系。北部草海地区,水深不及 2 m,是水草丛生的浅水湖湾,泥炭沼泽堆积发育。在沉积阶段上,滇池处于湖盆演化的晚期,生物繁盛,有机物质丰富,属富营养型湖泊,其浮游动物达 $3\,900 \times 10^4$ 个/升,浮游植物为 483×10^4 个/升,高等植物含量为 13 320 t。湖底表层沉积物有机碳含量在 0.6%~1.0%,平均为 0.75%,最高达 1.18%。

洱海面积为 249 km^2,最大水深为 20.7 m,平均水深为 10.1 m,流域面积达 2 785 km^2。湖泊主体水深大于 10 m,属半深湖,由西侧点苍山(海拔大于 3 500 m)形成的冲积扇-扇三角洲体系及南北两端的河流三角洲体系带来碎屑物质和有机物质。在沉积阶段上洱海处于湖盆演化的中后期,其湖泊营养类型属中等营养类型,其浮游动物含量为 284×10^4 个/升,浮游植物含量为 123.6×10^4 个/升,高等植物含量为 799 600 t。湖底表层沉积物有机质含量为 0.6%~1.0%,平均为 1.55%,最高为 3.06%。

抚仙湖面积为 212 km^2,最大水深为 155 m,平均深度为 87 m,流域面积达 1 084 km^2,湖泊主体水深大于 100 m,属深水湖泊,入湖碎屑物质以浊流搬运和沉积。在湖盆发展阶段上,抚仙湖处于演化中期,即湖盆深陷期的不补偿沉积阶段,其湖泊营养类型属于贫营养型,浮游动物含量为 12.5×10^4 个/升,浮游植物含量为 0.013×10^4 个/升,高等植物含量为 400 t,湖底表层沉积物有机质丰度为 0.40%~0.43%。

由此可见,流域面积最广,处于湖泊演化阶段晚期的滇池,湖泊营养丰度最高;洱海流域面积较广,处于湖泊演化阶段的中晚期,湖泊营养丰度中等;抚仙湖流域面积较小,处于湖泊演化阶段的中期,湖泊营养丰度最低。尽管滇池属富营养型湖泊,然而其有机质丰度却并不高,这主要是由于滇池湖水浅,湖泊整体处于浪基面以上的动水环境,除泥炭沼泽沉积区和湖湾区外,不利于有机质的富集和保存。中等营养型的洱海属于半深湖环境,其有机质富集和保存条件较滇池好。贫营养型的抚仙湖属于深水湖泊,其有机质保存条件优于前两者,但湖中生物丰度偏低,故有机质丰度也较低。3 个湖泊的干酪根类型以混合型为主,其次是腐泥型和腐殖型。湖泊沉积的暗色泥页岩的原始有机物质既有来自藻类和水生动物的,也有来自水生和陆生植物的,在色谱图上表现为双峰型。

随着埋藏深度的增加,洱海和滇池的有机碳和氯仿沥青"A"含量均增加,而洱海的增幅更大,说明水体较深的洱海更有利于有机质的保存。

青海湖属于贫营养型湖泊,水生生物的数量比云南"三湖"要低得多,但湖底沉积物的有机碳含量并不低。滇池湖底沉积物有机碳含量平均为0.56%,氯仿沥青"A"含量为217.5 mg/kg。洱海有机碳含量平均为0.93%,氯仿沥青"A"含量为449 mg/kg。青海湖有机碳含量平均为1.85%,氯仿沥青"A"含量为810 mg/kg。这说明偏碱性的青海湖存在稳定的湖下还原层,有利于有机质的保存(表2–13)。

表2–13 现代不同气候带湖泊有机质丰度

湖 泊 名 称		青海湖	滇 池	洱 海	抚仙湖
气候		半干旱	潮湿	潮湿	潮湿
湖泊面积/km²		4 635	297.8	249	212
湖水性质		微咸水	淡水	淡水	淡水
水深/m	平均	19.15	3.92	10.1	87
	最大	28.7	5.86	20.7	155
流域面积/km²		34 950	2 866	2 785	1 084
湖泊营养类型		贫营养型	富营养型	中等营养型	贫营养型
浮游动物量 ×10⁻⁴/(个/升)		7.046 8	3 900	284	12.5
浮游植物量 ×10⁻⁴/(个/升)			483	123.6	0.013
高等植物量/t			13 320	799 600	400
湖底沉积物有机碳含量/%		1.85/(1.37)	0.56/	0.93/	0.42/
氯仿沥青"A"含量/(mg/kg)		810/(0.053)	217.5	449	108
总烃含量/%			13.08/10.62	9.02/5.70	27.05

渤海湾裂谷盆地内部结构复杂,一个凹陷就是一个沉积中心,在湖盆深陷和扩张期,从滨湖、浅湖、半深湖到深湖,各相带均有分布,水介质为微咸水至半咸水,如沙三期,适于非淡水的渤海藻及副渤海藻的大量繁殖,是有利的生油岩形成期。有机质富集于湖盆的沉积中心区,其有机碳含量为1.5%~2.0%。在沉积中心区质纯的深灰色泥页岩中,可发现深水类玻璃介与贝加尔湖现代深水玻璃介完全一致。有机母质类型由近岸至湖盆中心呈Ⅲ型-Ⅱ型-Ⅰ型分布,而以Ⅱ型的普遍发育为特色。油气藏也围绕湖盆沉积中心区及其邻区分布。

在湖盆不同沉积演化阶段,其有机质的富集程度也有明显的差别。如南堡凹陷沙三期,泥质沉积物有机碳含量在最大湖侵期时为1.92%,次级湖侵期泥质沉积物有机碳含量为0.7%,水退期为0.64%。

2.3.4　　　有机质成熟度

鄂尔多斯盆地三叠系延长组 R_o 实测数据主要集中在 $0.6\%\sim1.1\%$(图2-13),仍处于生油窗内。通过 TOC 与 S_2 交会图分析表明,中生界烃源岩既可生油也可生气(图2-14),但中生界烃源岩生成的主要为伴生气天然气。

图2-13　鄂尔多斯
盆地三叠系延长组 R_o
分布直方图

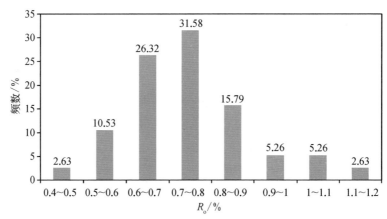

图2-14　鄂尔多斯
盆地延长组有机碳含
量与热解烃 S_2 的关系

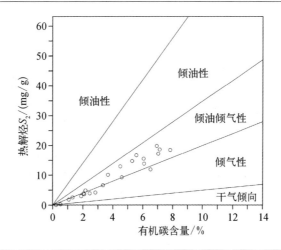

总体上,我国湖相富含有机质泥页岩的热演化程度普遍不高,多数还处于生油窗内。部分泥页岩的岩石硬度小,其中的黏土矿物遇水膨胀现象明显,钻井过程中经常导致套损,这对于页岩气勘探开发较为不利。

2.4 煤系页岩有机地球化学特征

2.4.1 有机相划分

吐哈盆地水西沟群煤系地层的特殊有机相决定了其形成丰厚的油气资源。根据煤系的显微组分及凝胶化指数(I_g)、植物结构保存指数(I_{TP})和森林指数(I_w)等将水西沟群煤沼划分为4种有机相类型(表2-14):即干燥森林沼泽有机相、潮湿森林沼泽有机相、流水沼泽有机相和滞水沼泽有机相。其中的流水沼泽有机相是水西沟群发育最为普遍的有机相。

标　　志	干燥森林沼泽相	潮湿森林沼泽相	流水沼泽相	滞水沼泽相
宏观煤岩类型	丝碳、暗煤	镜煤、暗煤	亮煤、暗煤	暗煤
显微煤岩类型	微惰煤 贫壳质暗煤	微镜煤、微暗煤	微亮煤 微镜煤	微三合煤 富壳质暗煤
微相组分	丝质体 半丝质体	结构镜质体 均质镜质体 粗粒体	基质镜质体 碎屑壳质体	藻类体 孢子体
氧化还原性	氧化	弱氧化-还原	还原-弱氧化	还原
水动力条件	潜水面以上	潜水面附近	潜水面以下	潜水面以下
植物组合	裸子植物	裸子植物及橛子植物	蕨类植物及裸子植物	蕨类植物及裸子植物
沉积环境	辫状河	上三角洲平原沼泽	下三角间湾 沼泽分流间湾	水下三角洲
凝胶化指数(I_G)	<5	2~12	>4	5~10
结构保存指数(I_{TP})	<1	0.6~2.5	<1	<0.2

表2-14 吐哈盆地煤相划分标志(李华明,2000)

标　志	干燥森林沼泽相	潮湿森林沼泽相	流水沼泽相	滞水沼泽相
镜惰比(V/I)	<1.5	>1.5	>3.5	<4
氢指数 I_H/(mg/g)	<150	150~380	280~500	350~500
生油潜量 S_1+S_2/(mg/g)	<120	120~250	180~300	>250
有机质类型	Ⅲ	Ⅲ	Ⅱ、Ⅲ	Ⅰ、Ⅱ
生油潜力	非–差	差–中等	中等–好	好–极好
生气潜力	差	好	好	好
油气贡献	无	小–中等	大	小

　　不同的煤沼有机相,其形成煤岩的显微组分不同,因而其生烃潜量也不同。一般来说,以滞水沼泽有机相的煤岩生烃潜量最大,但它在盆地内发育较少,因此对油气资源的总量贡献不大;而流水沼泽有机相虽然生烃潜量虽不是最大的,但其在盆内分布较广,对油气资源总量贡献较大。因此,流水沼泽有机相是吐哈盆地最有利的煤沼生烃有机相带。森林沼泽有机相生烃的潜量较小。

2.4.2　　有机质类型

　　干酪根是由沉积有机质经过一系列生物化学作用而形成的,不同的原始沉积有机质形成不同类型的干酪根,干酪根类型与当时的沉积环境有直接关系。腐泥型干酪根多出现于较深水泥质沉积,腐殖型干酪根多出现于近岸区及沼泽泥质沉积,过渡类型多出现在浅湖和滨湖区的泥质沉积中。

　　前人已对腐殖煤的生源物质、形成环境、地质和化学特征等有过大量论述(杨起等,1979;陶著等,1984)。近年来,有机地球化学工作者又对腐殖型泥页岩中的分散有机质进行了相当多的研究(Tissot,1982)。通过对鄂尔多斯盆地及其他盆地含煤岩系与生油层系有机质性质的研究比较,认识到煤系中有机质有如下特点: ① 元素组成上低氢高氧;② 显微组成上富镜质体、丝质体;③ 平均结构上贫脂链(环)结构、富芳香结构、含氧基团偏多;④ 有机碳、沥青、烃及热解分析总生油势(S_1+S_2)等绝对量高,但

沥青/有机碳、烃/有机碳、有效碳/总有机碳等烃转化程度低;⑤ 氯仿抽提沥青的族组
成富沥青质、非烃,元素组成低氢富氧、氮、硫,基团组成上长链烷烃少,芳构化程度高;
⑥ 芳烃组分中脂肪侧链短而少、含芳核比例及缩合程度高;⑦ 饱和烷烃往往有姥鲛烷
对植烷的强优势组成;⑧ 热解产物少正烷烃、烯烃,多芳烃和重杂原子化合物;⑨ 富集
同位素 C^{13}(从固体有机质到油气具系列性),族组成碳同位素分布曲线往往有不同于
生油岩的 $\delta^{13}C_饱 < \delta^{13}C_芳 > \delta^{13}C_非 < \delta^{13}C_沥$ 特殊分布;⑩ 干酪根易氧化度高。

与此同时,又将鄂尔多斯地区煤系中腐殖煤与腐殖型暗色泥页岩的性质加以比较
(表 2-15),可以看出它们的基本性质是相同的,但也存在一些差别:① 多数泥页岩
干酪根比煤富含丝质组分(约多 20%~40%)、少镜质组分(约低 20%~50%);② 多数
泥页岩干酪根中所含的少量无定形颗粒,煤中几乎见不到;③ 泥页岩干酪根和抽提沥
青的红外分析均说明其含氧基团比煤多;④ 泥页岩干酪根的成烃性质指标(如 H/C 原
子比、$2\,920\ cm^{-1}/1\,600\ cm^{-1}$、CP/$C_{OT}$%)比煤略差;⑤ 泥页岩的残留沥青转化率比
煤偏高,沥青的族组成性质比煤要好;⑥ 泥页岩和煤的热模拟实验表明,两者最终产烃

项目 样品	元素组成		显微组分/%				脂族/芳核 $2\,920\ cm^{-1}$ /$1\,600\ cm^{-1}$	热解色谱 CP/C_{OT} /%	"A"/C /%	丰度指标		
	H/C	O/C	稳	镜	半镜	丝				C/%	"A"/%	S_1+S_2/ (mg/g)C_{OT}
腐殖酸(褐煤前身物)	1.01	0.52										
内蒙古东胜 J_1y 褐煤	0.82	0.14	3.29	16.82	18.1	71.79	0.134	5.9	0.8	62.9	0.474 8	43.2
云南柯渡 R 褐煤	1.28	0.18	17.3	72.5		10.2	0.748	20.4	7.5	49.6	3.707 9	117.7
沈阳北蒲河 R 褐煤	1.09	0.2	3.6	74.2	21.6	0.6	0.34	11.6		68.5		92.7
云南小龙潭 R 褐煤	1.07	0.32	15.6	65.4		9.2	0.38	8.5	1.8	60.4	1.058 2	59.4
鄂尔多斯地区石炭系太原组(平均值) 煤	0.71	0.05	3.7	64.2		32.1	0.54	12.1	1.99	62.9	1.250 5	88.5
泥页岩	0.58	0.07	18.2	38.0 (无定形 0.3)		53.3	0.42	7.2	4.7	2.05	0.096 4	1.72
生油岩	1.25~ 1.66	0.05~ 0.15	0~ 15	无定形 50~95 镜质丝质体 0~40			1~4	21.5~65	5~20	0.5~ 5.0	0.05~ 1.0	2~35

表 2-15
煤系有机质
与生油岩性
质、丰度对
比

量(以纯有机质计算)相差不多。上述前两点均说明泥页岩中有机质随碎屑物经河水搬运后比煤氧化程度深,这可能是造成它在成烃性质上不如煤的主要原因。但这只能用来说明那些腐殖型母质占统治地位的煤系,在另一些存在腐殖煤、油页岩、含湖相化石泥页岩有机相变的煤系,对比显示有截然相反的结果。热模拟实验证实,腐殖型泥页岩产出轻质油的能力一般低于煤、沥青产率高于煤,这说明尽管泥页岩干酪根中成油组分偏多(大部分无定形可能来源于腐殖物碎片的氧化降解,其成烃能力较差),但由于它具有"有机质丰度低、黏土含量高"的特点,在排油效率上不一定比煤好。

综上所述,煤系有机质总体上反映出"贫氢富氧、贫脂链(环)富芳核"的组成结构特征。

表2-16是吐哈盆地台北凹陷干酪根类型表。从表中可以看出,台北凹陷侏罗系都以腐殖型干酪根和腐泥-腐殖型干酪根为主,腐泥型干酪根含量较低,表明中侏罗统时期湖水相对较浅,陆源物质的供给较为充足。这与古生物、古遗迹化石研究所得出的结论是一致的。

表2-16 吐哈盆地泥页岩有机质类型参数

地区	凹陷或次凹	层位	干酪根		干酪根红外光谱		氢指数	干酪根显微组分/%				干酪根 $\delta^{13}C$/‰	有机质类型
			H/C	O/C	2 920/1 600	1 460/1 600	I_H/(mg/g)	腐泥组	壳质组	镜质组	惰质组		
台北凹陷	胜北次凹	J_2q	1.52	0.08			35	94	2	2	2	−29.44	I_1-I_2
		J_2s	0.71	0.13	0.51	0.4	109	29.67	30.5	21.5	19	−22.4	III_1-III_2
		J_2x	0.85	0.12	0.51	0.38	88	37	27	20	16	−23.56	III
	红台-十三间房次凹	J_2q	0.91	0.17	0.48	0.25	155	1.23	37.83	59.87	0.99		II
		J_2s	0.91	0			149	1.21	36.97	58.18	3.64		III
		J_2x	0.99	0.14		0.1	109	3.94	35.76	59.7	0.61		III
		J_1s	0.73	0.13	1.95	0.42	146						II
		J_1b	0.7	0.14	0.2	0.38	200						III
	丘东次凹	J_2q	0.96	0.15	0.67	1.99	260	27.6	19.39	29.99	23.02	−26.12	II-III
		J_2s	0.73	0.12	0.18	0.53	77	20.21	7.78	29.9	44.51		III_1-III_2
		J_2x	0.72	0.13	0.42	0.32	44	28.26	19.1	28.45	24.37	−22.04	III
		J_1s	0.81	0.1	0.34	0.66	54	38.76	6.81	43.42	11.01		III
		J_1b	0.76	0.1	0.24	0.51	158	29.06	4.03	44.79	21.33		III_1-III_2

从纵向上看,J_2q 腐泥型含量相对较高,而 J_2x、J_2s 较低,表明 J_2q 时期湖水水体相对较深。以胜北次凹为代表,七克台组胜北次凹湖区较丘东次凹湖区开阔,前者为腐泥型,后者为过渡型,而三间房组和西山窑组湖水相对较浅,大量陆生有机质被沙流携带入湖,形成腐泥-腐殖型与腐殖型干酪根。

鄂尔多斯盆地上古生界有机母质以陆生植物为主,有机质类型腐泥型-腐殖型均有分布,但以腐殖型为主。泥页岩干酪根 H/C 原子比大多为 0.3 ~ 0.9,O/C 原子比为 0.03 ~ 0.16(图 2 - 15),干酪根同位素 δ^{13}C(图 2 - 16)主要分布于 -26.5‰ ~ -22.5‰,与腐殖型干酪根同位素值多处于 -26.0‰ ~ -21.0‰ 相一致。干酪根显微组分以镜质组和惰质组为主(图 2 - 17),其中少部分泥页岩和灰岩的干酪根富含壳质

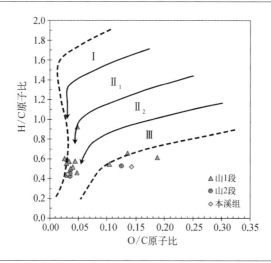

图2-15 鄂尔多斯盆地上古生界泥页岩 O/C - H/C 判断烃源岩类型

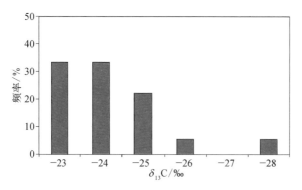

图2-16 鄂尔多斯盆地上古生界干酪根碳同位素频率分布

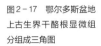

图2-17 鄂尔多斯盆地
上古生界干酪根显微组
分组成三角图

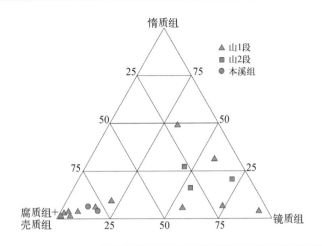

组和无定形组,属于混合型干酪根,但总的来说主要为Ⅲ型,少量Ⅱ₂型,以生气为主。

2.4.3　有机质丰度

　　煤层作为烃源岩或生烃岩,其显著的地球化学特征是富含有机质、TOC值高、沥青"A"与总烃含量绝对值高。表2-17展示了我国部分地区煤层及炭质泥页岩的有机质丰度值。按传统生烃岩或烃源岩的沥青"A"与总烃含量评价标准,表中所列举的煤层及炭质泥页岩均已达到优质生烃岩范畴。但由于煤岩的TOC值太高,使其沥青"A"/TOC与总烃含量/TOC均很低,远低于传统生烃岩或烃源岩的相应评价标准。因此,煤质烃源岩的评价标准与分类是不能套用传统烃源岩评价标准与分类方案的。

2.4.4　有机质成熟度

　　含煤岩系中煤的热演化程度一般用镜质体反射率 R_o 来表示,成熟度过低或过高,都会影响源岩的生烃潜力。

表 2 - 17 我国部分地区煤层及炭质泥页岩有机质丰度值统计（据肖贤明等，1996）

地　区	层位	岩性	TOC/%	沥青 "A" /%	总烃 ×10⁶	沥青 "A" /TOC/%	总烃 /TOC/%
鄂尔多斯	J_{1-2}	煤岩	63.45	2.27	7 180	3.57	1.13
	J_{1-2}	泥页岩	3.04	0.07	281	2.30	0.92
	C - P	煤岩	74.50	0.13	443	0.17	0.06
	C - P	泥页岩	3.28	0.07	249	2.87	0.81
华北冀中	C - P	煤岩	63.75	1.35	4 946	2.11	0.77
		泥页岩	6.67	0.16	596	2.43	0.89
四川盆地	T_3	煤岩	58.45	0.33	1 064	0.56	0.18
		泥页岩	6.05	0.08	222	1.32	0.36
吐哈盆地	J	煤岩	70.04	0.42	2 543	0.60	0.36
准噶尔东部	J	煤岩	73.22	0.58	2 575	0.79	0.35
伊宁盆地	J	煤岩		0.51	1 587		
伊通盆地	E	煤岩	69.38	1.06	3 465	1.52	0.50
百色盆地	N	煤岩	75.14	0.46	1 309	0.61	0.17
		泥页岩	13.10	0.16	559	1.72	0.43
塔里木库车	J_{1-2}	煤岩	70.43	1.95	9 044	2.76	1.28

　　鄂尔多斯盆地上古生界暗色泥页岩镜质体反射率 R_o 最小值为 0.6%，最大值为 4.98%，一般在 0.9%～2.8%，平均为 1.83%，有机质成熟度较高。从纵向上看，本溪组、太原组、山西组的镜质体反射率 R_o 值也大多分布于 1.1% 之上（图 2 - 18）。其中本

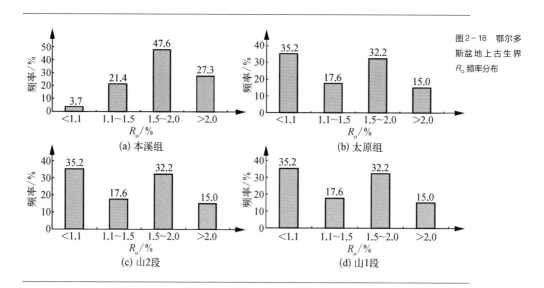

图 2 - 18 鄂尔多斯盆地上古生界 R_o 频率分布

溪组 R_o 小于 1.1% ,占比例最小,为 3.7% ; R_o 大于 1.1% 部分占 96.3% 。太原组 R_o 小于 1.1% 部分占比为 35.2% , R_o 大于 1.1% 部分占 64.8% 。山 2 段 R_o 大于 1.1 部分占 93.8% ,山 1 段占 75.9% 。总体来说,鄂尔多斯盆地上古生界泥页岩成熟度达到高-过成熟的烃源岩分布面积较广。通过有机质丰度和热解烃量的比值,判断上古生界页岩热演化程度为高-过成熟阶段,主要以生干气为主。

第 3 章

页岩气
生成与演化

3.1 页岩气成因类型及其特征

页岩气系统分为两种类型：生物成因气和热成因气（Claypool, 1998），也存在有两者的混合气，这与页岩中有机质的演化程度有关。

生物成因页岩气，通过埋藏阶段的早期成岩作用形成，或在近代富含细菌的大气降水的侵入作用中由厌氧微生物的活动形成。在生物成因页岩气区中，如密歇根盆地的 Antrim 页岩（Martini 等, 2003），干气吸附于有机质。页岩气井排水后具有较低的初始气流量，约 50 ~ 400 kft^3/d (1 416 ~ 11 327 m^3/d)，生产历史在 30 年以上。

热成因页岩气，通过埋藏比较深或温度较高时干酪根的热降解或低熟生物气再次裂解及油和沥青达到高成熟时二次裂解生成，对于有机质丰度和类型相近或相似的泥页岩，成熟度越高，形成的烃类气体越多。连续型热成因页岩气系统类型有：① 高成熟度页岩气系统（如 Fort Worth 盆地的 Barnett 页岩）；② 低成熟度页岩气系统（如依利诺依盆地区域的部分 New Albany 页岩）；③ 含页岩、砂岩和粉砂岩的层内岩性混合体系（如得克萨斯州东部的 Bossier 页岩）；④ 层间体系，气体产生于成熟页岩并储存在未成熟页岩（如位于怀俄明州 Wind River 盆地的古近-新近纪 Waltman 页岩）；⑤ 具有常规和非常规生产的组合体系（如 Anadarko 盆地垂直井的目的层，既有 Wapanucka 和 Hunton 层，也有 Woodford 页岩）。此外，也可能存在热成因气与生物成因气的混合系统（如 New Albany 页岩气系统，Jarvie 等）。

3.1.1 生物成因气

生物成因气生成于厌氧细菌的甲烷生成作用，占世界天然气资源总量的 20% 以上。生物成因气最普遍的标志是甲烷的 δ^{13}C 值很低（ < −55‰）。此外，由于一些中间微生物作用产生了 CO_2 副产品，所以可以根据 CO_2 的存在和同位素成分来判断是否为生物作用形成的天然气。因为微生物作用仅产生了大量甲烷（ >1 mol/L，体积分数），一般高链烃类是因热成因而形成，因此天然气的总体化学特征也可以表明其成因（A. M. Martini 等, 2003）。

页岩生物成因作用受几个关键因素控制。富含有机质的泥页岩是页岩气形成的物质基础,缺氧、低硫酸盐、低温环境是生物成因页岩气形成的必要外部条件,足够的埋藏时间是生成大量生物成因气的保证。另外,产菌甲烷个体的孔隙空间平均直径为 1 μm,因此菌类繁殖需要一定的空间。页岩中有机质富集的细粒沉积物的孔隙空间很有限,但富含有机质的细粒页岩中的裂隙可以为生物提供生存繁殖空间。

生物成因气通常形成在埋深至少 1 000 m 的地下,但是可以储存在深达 4 527 m 的储层中。生物成因甲烷也可形成在低于 550 m 的埋深下,在成岩地质历史后期由氧化的地层水在岩层中循环形成。密歇根大学新闻和信息所认为,密歇根盆地的 Antrim 页岩中的浅层生物成因气,是在过去的 2.2 万年间由地层水循环中的生物作用生成。与其相同时代的伊利诺斯盆地的 New Albany 页岩也产生物成因气。

3.1.2 热成因气

随着埋深的增加及温度、压力的增大,有机质在较高温度及持续加热期间经热降解作用和热裂解作用生成大量油气。页岩中热成因气的形成有以下 3 个明显的过程:① 干酪根分解成天然气和沥青;② 沥青分解成石油和天然气;③ 石油分解成天然气和富碳的焦炭或焦沥青残留物。其中①、②是初次裂解,③为二次裂解。

有机质的热模拟实验表明,在沉积物的整个成熟过程中,干酪根、沥青和原油均可以生成天然气,对于有机质丰度和类型相近或相似的泥页岩,成熟度越高,形成的烃类气越多。页岩的有机质成熟度 R_o 在 0.4% ~ 2%,所以页岩中的沉积物可以连续生成天然气。在成熟作用的早期,天然气主要通过干酪根降解作用形成;在晚期阶段,天然气主要通过干酪根、沥青和石油裂解作用形成。与生物成因气相比,热成因气生成于较高的温度和压力下,因此,在干酪根热成熟度增加的方向上,热成因气在盆地地层中的含量呈增大趋势。另外,热成因气也很可能经过漫长的地质年代和构造作用从页岩储层中不断地泄漏出去。

3.2   页岩有机质演化及生气模式

3.2.1   腐泥型页岩气的形成与演化

1. 腐泥型页岩气的形成

以 Barnett 页岩为例,腐泥型页岩中,热成因气的形成有三个途径(图 3 - 1),具体见 3.1.2 节。最后一个步骤主要取决于系统中油的残余量和储层的吸附作用。

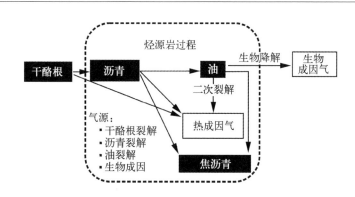

图 3 - 1 从烃源岩到油、气与富碳残留物(焦沥青)的过程(Javie 等)(高成熟度的页岩气系统通过干酪根、沥青和油的裂解产生大量气体)

根据动力学数据和平均升温率,干酪根的初次裂解发生在 80℃ 和 180℃,转化率分别为 10% 和 90%(Jarvie 等,2001)。当温度在 130 ~ 145℃ 时,大部分烃源岩的转化率高达 50%。根据温度梯度(Claypool 等,1990;Waples,2000),从油到气的二次裂解一般发生在 150℃ 的情况下。然而,根据全部萃取物(Jarvie,1991)和沥青质裂解动力学(di Primio 等,2000),以沥青质和树脂为主要成分的一些不稳定沥青成分同时裂解,或者在它们从干酪根分离出来后立刻裂解。动力学实验和液相色谱分析表明,近 10%的 Barnett 生油页岩和大多数干酪根在同一温度发生裂解。这些裂解产物平均可以萃取 10% ~ 20% Barnett 页岩溶剂。Barnett 页岩萃取后的残余物大约由 80% 的链烷烃和芳香族物质组成,这些物质在更高温度(>175℃)下才能分解,不存在任何吸附作用引起的裂解率降低的情况(Sheiko 等,2006)。

一般情况下,Barnett 页岩是一个封闭系统,也就是说气体在生成后不会立即被排出。烃和非烃气体(如 CO_2)的生成导致层内压力增大。CO_2 可能生成于 Barnett 页岩中有机物质分解的初级阶段,碳酸盐热分解和脱羧作用也可增加 CO_2 浓度。随着成熟度的升高,残余油的二次裂解导致烃类气体形成,气油比(GOR)增加,压力增大,出现裂缝。据估计,封闭系统中 1% 的油裂解能够产生超过岩石的破裂门限(Gaarenstroom 等,1993)的压力。因此,Barnett 页岩中的裂缝和运移通道至少有一部分是由早期烃与非烃(主要是 CO_2 和 N_2)气体生成及生油窗、生气窗中烃类的二次裂解造成的。上述分析和对质量平衡的考虑揭示了 Barnett 页岩的幕式排烃模式。该过程可能经常发生在核心区域,Boonsville 气田的气体样品成熟度范围(R_o 为 0.70% ~ 1.0%)可以是这种假设的有力证据(Jarvie 等,2004;Hill 等,2007)。

有机质分解形成微孔隙似乎合理地解释了测得的孔隙度和残余有机碳含量。溶剂萃取法可萃取大部分可抽提有机物,而不对高成熟 Barnett 页岩中的吸附烃和捕获烃进行分离,残余气的进一步分析证明 MEC2 Sims 井岩心样品中存在高成熟度气体(Jarvie 等,2004)。这些微储层充满了气体,R_o 约为 1.70% ,储层的非连通性刚好解释了增产的效果——释放更多的气体。

当 R_o 低于 1.0% 时,这些微储层充满了由油和气体构成的残余烃,残余烃会抑制气流量并使产量急剧下降。对于不连续孔喉或被吸附烃压缩的孔喉,需要增加能量才可以突破被吸附烃封锁的出口或活动出口(Lindgreen,1987),也就是说,足够的能量和压力可以克服分子量高的石油成分所产生的吸附作用,该成分具备的吸附活性比使残留孔隙压力下降的气体更高。在部分地区,Barnett 页岩中的古地温和压力系统有足够的能量去克服排烃的活化能壁垒。不同来源的数据证明,由于吸附作用的存在,原油中的组分断裂并不是排烃发生的全部原因(Sandvik 等,1992)。

总之,生油窗(R_o =0.50% ~ 0.99%)中的较低气流量和较高产量下降速度很可能是以下原因造成的:① 干酪根初次裂解所生成的气体较少;② 吸附沥青、沥青质以及重质油其他成分孔喉的吸附和封闭作用抑制排烃;③ 初始压力更小、压力下降速度更快以及其他一些因素。然而,当 R_o 为 1.0% ~ 1.4%(古地温超过 150℃)时,大部分分子量大的原油成分裂解成气,页岩孔隙被气体充填,吸附能力也随着烃的减少而逐渐减弱。在这种情况下,Barnett 页岩含有更多的二次裂解气,由于催化作用,一部分暴露在空气中的游离气和吸附气(高 GOR)流入井筒。据 Pepper(1992)估计,在成熟度较高(即生油窗超过 200 mgHC/gTOC,生气窗超过 20 mgHC/gTOC)时,吸附因子减少10。这可能是由于降低能量的一个机能,可以吸附分子量小的链烷烃,但在任意情况下气流量都将增大。二次裂解可以在其他非页岩储层中发生,如得克萨斯州东部的Bossier 页岩气体系统。在该系统致密的砂岩和泥页岩中存在大量的焦沥青,这一点较好地验证了上述情况(Emme 等,2002;Chaouche,2005)。

2. 页岩气富集的分界点

在 Barnett 页岩气体系统中,R_o 为 1.1% 是一个关键值。当 R_o 超过 1.1% 时,封闭滞留在烃源岩孔隙内的石油开始裂解成气体和凝析油,可以开采 Barnett 气体。以前的研究说明,石油只有在低于 150℃ 时才能保持稳定状态,高于 150℃ 时不可能存在石油。然而,现场证据、实验室证据和理论计算说明,200℃ 时石油仍能保持稳定。Waples(2000)使用动力学数据(模型中组分的裂解、重质碳氢化合物的破坏、气体组成以及石油和天然气经验数据)推导出在自然条件下石油裂解为天然气的动力学表达式。他的研究成果与以前的研究相比,石油裂解的热应力较高;而与近期的研究相比,石油裂解的热应力较低。将 Waples 的动力学结果外推到地质加热速率条件下,并绘制研究结果与 R_o 计算值关系图(图 3-2)。结果显示,当 R_o=1.1% 时,石油裂解的程

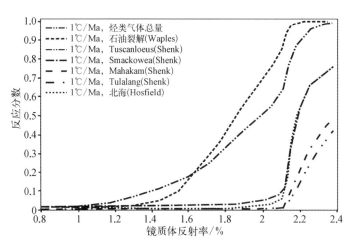

图3-2 基于此研究动力学参数得出的碳氢化合物气体总产量的转化率和基于 Waples(2000)、Schenk 等(1997)、Horsfield 等(1992)的动力学参数得出的石油裂解

度低于 1%。当石油裂解程度为 50% 时，R_o 须达到 1.86%。这表明当成熟度 R_o<1.6%（转化率小于 15%）时，Barnett 页岩中气体几乎不是石油裂解的产物，而主要是干酪根裂解的产物。

上述结果表明，当 R_o 低于 1.6% 时，生成的大部分气体来源于干酪根裂解，这也说明由于矿物的基质效应，石油裂解的动力学参数不能用于烃源岩中保存的石油。从 Barnett 页岩气体系统的观测结果中可以看出，在烃源岩中滞留的石油在 R_o<1.1% 时开始裂解，这说明在天然系统的常规油藏中，适用于石油裂解的 Waples 裂解动力学参数不一定能应用于滞留在烃源岩中的石油裂解。Waples(2000) 有力地论证了石油动力学参数在天然系统中的通用性。该研究中的气体生产曲线与 Waples 曲线相似（图 3–2），但不包括此研究中在较低的 R_o 时的气体生成（R_o 为 1.2% 时生成 5%），Waples 的研究是在 R_o 为 1.5% 时的气体生成（5%）。此研究中早期产生的气体来自干酪根和沥青裂解。图 3–2 中包含的 Waples 生成曲线、Schenk 生成曲线和 Horsfield 生成曲线也同样表现出预期的石油裂解多样性。然而，如果源岩中滞留的石油裂解对于 Barnett 页岩气体的生成很重要，且 Waples 曲线、Schenk 曲线和 Horsfield 曲线具有代表性，则应重视其他反应过程（如与干酪根和矿物催化剂的反应）在气体生成过程中的作用。

在此研究中，用干酪根离析物来建立页岩气体的生成模型。干酪根含有自由基团（Aizenshtat 等，1986；Baker 等，1988,1990），并且可以作为自由基引发剂，使滞留在页岩系统中的石油裂解生成气体。我们认为，在实验室中生成的石油与自由基引发剂的反应促进了在低热成熟度（低于其他石油裂解模型的预测）下生成气体。然而，这不能完全解释 Jarvie 等（2004）在 Barnett 页岩中观察到的现象。

Jarvie 等（2004）的工作说明，在 Barnett 页岩中滞留的大部分石油在 R_o=1.1% 时裂解，可采出页岩中的气体。该研究中的实验说明，生成的石油与干酪根的反应能部分解释 Barnett 页岩中滞留石油的早期裂解——通过有机质同矿物质反应（Tannenbaum 和 Kaplan，1985）或与过渡金属（Mango 和 Hightower，1997；Mango 和 Elrod，1998）反应而导致的干酪根或沥青催化裂解，也能解释 Barnett 页岩中滞留石油向气体的转化。在实验室中，黏土矿物对碳氢化合物的生成影响很大，有机物会吸附在矿物表面（在自然系统中和实验室中），蒙皂石和伊利石黏土矿物与干酪根能显著改变碳氢化合物的成分。与只存在干酪根的情况相比，有蒙皂石存在时，从干酪根中生成的 C_{1-6} 的数量增加了 4 倍（Tannenbaumand Kaplan，1985）。C_{1-6} 的产量在含有伊利石的情况下虽然不及含有蒙皂石的情况高，但仍高于只有干酪根的情况，伊利石对气体以及凝析物的生成（从干酪根中）有很大的影响。蒙皂石、伊利石、伊/蒙混层、高岭石、绿泥石、石英、长石和碳酸盐在页岩中普遍存在。页岩含水，水在裂解实验中可以降低黏土对碳氢化合物生成的影响，虽然在页岩中和常规油田中石油稳定性的差异较大，但可以利用上述观测结果消除黏土矿物对碳氢化合物生成的巨大影响。

Mango（2001）总结了对裂解气体和自然气体组成之间差异的多种解释。在石油转化为甲烷的实验中，证明了过渡金属催化剂的作用。在 175℃、H_2 干气活化 NiO/SiO_2 催化剂的条件下，预计石油的半寿期为 350 000 年。在自然系统中，量化了过渡金属的重要性。此外，如果在 175℃ 的温度下持续存在湿气成分，则几百万年也无法达到细粒沉积物中石油转化为甲烷的半寿期。虽然我们对使用过渡金属催化剂进行的气体生成实验结果很感兴趣，这对于残留在页岩中的石油裂解很重要，但目前尚没有证据证明在自然系统中存在这些过程。

3. 排烃效率

Ⅰ-Ⅱ₁ 型烃源岩由于在"生油窗"阶段生成了大量石油并排出，使得精确地求取烃源岩在不同热演化阶段的生气量比较困难。在以前的研究中常以在密闭体系下的热模拟生气量作为 Ⅰ-Ⅱ₁ 型烃源岩的总生气量。但从现在的勘探实践来看，在塔里木等盆地 Ⅰ-Ⅱ₁ 型烃源岩分布区发现了大量的油藏，这表明烃源岩在地质体中经历过大量排油的过程，可以认为 Ⅰ-Ⅱ₁ 型烃源岩生烃体系至少是半开放体系，因此，对于 Ⅰ-Ⅱ₁ 型烃源岩来说，以前通过封闭体系热模拟求取的生气量明显偏高。在烃源岩源内体系中，生气量的构成主要由干酪根裂解气和源岩中残余油裂解气两部分组成，干酪根裂解气可以通过烃源岩在开放体系下的热模拟实验求取，残余油裂解气量与烃源岩排油效率有很大的相关性。

烃源岩内的残余油裂解气量主要受烃源岩的排油效率影响。图 3-3 根据实验测定的 Ⅰ-Ⅱ₁ 型烃源岩残余油量与成熟度的分布关系，在烃源岩成熟度 R_o 为 0.8% 时的残余油含量最高，在 R_o 为 1.1% 时残余油含量为 70 mg/g_{TOC}，原油裂解气开始生成的温度一般较高，源内残余油的裂解起始温度约为 140℃，对应的 R_o 值约为 1.1%。显然，

R_o 为 1.1% 之前烃源岩中的残余油还没有开始裂解,因此,认为烃源岩 R_o 在 0.8% ~ 1.1% 时的残余油差值主要是由排油作用造成的。但是,在 $R_o > 1.1\%$ 以后烃源岩中的残余油量逐渐降低,在 R_o 为 1.8% 时降低到 35 mg/g$_{TOC}$,这部分残余油的降低可认为是由裂解成气作用导致的。从图 3-4 中可以看出,烃源岩中残余油最大裂解气量可大于

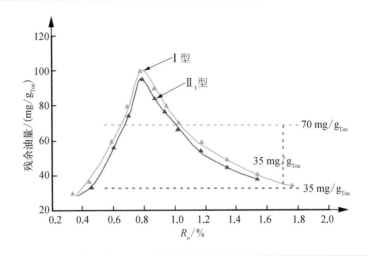

图 3-3　I-II₁型烃源岩残余油量与成熟度的分布关系(胡国艺等,2014)

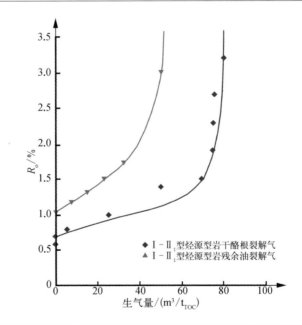

图 3-4　I-II₁型烃源岩在不同成熟度时的残余油和干酪根裂解气量(胡国艺等,2014)

$40 \ m^3/t_{TOC}$。干酪根生气量采用胡国艺等（2004）利用开放体系的生气模拟实验对 I -
II_1 型烃源岩的测定结果,大量生气在 R_o 为 1.0% ~ 1.5% ,累计生气量达 84.22 m^3/t_{TOC} 。

3.2.2 腐殖型页岩气的形成与演化

1. 煤系有机质的成烃特点

1）有机质丰度高、烃转化程度低

煤系有机质丰度和性质的特点是高丰度、低转化。煤、炭质泥页岩以及部分腐殖
型暗色泥页岩的有机碳、沥青、烃、总生烃潜量等指标均高过一般生油岩,而单位质量
有机碳的烃转化率均大大低于生油岩。如煤的"A"/C 比一般为 2%（个别可达 4%）、
烃/碳比一般小于 1% ,腐殖型泥页岩"A"/C 比一般为 2% ~ 5% ,烃/碳比为 1% ~ 3% ;
一般生油岩的"A"/C 比和烃/碳比分别为 5% ~ 20% 和 3% ~ 10% 。两者在液态烃生
成能力上悬殊。再如热模拟实验证明,不同地区四个层系八块煤样最终产烃气平均为
171 $m^3/t_{原煤}$（68 ~ 232 $m^3/t_{原煤}$）,高峰期产油约 30 $kg/t_{原煤}$（0.14 ~ 45 $kg/t_{原煤}$）;泌 80
井一块生油岩样最终产烃气量为 454 $m^3/t_{有机质}$,高峰期产油约 160 $kg/t_{有机质}$,两者产
气能力相差 1.9 ~ 6.6 倍,产油能力相差 2.6 ~ 1 000 余倍。另外,用热解分析有效碳/
总碳（CP/C_{OT}）倍标比较,煤和腐殖干酪根的成烃效率只相当于生油干酪根的 1/3
左右。

这两者的丰度及成烃能力差异主要由它们的母质类型和组成结构所决定。烃类
是以脂链（脂环）为主、氢碳比最高的碳氢化合物。甲烷的 H/C 原子比高达 4,一般石
油的平均 H/C 原子比约为 1.7 ~ 3.8。煤系有机质恰恰富含低氢碳比的芳核、缺乏高
氢碳比的脂链。从成烃演化机理上看,由于芳环碳之间的 π 键结合力强,在热演化中
主要以缩聚为主,成烃主要表现为脂链脱落和桥键分化并伴随脱氧加氢等。母体结构
如无较多脂链和氢元素,其成烃效率必然较低。但是,高丰度特征显然是对低成烃效
率的补足,在综合评价时应予以考虑。

2）低分子烃产出倾向

实践表明,煤系油气源岩即使处在"生油窗"成熟阶段,也可以产出以天然气为

主的低分子烃类。鄂尔多斯盆地胜利井构造来自煤系的油气,其气油比为23 000~99 000 m³/t原油,重烃含量为5%~8%,利用地球化学方法推测母岩成熟度为0.88%~1.18%。戴金星曾汇集国内外8个以煤系为烃类源岩的含气盆地资料,源岩成熟度为0.5%~1.35%,其气油能量比一般大于10,相应成熟度油型气的气油能量比均小于1。热模拟成烃实验也证明,即使是产油率最高的煤(表3-1),其气油比也比生油岩高得多。

煤系母质的这一产烃倾向并不是通常的裂解所造成的,而是有其分子结构上的内在原因。煤中脂肪侧链的平均长度仅1.8~5.0Å,且随煤化程度加深而变短(陶著等,1984)。生油干酪根则不同,根据高锰酸盐碱液氧化法和显微热解法研究美国格林河页岩干酪根(Ⅰ型)的资料发现,其降解碎片主要为$C_{10}-C_{36}$的烃类。所以,成油干酪根当处于"生油窗"成熟阶段时总是以产油为主。由此看来,沉积有机质母质与产物之间性质上的相反相成是宏观的一种必然现象,这一现象也存在于煤系有机质的成烃演化进程中。

煤系有机质分子结构中以短脂肪链占优势,这种情况与低氢碳比元素组成相对应。由于缺乏足够数量的氢元素,使其宏观结构偏向芳香性,且不易形成饱和的长脂肪链。

3)产出较多的二氧化碳等非烃

据资料显示,三种类型干酪根的热解气组成差异显著(表3-2)。腐泥型干酪根生成气中氢气含量很高,可能是由于实验压力偏低、加氢反应受抑制造成的。腐殖煤生成气中二氧化碳比例很高,二氧化碳是成烃母体在热降解过程中脱羧、去羰基的产物。由于高等植物生长于充氧的大气环境,沉积于还原程度偏低的水体中,因而在成烃母体中富集了较多的含氧基团。脱除含氧基团的产物通常是二氧化碳和水。

二氧化碳组分的富集在煤的低-中演化阶段产物中比较突出,这在实际产出的天然气中也得到了反映。如琼东南盆地崖13-1构造天然气中CO_2含量高达8%~10%,但在一般煤系气中CO_2含量均低于3%,这可能由于是气的重力分异和CO_2在水中溶解度高造成的。

镜质体反射率/%		0.36	0.5	0.7	1	1.3	2	2.5
油/气 /(kg/m³)	云南柯渡第三系褐煤	0	0	1.05	0.81	0.81	0.03	0
	泌80井E核3生油岩	34.65	5.47	5.35	4.88	3.6	0.58	0.05
产油量 /(kg/t有机质)	云南柯渡第三系褐煤	0	0	14.0	37.0	40.0	7.0	0
	泌80井E核3生油岩	5.7	9.0	48.0	126.0	158	100.0	22.0

表3-1 煤与生油岩热模拟实验产出油气对比

气组分/%　　样品	腐泥型干酪根	混合型干酪根	褐　煤
CH_4	12.17	11.36	9.98
C_2^+	7.13	7.8	5.36
CO_2	15.24	33.06	70.36
H_2	61.03	31.47	1.5
其他	4.41	16.31	12.49

表3-2 300℃，100 h 加热试验后三种干酪根热解气成分比较（据王涵云等，1982）

4）一级降解为主的成烃途径

烃类演化的高级产物是甲烷。在有机质成烃演化中期，除甲烷外，还有重烃气、沥青、油等中间产物。以最初生成甲烷量为100%计算中间产物转变而成的甲烷百分比可建立煤或干酪根的成烃降解流程。根据热模拟实验结果计算：对一般腐殖煤来说，来自残留沥青裂解的甲烷约占7%，来自烃质油裂解的甲烷约占13%，直接来自母体煤一级降解的甲烷约占80%。在用相对镜质体反射率绘制烃演化曲线时，可以看到沥青先于油出现峰值，而我们是按各自的峰值进行计算的，所以这里的一级降解百分数只可能偏低。根据相同条件下的实验资料计算可得，在生油岩中来自残留沥青裂解的甲烷约占19%，来自原油裂解的甲烷约占30%，直接来自干酪根的约占51%。实验结果说明，煤的成烃性质越差，降解的沥青、油等中间产物越少，其一级降解百分率越高。

根据自然样品的分析，生油岩沥青与原油之间往往在性质上有亲缘关系。而煤沥青与轻质油性质相差甚远，且在沥青里一般检不出轻质油，这就意味着煤中轻质油和天然气的初次运移并不依赖于通常所说的压实作用，而主要依靠热力化学的分异作用。

2. 煤系有机质的成烃演化阶段划分

1）自然演化剖面和热压模拟成烃试验所提供的若干成烃演化界线

在建立以镜质体反射率为尺度的鄂尔多斯地区石炭-二叠系腐殖煤和暗色泥页岩有机质热演化剖面中发现，煤系有机质在以下几方面不同于成油干酪根。① 煤和腐殖型干酪根的氢碳原子比下降的速度与幅度比成油干酪根小；② 腐殖煤在 R_o 值为 $0.5\% \sim 0.7\%$ 的演化阶段出现了脂肪族基团比 $R_o < 0.5\%$ 时更为富集的异常情况。这说明腐殖煤在此演化阶段时大量脱除含氧基团，不仅弱化了脂族基团的微量减少，而且使其从相对组成中突出出来。具有相似情况的还有生油潜力指标 $S_1 + S_2$，沥青增加过程不明显。以"A"/C 计，腐殖型泥岩可增加一倍，煤则很难确定是否存在沥青增加过程。生油岩在热演化过程中的沥青量可比未熟时增加 3 倍。

在自然演化剖面中，获得了几处与烃类生成、运移有关的界线：① 腐殖煤的 R_o 值为 0.7% 左右是沥青的转化下降点，这说明沥青降解曾在其后的演化阶段为烃类生成发挥了重要作用。② 正烷烃高碳数部分的"奇偶优势"在 R_o 值为 0.73% 以后基本消失，在 R_o 值为 0.85% 时"碳数前移"，类似于井下产出的轻质油碳数分布。可以认为，液态烃生成和运移是在 R_o 值为 $0.7\% \sim 0.8\%$ 时开始的。③ 暗色泥页岩沥青"A"/C、烃/C 曲线的下降拐点大约在 R_o 值为 $0.9\% \sim 1.0\%$ 的成熟阶段。芳烃甲基菲指数（MPI_3）在 R_o 值为 $1.1\% \sim 1.25\%$ 时急剧增大。这都证明了热裂解作用和重排反应的发生，这一变化应和湿气、凝析油的生成有关。

热压模拟成烃实验中获得的成烃界线是：① 甲烷在 $R_o < 3.5\%$ 之前持续增加，在此以后则由于高温裂解为氢气和元素碳而减少；② C_2^+ 重烃气体在 R_o 为 $0.5\% \sim 0.7\%$ 时开始生成，在 R_o 为 1.75% 时达到高峰，R_o 为 3.5% 时消失；③ 轻质油于 R_o 为 $0.6\% \sim 0.7\%$ 时开始生成，在 R_o 为 1.25% 左右达到高峰，R_o 为 2.5% 时消失；④ 煤中残留沥青在 R_o 为 $0.5\% \sim 0.7\%$ 时有少量增加，腐殖型泥页岩的残留沥青在 R_o 为 $0.7\% \sim 0.8\%$ 时出现峰值，两者的沥青均在 R_o 为 $1.5\% \sim 1.8\%$ 时减少至痕量。

2）煤系有机质的成烃演化阶段

按成烃转化的能力不同，可将煤系有机质的成烃演化全过程分为生物化学和地球化学两大阶段。第一阶段主要依靠微生物和化学分解作用完成死亡植物向泥炭的转化；第二阶段主要依靠热力等作用完成泥炭向褐煤、烟煤、无烟煤的转化或未成熟泥页岩干酪根向过成熟阶段的转化。

按生成排出产物的变迁可分成五个阶段：R_o<0.5% 为生化甲烷阶段；R_o 等于 0.5%~0.7% 为热解烃生成初级阶段；R_o 等于 0.7%~1.25% 为气油兼生阶段；R_o 等于 1.25%~2.25% 为湿气阶段；R_o 等于 2.25%~4.5% 为干气阶段(图 3-5)。

（1）生化甲烷阶段

这一阶段包括快速氧化和还原条件下缓慢转化两个相互衔接的作用过程（Kurbatov,1963;B.P.Tissot 等,1982）。最初,当植物死亡后,其残体或原地倒伏或经河水携带沉积于空气流通的表层淤泥中,经水解及大量真菌或喜氧细菌的分解,变成水、二氧化碳并损失掉。但在死水厌氧沼泽中,部分有机质被分解,转变成腐殖酸被保存。随着沉积物的堆积,泥炭进入透气性差的还原界面之下,腐殖酸将进一步聚合成腐黑即褐煤或腐殖型干酪根的前身物。这种聚合作用主要是以搭桥方式将各单元化合物连接成较大的三维网络,尚不能引起芳核的缩聚。分析表明,腐殖酸或褐煤是一种结构松散、元素复杂、结构单元多样的大分子聚合物。

甲烷菌和其他还原性细菌的厌氧发酵作用是这一阶段烃类生成的主要途径（Tissot 等,1982）。其作用机理是泥炭有机物所含纤维素、半纤维物质在纤维素分解菌、产氢产乙酸菌、甲烷菌的分步联合作用下进行的还原性分解。目前我国已知的这类气体形成工业聚集的有柴达木盆地七个泉组和辽河断陷有关地区。气体甲烷碳同位素小于 −55‰是判别这类成因气的主要依据。

甲烷是烃类气体的主要成分。柴达木盆地七个泉组产出的天然气其组成中,CH_4 为 97.84%、N_2 为 2.05%、CO_2 为 0.11%,$\delta^{13}C_1$ 为 −66.4‰。内蒙古河套第四系产出气也属于生物成因气,其组成中 CH_4 为 73.32%、N_2 为 26.69%、CO_2 微量,未检出重烃,$\delta^{13}C_1$ 为 −72.0‰和 −77.9‰。

（2）热解烃生成初级阶段

热解烃生成初级阶段是据腐殖煤及腐殖干酪根的特殊性质划出的。在这一阶段,可见到煤及干酪根中含氧基团大幅降低,氧元素急剧减少,二氧化碳为热解气体中的主要成分,脂肪基团和生烃潜量相对升高。

发生在热力作用早期的这种降解情况实际上是符合有机反应中的"键离解能"原则的。煤和腐殖型干酪根是由大量稳定和不稳定结构单元组成的高聚物。在热力作

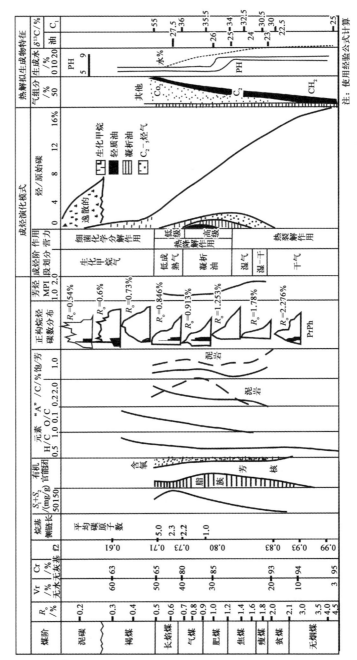

图3-5 上古生界煤系有机质成烃有机质成烃演化模式(中国天然气地质学第四卷)

用下,不稳定结构单元逐渐被降解或裂解,稳定结构单元逐步富集。各种结构单元的稳定度,即键离解能大小决定了各种官能团的脱落顺序,由此造成了不同热演化阶段的不同降解产物。在条件相同的情况下,其 C—C 键热稳定性大致有如下规律:芳烃 > 环烷烃 > 链烷烃;稠环芳烃 > 低环芳烃;短链烷烃 > 长链烷烃;对称共价键 > 极性共价键等。在低温热力作用下,降解首先发生在低能量的键位上,造成脱羧、脱水,分解出较长侧链的烃和非烃,因而产出大量 CO_2 和水(水呈酸性),同时可溶沥青也有所增加,伴随少量甲烷生成。这一阶段产出甲烷的 $\delta^{13}C_1$ 为 $-55‰ \sim -38‰$。

(3)气油兼生阶段

在前一阶段大量排出含氧结构的基础上,此时进入生烃排烃的"旺季"。煤中碳的富集、H/C 比下降、总生烃潜量减少趋势较为明显,氧的释放变得较为缓慢。大部分煤在此阶段可生成一些轻质油(少部分煤仅产湿气),C_2^+ 重烃气变多。

H. C. 格良兹罗夫指出,有机聚合物热解的基本规律是在已形成的分离产物之间进行氢的重新分配。一些热解产物被氢饱和形成稳定的饱和分子,而另一些则缺氢成为游离基或不饱和物参与缩聚反应或加成反应(陶著等,1984)。换言之,煤在热力作用下一方面生成了富氢的、分子量小的气态、液态烃;另一方面残余煤进一步缩聚成更为贫氢的稠环芳核。这种过程又具体反映在桥键的分化上。桥键分化可能出现下列情况:部分桥键闭环脱氢芳构化、部分桥键脱落为带烯键的烷烃,前者脱出的氢加合到后者的烯键碳上使之成为饱和烷烃。

由于烃类的排出,母体煤或干酪根的性质急剧下降,芳香性迅速增强。煤中 H/C 原子比从 0.9 左右降至 0.7 左右,芳环碳与总碳之比(fa)从 0.73 左右升至 0.81 左右。煤中 O/C 原子比仍有下降趋势,从 0.2 降至 0.06 左右,不过此时主要脱出羰基和酚类形式的氧。因此,除产出烃类外,仍有部分二氧化碳。此时,煤或泥页岩中沥青急剧减少,大部分解体成可运移烃并排出。

此阶段产出的甲烷 $\delta^{13}C_1$ 为 $-38‰ \sim -34‰$。在此值区间,即与演化阶段相当的工业性气田有四川盆地上三叠统须家河组、鄂尔多斯盆地石炭—二叠系及琼东南盆地崖 13 - 1 含气构造等。

(4)湿气阶段

湿气阶段的最主要特点是从热降解成烃进入热裂解成烃状态。降解主要是以官能团或链的脱落为主;裂解是指链的打碎。在 R_o 为 0.7%~1.25% 时,热解油 $\delta^{13}C <$ 煤样 $\delta^{13}C$;越过 R_o 为 1.25% 界线时,$\Delta(\delta^{13}C_油 - \delta^{13}C_煤)$ 开始出现正值。这表明,在此之前热解油来自煤,在此之后油来自本身的裂解分异作用,^{12}C 更多地形成了气。这一阶段还可以分成两部分:R_o 为 1.25%~1.75% 时,生油终止,煤产出的和油裂解出的重烃气达到高峰;R_o 为 1.75%~2.25% 时,产出重烃减少、重烃外始裂解为干气,可视为干-湿过渡带(图3-6、图3-7)。

图3-6 煤样热模拟成烃试验各种烃类产出随 R_o% 变化

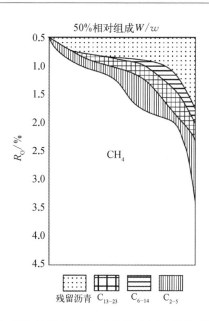

图3-7 鄂尔多斯盆地煤中似石油物质荧光镜质体随 R_o% 变化

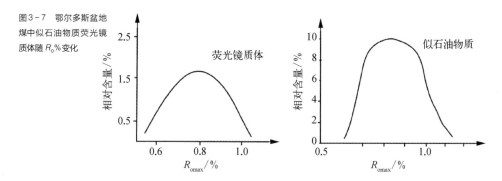

这阶段的沥青从 R_o 为 1.25% 时的少量减至 R_o 为 1.75% 时的痕量。已生烃量可达 50%~65%。含氧脱除可忽略。煤中 H/C 原子比从 0.7 左右降至 0.55 左右,O/C 原子比从 0.06 左右降至 0.02 左右;fa 从 0.81 上升至 0.87。此阶段甲烷的 $\delta^{13}C_1$ 为 −34‰~−30‰。类似该演化阶段的工业气藏有东濮凹陷文留气田、松辽盆地侏罗系等。

(5)干气阶段

干气阶段的主要特点是高温裂解成烃。煤、干酪根和生成物都达到了最稳定结构,生成烃和储集烃充分裂解,甲烷含量占绝对优势($C_2^+ < 2\%$)。高温裂解氢气的出现(含量 5%~10%)使煤中 H/C 原子比从 0.55 降至 0.21 左右,O/C 原子比从 0.02 左右降至 0,fa 从 0.87 升到 1.0。当 $R_o \geqslant 3.5\%$ 时,煤的结构从迭合芳香片向半石墨形式过渡。热模拟实验说明,此阶段还有 35%~50% 的烃未转化。甲烷的 $\delta^{13}C_1$ 从 −30% 变化至 −25%,最终和母体煤的 $\delta^{13}C$ 值相等。

3)煤化作用中煤或干酪根的组成、结构演变趋势

(1)碳化趋势:由泥炭阶段的组成中含 C、H、O、N、S 五种元素,演变到无烟煤阶段基本上只含碳一种元素。煤化作用过程也可以称作异种元素排出过程,是以其他元素和碳结合成挥发性化合物的方式排出。因此可见,随煤化程度的增加,挥发物含量减少,含碳量上升。

(2)结构单一化趋势:由泥炭阶段含多种官能团的结构,逐渐演变到无烟煤阶段只含缩合芳核的结构,最终又演变成石墨结构,煤化作用过程实际上是顺序排除不稳定结构的过程。

(3)结构致密化和定向排列趋向:前已述及,煤是一种以芳环为核心的复杂聚合物体系。随着煤化作用的进行,芳香片逐步加大、层数增多,由无序堆积过渡到层状有序堆积,使颗粒反光能力增强,即镜质体反射率增大。

(4)煤显微组分性质的一致性倾向:在煤的低演化阶段,煤组分光性区分和化学组成结构差异明显。但是随着煤化和成烃作用的进行,煤中各种组分的光性趋向一致(颜色加深、反光能力增强,壳质体接近镜质体、镜质体接近丝质体),化学结构组成也趋向一致,从而不易区分。

由于上述四种演化趋势的存在,使得煤的工艺性质、化学组成发生了一系列变化。

同时使得煤在演化过程中生成各种挥发物,尤其是烃类的性质组成及其地球化学特征的一系列变化。造成上述四种演化趋势的根本原因在于芳构化的反应机理。

3. 排烃效率

煤及煤系泥页岩作为"全天候烃源岩",煤成气的生成贯穿于成煤作用的整个演化过程。但目前对于煤及煤系泥页岩在各演化阶段产气率的研究仍存在一些争议,主要表现在以下两个方面:一是煤系烃源岩最大生气量问题;另一个是煤生气的成熟度上限问题。早期的观点一般认为,煤生气结束的成熟度上限 R_o 值接近 2.5%,在 2.5% ~ 3.0% 之后生气潜力很低,对于成熟度 R_o 值大于 0.5% 的腐殖煤产气率一般不超过 200 $m^3/t_{煤}$。国外学者认为,煤系烃源岩在高演化阶段有机质可以重新组合形成新的干酪根,在更高的演化阶段(R_o 值达到 5.0%)还可以生成大量的天然气;张水昌等(2013)认为,煤系烃源岩在生气时限和生气量上均有增加,生气的成熟度上限由以前认为的 R_o 值为 2.5% 增加到 5.0%,总生气量由以前的不高于 200 m^3/t_{TOC} 增加到 300 m^3/t_{TOC} 以上。在对煤系烃源岩排气效率作出评价时,采用张水昌等提出的煤系烃源岩生气模式,即生物-热共同作用阶段($R_o < 0.5\%$),煤系烃源岩生气量分布在 38 ~ 68 200 $m^3/t_{煤}$;生油窗阶段($R_o = 0.5\% \sim 1.3\%$),生气量约为 80 m^3/t_{TOC};主生气阶段($R_o = 1.3\% \sim 2.5\%$),生气量为 80 ~ 120 m^3/t_{TOC};第四阶段即过成熟干气演化阶段($R_o = 2.5\% \sim 5.0\%$),生气量可达 100 ~ 150 m^3/t_{TOC}(胡国艺等,2014)。

第 4 章

页岩气
地球化学

4.1   页岩气组分

页岩气作为一种非常规天然气,其组分与常规天然气基本没有差别,甲烷含量最高,其次是乙烷,并含有少量的丙烷、正丁烷、异丁烷等,非烃类气体主要为 CO_2 和 N_2。根据目前的研究报道,页岩气组分中,甲烷含量范围为 11.55% ~ 99.59% ,乙烷为 0.01% ~ 23.96% ,丙烷为 0.01% ~ 38.35% ,异丁烷为 0.01% ~ 4.88% ,正丁烷为 0.01% ~ 9.8% ,异戊烷为 0.01% ~ 0.55% ,正戊烷为 0.01% ~ 0.57% , CO_2 为 0.01% ~ 14.82% , N_2 为 0.01% ~ 15.84% 。

由于盆地和成熟度范围不同,天然气组分也有差异。美国 Fort Worth 盆地 Barrnet 页岩成熟度在 0.5% ~ 2.0% ,页岩气中甲烷含量为 75.04% ~ 97.37% ,乙烷为 0.74% ~ 13.09% ,丙烷为 0.02% ~ 5.62% ,异丁烷为 0.01% ~ 0.98% ,正丁烷为 0.01% ~ 1.69% ,异戊烷为 0.01% ~ 0.55% ,正戊烷为 0.01% ~ 0.57% , CO_2 为 0.25% ~ 3.55% , N_2 为 0.25% ~ 2.12% 。

Arkoma 盆地的 Fayetteville 页岩成熟度为 1.2% ~ 4.0% ,页岩气中甲烷含量为 91.67% ~ 98.78% ,乙烷为 0.54% ~ 1.55% ,丙烷为 0.01% ~ 0.03% ,其他重烃含量极低,CO_2 含量为 0.48% ~ 7.07% 。

四川盆地龙马溪组页岩成熟度为 1.8% ~ 4.2% ,页岩气中甲烷含量为 95.52% ~ 99.59% ,乙烷为 0.23% ~ 0.68% ,丙烷为 0.01% ~ 0.03% , CO_2 为 0.01% ~ 1.48% , N_2 为 0.01% ~ 2.95% 。龙马溪组页岩气是目前已发现的页岩气中干燥程度最高的页岩气。

Illinois 盆地 New Albany 页岩成熟度为 0.4% ~ 1.0% ,页岩气中甲烷含量为 31.23% ~ 98.4% ,乙烷为 0.8% ~ 23.96% ,丙烷为 0.4% ~ 22.34% ,异丁烷为 0.02% ~ 0.2% ,正丁烷为 0.1% ~ 1.2% ,正戊烷为 0.3% ~ 0.7% , CO_2 为 0 ~ 10.23% , N_2 为 3% ~ 5.2% 。

Michigan 盆地 Antrim 页岩成熟度为 0.4% ~ 0.6% ,页岩气中甲烷含量为 60.77% ~ 97.87% ,乙烷为 0.01% ~ 11.92% ,丙烷为 0.01% ~ 4.9% , CO_2 为 0.23% ~ 14.82% 。

鄂尔多斯盆地三叠系延长组页岩成熟度为 0.4% ~ 1.3% ,页岩气中甲烷含量为 11.55% ~ 89.4% ,乙烷为 4.1% ~ 20.09% ,丙烷为 2.2% ~ 38.35% ,异烷烃为 0.39% ~ 4.88% ,正烷烃为 1.3% ~ 9.8% , CO_2 为 0.32% ~ 3.35% , N_2 为 1.11% ~ 15.84% (图 4 - 1)。

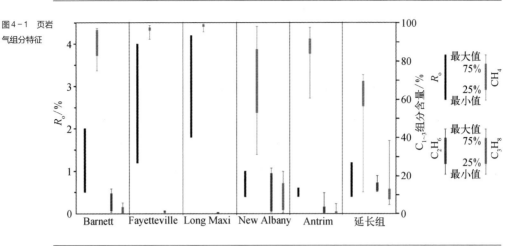

图4-1 页岩气组分特征

4.2 页岩气同位素特征

1. 碳同位素特征

Barnett 页岩气碳同位素特征如下：$\delta^{13}C_1$ 分布范围为 $-49.7‰ \sim -35.7‰$，$\delta^{13}C_2$ 分布范围为 $-41.7‰ \sim -17.2‰$，$\delta^{13}C_3$ 分布范围为 $-36.8‰ \sim -10.1‰$，$\delta^{13}CO_2$ 分布范围为 $-10.3‰ \sim 11.2‰$。

Fayetteville 页岩气碳同位素特征如下：$\delta^{13}C_1$ 分布范围为 $-41.9‰ \sim -35.4‰$，$\delta^{13}C_2$ 分布范围为 $-46.1‰ \sim -37.9‰$，$\delta^{13}C_3$ 分布范围为 $-45.2‰ \sim -33.6‰$，$\delta^{13}CO_2$ 分布范围为 $-20.3‰ \sim -4.1‰$。

四川盆地龙马溪组页岩气碳同位素特征如下：$\delta^{13}C_1$ 分布范围为 $-37.3‰ \sim -26.7‰$，$\delta^{13}C_2$ 分布范围为 $-42.8‰ \sim -31.6‰$，$\delta^{13}C_3$ 分布范围为 $-43.5‰ \sim -33.1‰$，$\delta^{13}CO_2$ 分布范围为 $-9.2‰ \sim -5.4‰$。

New Albany 页岩气碳同位素特征如下：$\delta^{13}C_1$ 分布范围为 $-56.3‰ \sim -48.4‰$，$\delta^{13}C_2$ 分布范围为 $-48.1‰ \sim -41.8‰$，$\delta^{13}C_3$ 分布范围为 $-39.8‰ \sim -36‰$，$\delta^{13}CO_2$ 分

布范围为 $-16.7‰ \sim -11.3‰$。

Antrim 页岩气碳同位素特征如下：$\delta^{13}C_1$ 分布范围为 $-57.9‰ \sim -43‰$，$\delta^{13}C_2$ 分布范围为 $-48‰ \sim -34.2‰$，$\delta^{13}C_3$ 分布范围为 $-38.4‰ \sim -14.5‰$，$\delta^{13}C_3$ 总体偏重。

鄂尔多斯盆地三叠系延长组页岩气碳同位特征如下：$\delta^{13}C_1$ 分布范围为 $-51.33‰ \sim -38.25‰$，$\delta^{13}C_2$ 分布范围为 $-40.96‰ \sim -37.57‰$（图 4-2）。王香增等（2014）也分析了鄂尔多斯盆地长 7、长 9 段岩心样品的碳同位素组成，结果表明：甲烷碳同位素组成为 $-50.9‰ \sim -44.3‰$，乙烷碳同位素组成为 $-38.2‰ \sim -31.1‰$（表 4-1），均具备偏腐泥型有机质形成的油型气的典型特征。

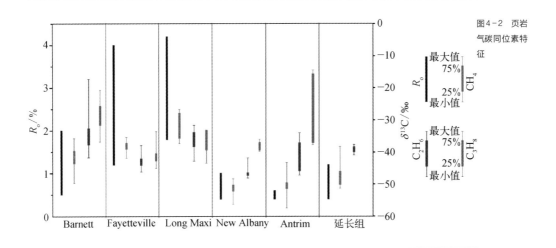

图 4-2 页岩气碳同位素特征

层　位	井　号	深度/m	$\delta^{13}C_1$/‰	$\delta^{13}C_2$/‰	$\delta^{13}C_3$/‰
长 7	YY7	1 147.99	−44.30	−35.80	−33.20
	X59	1 307.95	−46.60	−36.10	−31.40
	YY4−1	1 373.65	−46.50	−36.90	−32.20
	Y4−2	1 383.24	−48.30	−37.40	−32.30
长 9	L171	1 795.60	−50.70	−37.50	−33.30
	X57	1 135.00	−48.10	−36.70	−32.40
	YY7	1 307.13	−44.30	−35.80	−33.20

表 4-1 鄂尔多斯盆地延长组页岩岩心解析气碳同位素组成（王香增等，2014 修改）

2. 氢同位素特征

Barnett 页岩气氢同位素 δD 分布范围为 $-215‰ \sim -101‰$;Fayettebille 页岩气氢同位素 δD 分布范围为 $-153‰ \sim -123‰$;龙马溪组页岩气氢同位素 δD 分布范围为 $-159‰ \sim -136‰$;New Albany 页岩气氢同位素 δD 分布范围为 $-254‰ \sim -156‰$;Antrim 页岩气氢同位素 δD 分布范围为 $-260‰ \sim -207‰$。

4.3 页岩气地球化学指标异常

页岩气藏地球化学指标异常特征包括: ① 异丁烷/正丁烷($i-C_4/n-C_4$)、异戊烷/正戊烷($i-C_5/n-C_5$)"偏转";② 乙烷 $\delta^{13}C_2$ 和丙烷 $\delta^{13}C_3$ "偏转";③ 碳同位素"倒转"。

偏转是指 $i-C_4/n-C_4$、$\delta^{13}C_2$ 和 $\delta^{13}C_3$ 随成熟度的演化趋势出现转折;倒转是指 $\delta^{13}C_1$、$\delta^{13}C_2$ 和 $\delta^{13}C_3$ 的排列关系出现混乱,页岩气主要表现为正常排列 $\delta^{13}C_1 < \delta^{13}C_2 < \delta^{13}C_3$,部分倒转 $\delta^{13}C_2 < \delta^{13}C_1 < \delta^{13}C_3$ 和 $\delta^{13}C_2 < \delta^{13}C_3 < \delta^{13}C_1$,完全倒转 $\delta^{13}C_3 < \delta^{13}C_2 < \delta^{13}C_1$。

用湿度 $\left[\sum (C_2 + C_3 + C_4 + C_5) \middle/ \sum (C_1 + C_2 + C_3 + C_4 + C_5) \right]$ 或 $C_1/(C_2 + C_3)$ 来反映成熟度指标,本文使用 $C_1/(C_2 + C_3)$ 作为成熟度指标。

4.3.1 $i-C_4/n-C_4$ "偏转"

$i-C_4/n-C_4$ 随 $C_1/(C_2 + C_3)$ 关系表现为先升高后降低,转折端在 $C_1/(C_2 + C_3) = 20$ 附近,延长组页岩气、New Albany 页岩气和部分成熟度低的 Barnett 页岩气均分布在 $C_1/(C_2 + C_3) = 20$ 左侧区域;大部分成熟度高的 Barnett 页岩气和 Fayetteville 页岩气分布在 $C_1/(C_2 + C_3) = 20$ 右侧区域(图 4-3)。

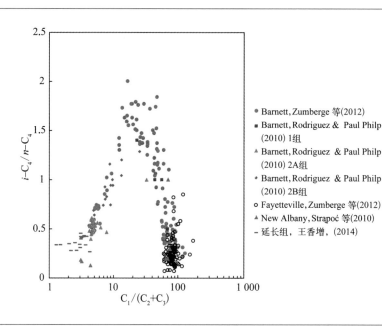

图4-3 $i-C_4/n-C_4$随 $C_1/(C_2+C_3)$变化

4.3.2　乙烷$\delta^{13}C_2$和丙烷$\delta^{13}C_3$"偏转"

1. $\delta^{13}C_1$随成熟度变化趋势

New Albany 和 Antrim 页岩气甲烷$\delta^{13}C_1$以 $< -50‰$为主,与成熟度关系不明显,具有生物气特征。除 New Albany 和 Antrim 页岩气外,$\delta^{13}C_1$随 $C_1/(C_2+C_3)$升高表现为阶梯状升高,随成熟度增加,$\delta^{13}C_1$变重,$\delta^{13}C_1$随成熟度变化表现为正常的演化趋势。Barrnet 页岩气(Rodriguez and PaulPhip,2010,Group 2A, Group 2B, Group 1)、Fayetteville 页岩气(Zumberge 等,2012)和龙马溪页岩气(Dai 等,2014)的成熟度呈递进式升高,其对应的$\delta^{13}C_1$相应变重,龙马溪组页岩气具有最重的$\delta^{13}C_1$(图4-4)。

2. $\delta^{13}C_2$随成熟度变化趋势

乙烷$\delta^{13}C_2$和丙烷$\delta^{13}C_3$随 $C_1/(C_2+C_3)$升高呈"Z"字形变化,随 $C_1/(C_2+C_3)$升高,先变重,后变轻,最后又逐渐变重,都发生2次偏转。

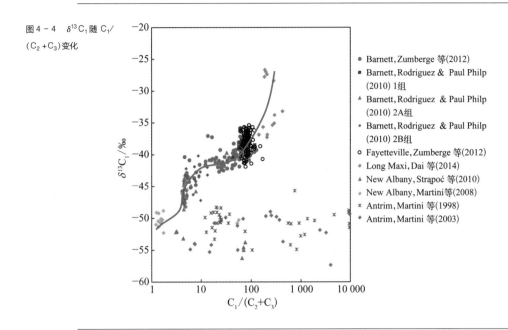

图 4 - 4　$\delta^{13}C_1$ 随 $C_1/(C_2+C_3)$ 变化

图例:
- Barnett, Zumberge 等(2012)
- Barnett, Rodriguez & Paul Philp (2010) 1组
- Barnett, Rodriguez & Paul Philp (2010) 2A组
- Barnett, Rodriguez & Paul Philp (2010) 2B组
- Fayetteville, Zumberge 等(2012)
- Long Maxi, Dai 等(2014)
- New Albany, Strapoć 等(2010)
- New Albany, Martini 等(2008)
- Antrim, Martini 等(1998)
- Antrim, Martini 等(2003)

$\delta^{13}C_2$ 的转折区大致对应于 $C_1/(C_2+C_3)$ 等于 10 和 80。$C_1/(C_2+C_3)<10$，$\delta^{13}C_2$ 随成熟度增加而变重；在 $C_1/(C_2+C_3)=10$ 附近为 $\delta^{13}C_2$ 转折区，$10<C_1/(C_2+C_3)<80$，$\delta^{13}C_2$ 随成熟度增加而变轻，与正常趋势相反；在 $C_1/(C_2+C_3)=80$ 附近，$\delta^{13}C_2$ 再次发生转折，$C_1/(C_2+C_3)>80$，$\delta^{13}C_2$ 随成熟度增加而变重（图 4 - 5）。Barnett 页岩气 $\delta^{13}C_2$ 分布在第一个变重和变轻阶段，Fayetteville 页岩气 $\delta^{13}C_2$ 主要分布在变轻阶段，龙马溪组页岩气 $\delta^{13}C_2$ 分布在第二个变重阶段。New Albany 页岩气 $\delta^{13}C_2$ 位于第一个变重阶段的下部和变轻阶段的下部，这可能是由于不同成因页岩气混合造成的。Antrim 页岩气在 $\delta^{13}C_2$ 也出现在第二个变重阶段，与后期氧化作用有关（Martini 等,2003）。

3. $\delta^{13}C_3$ 随成熟度变化趋势

$\delta^{13}C_3$ 的转折区大致对应于 $C_1/(C_2+C_3)$ 等于 20 和 80。$C_1/(C_2+C_3)<20$，$\delta^{13}C_3$ 随成熟度增加而变重；在 $C_1/(C_2+C_3)=20$ 附近为 $\delta^{13}C_3$ 转折区，$20<C_1/(C_2+C_3)<80$，$\delta^{13}C_3$ 随成熟度增加而变轻，与正常趋势相反；在 $C_1/(C_2+C_3)=80$ 附近，

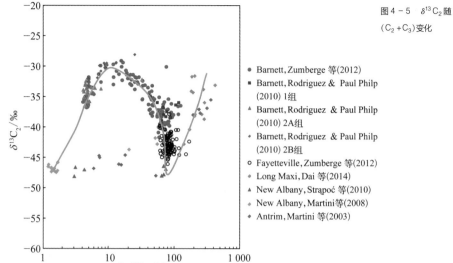

图 4 – 5　$\delta^{13}C_2$ 随 $C_1/(C_2+C_3)$ 变化

- ● Barnett, Zumberge 等(2012)
- ■ Barnett, Rodriguez & Paul Philp (2010) 1组
- ▲ Barnett, Rodriguez & Paul Philp (2010) 2A组
- ◆ Barnett, Rodriguez & Paul Philp (2010) 2B组
- ○ Fayetteville, Zumberge 等(2012)
- ◆ Long Maxi, Dai 等(2014)
- ▲ New Albany, Strapoć 等(2010)
- ◆ New Albany, Martini等(2008)
- ◆ Antrim, Martini 等(2003)

$\delta^{13}C_3$ 再次发生转折,$C_1/(C_2+C_3)>80$,$\delta^{13}C_3$ 随成熟度增加而变重(图 4 – 6)。Barnett 页岩气 $\delta^{13}C_3$ 分布在第一个变重和变轻阶段,Fayetteville 页岩气 $\delta^{13}C_3$ 主要分布

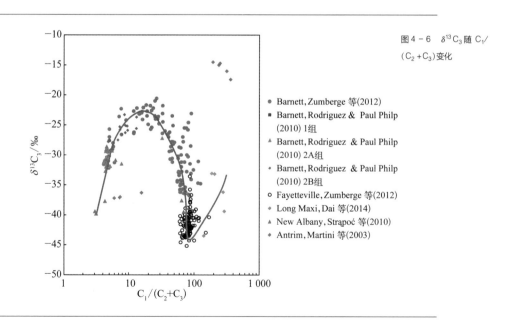

图 4 – 6　$\delta^{13}C_3$ 随 $C_1/(C_2+C_3)$ 变化

- ● Barnett, Zumberge 等(2012)
- ■ Barnett, Rodriguez & Paul Philp (2010) 1组
- ▲ Barnett, Rodriguez & Paul Philp (2010) 2A组
- ◆ Barnett, Rodriguez & Paul Philp (2010) 2B组
- ○ Fayetteville, Zumberge 等(2012)
- ◆ Long Maxi, Dai 等(2014)
- ▲ New Albany, Strapoć 等(2010)
- ◆ Antrim, Martini 等(2003)

在变轻阶段,龙马溪组页岩气 $\delta^{13}C_3$ 分布在第二个变重阶段。New Albany 页岩气 $\delta^{13}C_2$ 位于第一个变重阶段的下部和变轻阶段的下部。Antrim 页岩气在 $\delta^{13}C_3$ 也出现在第二个变重阶段,与后期氧化作用有关(Martini 等,2003)。$\delta^{13}C_2$ 和 $\delta^{13}C_3$ 随 $C_1/(C_2 + C_3)$ 的变化趋势具有相似性。

4. $\delta^{13}C_1$ 和 $\delta^{13}C_2$ 的关系

随着 $\delta^{13}C_1$ 变重,$\delta^{13}C_1$ 和 $\delta^{13}C_2$ 之间存在 $\delta^{13}C_2 > \delta^{13}C_1$ 和 $\delta^{13}C_2 < \delta^{13}C_1$ 两种关系。随着 $\delta^{13}C_1$ 变重,$\delta^{13}C_2$ 同样为"Z"字形变化趋势,呈"先变重、后变轻,又逐步变重"的趋势。但 $\delta^{13}C_2$ 变轻并不一定意味着 $\delta^{13}C_2 < \delta^{13}C_1$;同样,在第二个逐渐变重的阶段,也不一定意味着 $\delta^{13}C_2 > \delta^{13}C_1$(图4-7)。上述现象说明成熟度需要达到一定阶段以后才可能出现碳同位素的反转。

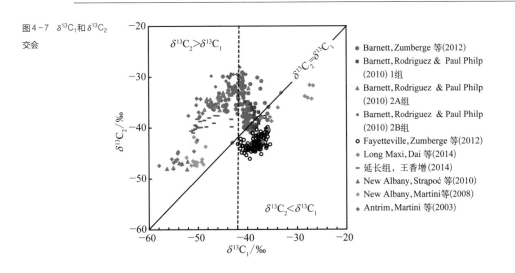

图4-7 $\delta^{13}C_1$ 和 $\delta^{13}C_2$ 交会

各页岩气表现为以下特征:① New Albany 页岩气、Antrim 页岩气、延长组页岩气、大部分 Barnett 页岩气均表现为 $\delta^{13}C_2 > \delta^{13}C_1$;② 少量 Barnett 页岩气、Fayetteville 页岩气和龙马溪组页岩气表现为 $\delta^{13}C_2 < \delta^{13}C_1$;③ New Albany 页岩气、延长组页岩气和表现为凝析气特征的 Barnett 页岩气(2A 组和 2B 组),$\delta^{13}C_2$ 和 $\delta^{13}C_1$ 具有正常的演化趋势;④ 高成熟度的 Barnett 页岩气和 Fayetteville 页岩气,$\delta^{13}C_2$ 随 $\delta^{13}C_1$ 变重而变

轻,甚至出现反转现象;⑤ 龙马溪组页岩气,$\delta^{13}C_2$ 随 $\delta^{13}C_1$ 变重而变重,但 $\delta^{13}C_2$ 和 $\delta^{13}C_1$ 之间发生反转。

5. $\delta^{13}C_1$ 和 $\delta^{13}C_3$ 的关系

随着 $\delta^{13}C_1$ 变重,$\delta^{13}C_1$ 和 $\delta^{13}C_3$ 之间也存在 $\delta^{13}C_3 > \delta^{13}C_1$ 和 $\delta^{13}C_3 < \delta^{13}C_1$ 两种关系。随着 $\delta^{13}C_1$ 变重,$\delta^{13}C_3$ 同样为"Z"字形变化趋势,呈"先变重、后变轻,又逐步变重"的趋势。与 $\delta^{13}C_1$ 和 $\delta^{13}C_2$ 关系一样,$\delta^{13}C_3$ 变轻并不一定意味着 $\delta^{13}C_3 < \delta^{13}C_1$;同样,在第二个逐渐变重的阶段,也不一定意味着 $\delta^{13}C_3 > \delta^{13}C_1$(图 4 - 8)。各页岩气 $\delta^{13}C_3$ 和 $\delta^{13}C_1$ 之间具有与 $\delta^{13}C_3$ 和 $\delta^{13}C_1$ 类似的特征(图 4 - 8)。

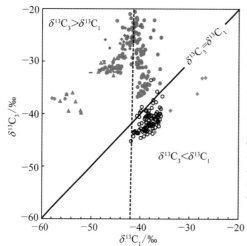

图 4 - 8 $\delta^{13}C_1$ 和 $\delta^{13}C_3$ 交会

- Barnett, Zumberge 等(2012)
- Barnett, Rodriguez & Paul Philp (2010) 1组
- Barnett, Rodriguez & Paul Philp (2010) 2A组
- Barnett, Rodriguez & Paul Philp (2010) 2B组
- Fayetteville, Zumberge 等(2012)
- Long Maxi, Dai 等(2014)
- 延长组, 王香增, (2014)
- New Albany, Strapoć 等(2010)
- Antrim, Martini 等(2003)

6. $\delta^{13}C_2$ 和 $\delta^{13}C_3$ 的关系

$\delta^{13}C_2$ 和 $\delta^{13}C_3$ 之间具有较好的正相关性(图 4 - 9),大部分数据都表现为正序排列,$\delta^{13}C_2 < \delta^{13}C_3$,只有部分 Fayetteville 页岩气和龙马溪组页岩气存在逆序排列,$\delta^{13}C_2 > \delta^{13}C_3$。$\delta^{13}C_2$ 和 $\delta^{13}C_3$ 之间虽具有较好的正相关性,但 $\delta^{13}C_2$ 和 $\delta^{13}C_3$ 并不具备随成熟度升高逐渐变重的趋势(图 4 - 5、图 4 - 6 和图 4 - 10)。

图 4 - 10 为包含成熟度信息 $[C_1/(C_2 + C_3)]$ 的交会图,交会图趋势呈"e"形,$\delta^{13}C_2$ 和 $\delta^{13}C_3$ 随成熟度增加总体保持了同步性。$C_1/(C_2 + C_3) < 20$ 时,数据点分布在

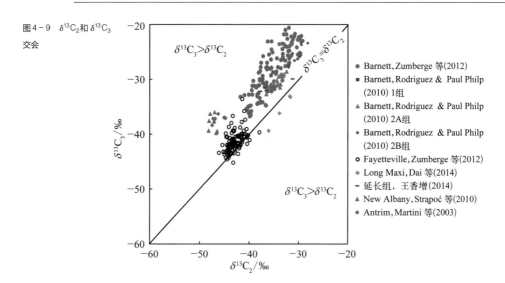

图4-9 $\delta^{13}C_2$和$\delta^{13}C_3$交会

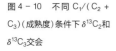

图4-10 不同$C_1/(C_2+C_3)$（成熟度）条件下$\delta^{13}C_2$和$\delta^{13}C_3$交会

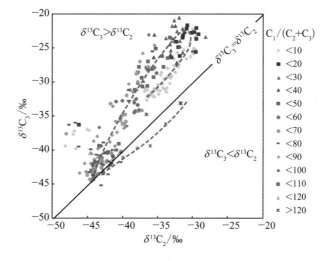

$\delta^{13}C_3 > \delta^{13}C_2$一侧且靠近$\delta^{13}C_3 = \delta^{13}C_2$，随成熟度增加$[C_1/(C_2+C_3)$变大$]$，$\delta^{13}C_3$和 $\delta^{13}C_2$逐渐变重。从$C_1/(C_2+C_3)=20$附近开始，到$C_1/(C_2+C_3)=120$附近，随着 $C_1/(C_2+C_3)$增加，$\delta^{13}C_3$和$\delta^{13}C_2$表现为逐渐变轻的正相关关系，数据点总体分布在 $\delta^{13}C_3 > \delta^{13}C_2$一侧。$C_1/(C_2+C_3)>70$以后，有部分数据点落入$\delta^{13}C_3 < \delta^{13}C_2$一侧。

从 $C_1/(C_2+C_3)=80$ 附近开始,随 $C_1/(C_2+C_3)$ 增加,$\delta^{13}C_3$ 和 $\delta^{13}C_2$ 表现为逐渐变重的正相关关系,数据点位于 $\delta^{13}C_3<\delta^{13}C_2$ 一侧。

7. 碳同位素反转特征

利用 $\delta^{13}C_1-\delta^{13}C_2$、$\delta^{13}C_2-\delta^{13}C_3$ 和 $\delta^{13}C_1-\delta^{13}C_3$ 综合分析碳同位素系列反转特征。图 4-11 为 $\delta^{13}C_1<\delta^{13}C_3$ 情况下,$\delta^{13}C_1-\delta^{13}C_2$ 和 $\delta^{13}C_2-\delta^{13}C_3$ 的变化特征。随着 $\delta^{13}C_1-\delta^{13}C_2$ 的增加,$\delta^{13}C_2-\delta^{13}C_3$ 先降后升,$\delta^{13}C_1$ 与 $\delta^{13}C_2$ 发生反转,$\delta^{13}C_2$ 与 $\delta^{13}C_3$ 为正常序列,New Albany 页岩气、Antrim 页岩气和大部分 Barnett 页岩气都表现为正常序列,少量 Barnett 页岩气和少量 Fayetteville 页岩气表现为 $\delta^{13}C_2<\delta^{13}C_1<\delta^{13}C_3$（部分反转）。图 4-12 为 $\delta^{13}C_1>\delta^{13}C_3$ 情况下,$\delta^{13}C_1-\delta^{13}C_2$ 和 $\delta^{13}C_2-\delta^{13}C_3$ 的变化特征。大部分 Fayetteville 页岩气表现为 $\delta^{13}C_2<\delta^{13}C_3<\delta^{13}C_1$（部分反转）,少量 Fayetteville 页岩气和龙马溪组页岩气表现为 $\delta^{13}C_3<\delta^{13}C_2<\delta^{13}C_1$（完全反转）。没有出现 $\delta^{13}C_1<\delta^{13}C_3<\delta^{13}C_2$ 和 $\delta^{13}C_3<\delta^{13}C_1<\delta^{13}C_2$ 两种情况。

根据戴金星提出的油型气回归方程 $\delta^{13}C_1\approx15.80\lg R_o-42.20$,定量计算了成熟度。综合 $\delta^{13}C_1$、$\delta^{13}C_2$ 和 $\delta^{13}C_3$ 随成熟度演化信息绘制了图 4-13,随着成熟度的增加,依次出现如图 4-14 所示的排列：① $\delta^{13}C_1<\delta^{13}C_2<\delta^{13}C_3$（正常排列）,$R_o\approx1.5\%$；② $\delta^{13}C_2<\delta^{13}C_1<\delta^{13}C_3$（部分倒转）,$1.5\%<R_o<1.6\%$；③ $\delta^{13}C_2<\delta^{13}C_3<\delta^{13}C_1$（部

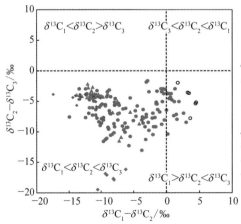

图 4-11　$\delta^{13}C_3>\delta^{13}C_1$ 情况下 $\delta^{13}C_1-\delta^{13}C_2$ 和 $\delta^{13}C_2-\delta^{13}C_3$ 交会

- Barnett, Zumberge 等(2012)
- Barnett, Rodriguez & Paul Philp (2010) 2A组
- Barnett, Rodriguez & Paul Philp (2010) 2B组
- Fayetteville, Zumberge 等(2012)
- Long Maxi, Dai 等(2014)
- New Albany, Strapoć 等(2010)
- Antrim, Martini 等(2003)

图 4 - 12 $\delta^{13}C_3 < \delta^{13}C_1$ 情况下 $\delta^{13}C_1 - \delta^{13}C_2$ 和 $\delta^{13}C_2 - \delta^{13}C_3$ 交会

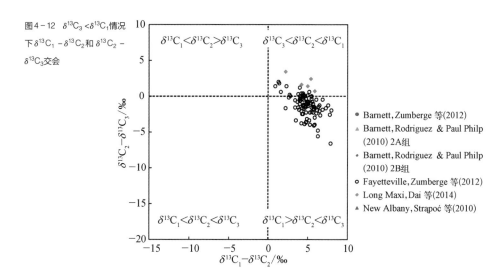

图 4 - 13 $\delta^{13}C$ 随 $C_1/(C_2+C_3)$ 和 R_o(计算)的变化情况

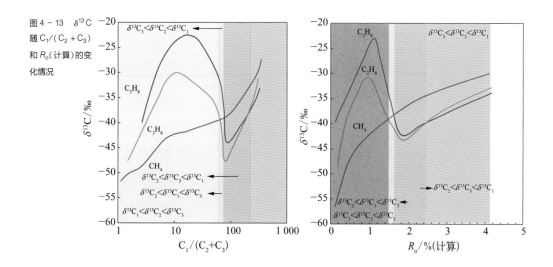

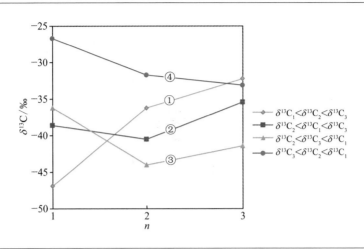

图 4-14 页岩气
碳同位素排列顺序
类型

分倒转),$1.7\% < R_o < 2.5\%$;④ $\delta^{13}C_3 < \delta^{13}C_2 < \delta^{13}C_1$(完全倒转),$R_o > 2.5\%$。上述成熟度界限仅是根据定量计算结果和实际数据进行的推测,实际上各同位素区间可能并没有严格的成熟度界限。

4.4 页岩气成因

页岩气成因包括生物成因气、热成因气和混合成因气。综合页岩气组成、烃类碳同位素和甲烷氢同位素等资料,利用多种天然气成因图版判别各主要页岩气区带的成因类型。

1. 利用 $\delta^{13}C_1 - C_1/(C_2 + C_3)$ 判别甲烷成因类型

利用 $\delta^{13}C_1 - C_1/(C_2 + C_3)$ 判别甲烷是有机成因甲烷或无机成因甲烷,大部分数据都落入有机成因甲烷区域内(图 4-15)。Barnett 页岩和 Fayetteville 页岩以 Ⅱ 型干酪根为主,其页岩气类型包括原油伴生气、凝析油伴生气和油型裂解气;龙马溪组页岩气为油型裂解气,同时还有一部分落入无机气和煤成气区域,需结合其他信息做进一步分析。Dai 等(2014)利用 $^3He/^4He$ 和 R/Ra 资料,认为龙马溪组页岩气中的氦为壳

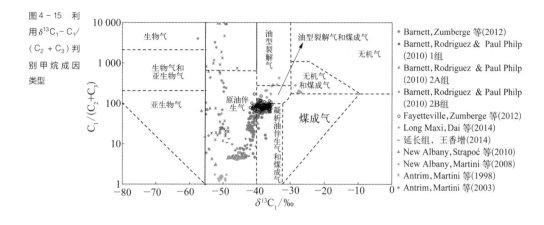

图 4 - 15 利用 $\delta^{13}C_1 - C_1/(C_2 + C_3)$ 判别甲烷成因类型

源成因,说明龙马溪组页岩气形成于稳定的构造环境下。延长组页岩气为原油伴生气。New Albany 页岩气落入原油伴生气范围内。Antrim 页岩气部分数据在原油伴生气范围内,部分数据 $\delta^{13}C_1 < -50‰$ 且 $C_1/(C_2 + C_3) > 1\,000$,是典型生物气特征(Grassa 等,2004;Martini 等,2003);另一部分数据落入原油伴生气范围内。生物气以甲烷占绝对优势,同时存在乙烷和丙烷,可能有热成因气的混入(Prinzhofer 等,1997;Martini 等,2003)。

2. 利用 $\delta DC_1 - \delta^{13}C_1$ 鉴别页岩气类型

在 $\delta DC_1 - \delta^{13}C_1$ 图中,Barnett 页岩气一部分数据落入石油伴生气区的右下角,另一部分落入干气区内;Fayetteville 页岩气和龙马溪组页岩气基本落入干气区,New Albany 页岩气落入伴生气和混合成因区,Antrim 页岩气主要落入伴生气区,少量数据点落入混合成因区(图 4 - 16)。

3. 利用 $\delta^{13}C_1 - C_1/(C_2 + C_3)$ 鉴别页岩气类型

在 $\delta^{13}C_1 - C_1/(C_2 + C_3)$ 图中(图 4 - 17),Barnett 页岩气、Fayetteville 页岩气、龙马溪组页岩气和延长组页岩气均为热成因气,其中前 3 者的生气母质主要为Ⅱ型干酪根;New Albany 页岩气主要落入混合成因区,Antrim 页岩气部分数据点落入混合成因区,$\delta^{13}C_1$ 偏重可能与后期氧化作用有关(Grassa 等,2004)。

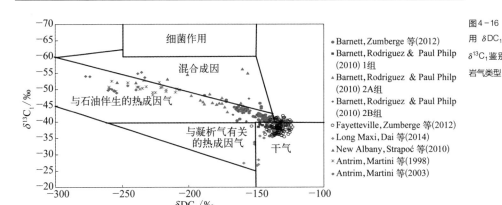

图4-16 利用 δDC_1 – $\delta^{13}C_1$鉴别页岩气类型

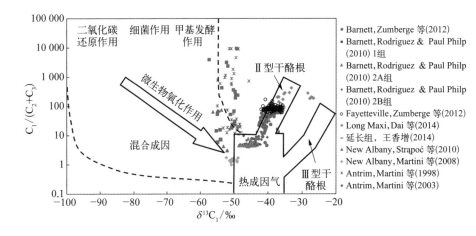

图 4 - 17 利用 $\delta^{13}C_1$– $C_1/(C_2 + C_3)$鉴别页岩气类型

4. 利用 $\ln(C_2/C_3)$-$(\delta^{13}C_2 - \delta^{13}C_3)$鉴别页岩气类型

在 $\ln(C_2/C_3)$-$(\delta^{13}C_2 - \delta^{13}C_3)$中(图4-18),各页岩气数据成"V"字形分布,部分 Barnett 页岩气数据、延长组页岩气数据分布在左侧下降半支,成因类型为干酪根初次裂解。另一部分 Barnett 页岩气、Fayetteville 页岩气和龙马溪组页岩气分布在右侧上升半支,成因类型为原油二次裂解。New Albany 和 Antrim 页岩气数据点离"V"字形趋势线相对较远,其成因类型与其他页岩气不同。转折端对应的成熟度(R_o)区间在 1.0%~1.3%。干酪根初次裂解类型的页岩气可能主要是在成熟度为 1.0% 之前形成的,由原油二次裂解形成的页岩气可能主要是在 1.3% 之后形成的。转折端附近

图4-18 利用 ln(C₂/C₃)-(δ¹³C₂-δ¹³C₃)鉴别页岩气类型

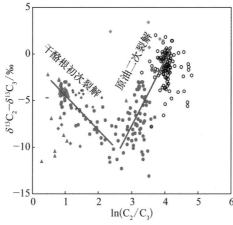

C_2/C_3 对应的 $C_1/(C_2+C_3)$ 数值在 20 左右,与图 4-5、图 4-6、图 4-10 和图 4-11 中发生首次转折处的 $C_1/(C_2+C_3)$ 数值具有较好的对应关系。

5. 典型页岩气成因总结

根据前文各图版综合分析,页岩气成因类型包括热成因气、生物成因气和混合成因气,热成因气又包括干酪根裂解气和烃类(原油和天然气)二次裂解气。Barnett 页岩气为干酪根裂解气和烃类二次裂解气,Fayetteville 页岩气和龙马溪组页岩气基本为烃类二次裂解气。New Albany 和 Antrim 页岩气包括热成因气(以干酪根裂解气为主)、生物成因气和混合成因气,后期还受到氧化作用的影响。延长组页岩气为热成因的干酪根裂解气,也可称之为原油伴生气。

4.5　页岩气地球化学异常现象与页岩气成因之间的联系

文中提及的各页岩气区存在地球化学异常的包括 Barnett 页岩气、Fayetteville 页岩气和龙马溪组页岩气。这 3 个页岩气区的成因类型可能包括干酪根裂解成因气、液态烃裂解气、气态烃裂解气及三者的混合类型。

4.5.1　　低成熟阶段页岩气组分和同位素变化范围

$i-C_4/n-C_4$、$\delta^{13}C_2$ 和 $\delta^{13}C_3$ 随成熟度 $[C_1/(C_2+C_3)]$ 增加而上升,在 $C_1/(C_2+C_3)=20$ 附近(R_o 大致在 1.0% 附近)由上升转为下降,根据图 4 - 16,上升阶段以干酪根初次裂解为主,碳同位素排列为正常序列。

干酪根初次裂解和石油二次裂解是动态变化的,甲烷和石墨是上述反应过程的稳定产物,而 $C_{2~5}$ 烷烃是中间产物,在后期阶段会发生反应。Hill 等(2003)认为,富有机质页岩是由干酪根、可溶有机质和矿物基质组成的系统。$C_{2~5}$ 烷烃的母质可能包括干酪根、C_{5+} 不饱和烃、C_{5+} 芳香烃(包括带烷基芳香烃)、$C_{6~14}$ 和 NSO 化合物。Hao 等(2013)认为,$i-C_4/n-C_4$ 和 $i-C_5/n-C_5$ 的增加可能是由于 $i-C_4$ 和 $i-C_5$ 的生成速率比 $n-C_4$ 和 $n-C_5$ 高造成的,也有可能是 $i-C_4$ 和 $i-C_5$ 的裂解速率比 $n-C_4$ 和 $n-C_5$ 低造成的。由于相同碳数的异构烷烃比正构烷烃的热稳定性差,$i-C_4$ 和 $i-C_5$ 的裂解速率比 $n-C_4$ 和 $n-C_5$ 低不太现实,因此,$i-C_4/n-C_4$ 和 $i-C_5/n-C_5$ 随 $C_1/(C_2+C_3)$ 升高而增加是由于干酪根裂解或石油裂解的 $i-C_4$ 和 $i-C_5$ 具有更快的生成速率造成的。原油裂解以脱自由基团为主,这说明 $i-C_4/n-C_4$ 和 $i-C_5/n-C_5$ 开始阶段随 $C_1/(C_2+C_3)$ 增加与石油裂解无关,而与干酪根裂解成气有关,与 $i-C_4/n-C_4$ 和 $i-C_5/n-C_5$ 逐渐增加一致。上述分析与根据图 4 - 16 得出的结论是一致的,因此,$C_1/(C_2+C_3)$ 低于 20 的页岩气为常规气,是由普通的烃源岩生成的天然气。

4.5.2　　高成熟阶段页岩气组分和同位素变化范围

$i-C_4/n-C_4$、$i-C_5/n-C_5$、乙烷 $\delta^{13}C_2$ 和丙烷 $\delta^{13}C_3$ 在 $C_1/(C_2+C_3)=20$ 附近开始下降,并迅速偏离常规气趋势,不同气体组分间的同位素分布类型逐渐由正常向倒转变化。随着 $C_1/(C_2+C_3)$ 增加，乙烷 $\delta^{13}C_2$、丙烷 $\delta^{13}C_3$、$i-C_4/n-C_4$ 和 $i-C_5/n-C_5$ 均降低，这种明显的同步性和不同参数的连续变化表明，影响这些参数的同位素过程之间是有内部联系的。$\delta^{13}C_2$ 和 $\delta^{13}C_3$ 偏离正常趋势可能与天然气组分的母质变化有关，或者与乙烷和丙烷发生热裂解或氧化反应有关，氧化反应和热裂解的结果是乙烷和丙烷富集 $\delta^{13}C$。$\delta^{13}C_2$ 和 $\delta^{13}C_3$ 在 $C_1/(C_2+C_3)>20$ 之后偏离其正常趋势说明其生气母质发生了变化，其中主要贡献不是由于干酪根裂解而是残余油和湿气裂解。

$i-C_4/n-C_4$ 和 $i-C_5/n-C_5$ 的同步降低支持上述这种观点，在降低的初始阶段可能与 $n-C_4$ 和 $n-C_5$ 比 $i-C_4$ 和 $i-C_5$ 具有更快的生成速率有关。在晚期阶段，大多数 C_6 以上烃类裂解，$i-C_4$ 和 $i-C_5$ 裂解（湿气裂解）发挥了重要作用。$i-C_4/n-C_4$ 和 $i-C_5/n-C_5$ 降低、$\delta^{13}C_2$ 和 $\delta^{13}C_3$ 偏离正常趋势、$\delta^{13}C_2$ 和 $\delta^{13}C_3$ 在高 $C_1/(C_2+C_3)$ 阶段下降这三种现象之间是一致的。随着成熟度增加，石油裂解形成的气体成为页岩气的主要组分。

Tilly 等（2011）指出，上述页岩气组分和同位素变化是在封闭条件下发生的，系统的封闭或开放条件影响了页岩气碳同位素的演变轨迹。

成熟度低于 1.1% 时，气体主要为封闭条件下的干酪根裂解，随着成熟度增加，$\delta^{13}C_2$ 和 $\delta^{13}C_3$ 增加。由于海相 II 型干酪根具有丰富的支链结构，$i-C_4$ 和 $i-C_5$ 比 $n-C_4$ 和 $n-C_5$ 具有更快的生成速率，造成 $i-C_4/n-C_4$ 和 $i-C_5/n-C_5$ 随成熟度增加而增加。同时，随着封闭条件下干酪根裂解，^{13}C 的富集程度随着碳数增加而增加。

成熟度主体介于 1.1%~1.5%（可达 2.0% 以上）时，干酪根和滞留油同步裂解，页岩中由滞留油裂解或其中间产物裂解生成的乙烷和丙烷增多。由于原油裂解过程中更多的自由基团脱落形成了正构烷烃，$n-C_4$ 和 $n-C_5$ 的生成速率大于 $i-C_4$ 和 $i-C_5$ 的生成速率，造成 $i-C_4/n-C_4$ 和 $i-C_5/n-C_5$ 随成熟度的增加而降低。原油裂解生成的乙烷和丙烷，逐渐富集 ^{12}C，造成 $\delta^{13}C_2$ 和 $\delta^{13}C_3$ 随成熟度增加而降低。当热成熟度进一步增加（R_o 主体在 1.5% 以上）湿气裂解，$\delta^{13}C_1-\delta^{13}C_2$、$\delta^{13}C_1-\delta^{13}C_3$（$R_o$ 主体在 2.0% 以上）和 $\delta^{13}C_2-\delta^{13}C_3$ 相继开始大于 0，进而出现烃类气体组分间的碳同位素倒转。随着成熟度的进一步增加，甲烷和乙烷也可能发生裂解，并逐渐富集 ^{13}C，使得最终阶段 $\delta^{13}C_1$、$\delta^{13}C_2$、$\delta^{13}C_3$ 同步增加。

第 5 章

页岩及页岩气
地球化学
综合评价

5.1　　　页岩地球化学评价

5.1.1　　　页岩地球化学评价方法

1. 实验方法

1）有机质丰度分析

烃源岩有机质丰度反映了烃源岩中有机质的数量特征,是形成油气的物质基础,是评价烃源岩的基础指标。烃源岩有机质丰度常以总有机碳含量、氯仿可溶有机质(A)和总烃(HC)含量来表达,其中总有机碳是控制后两者的参数,也是油气资源评价的基本参数。在页岩的有机质丰度评价中,总有机碳是最常用的指标。

有机碳是页岩生气的物质基础,决定了页岩的生气能力,且总有机碳含量与页岩对天然气的吸附能力有正相关关系,决定了页岩吸附气的大小,并且是页岩孔隙空间增加的重要因素之一,决定着页岩新增游离气的能力。一般说来,总有机碳含量越高,页岩吸附气体的能力越强。目前岩石中的总有机碳含量主要采用碳硫分析仪或有机碳分析仪进行测定。

2）有机质类型分析

沉积岩中主要的有机质是干酪根,它是沉积岩中所有不溶于非氧化性的酸、碱和非极性有机溶剂的有机质,既包括以分散状态存在于沉积岩中的不溶有机质,也包括以集中状态存在于煤中的不溶有机质。不同的沉积环境和不同来源的原始有机质,会形成不同类型的干酪根。不同类型的干酪根演化方向不同,烃类的生成速度和数量也不同。因此,研究干酪根的类型是油气地球化学的一项重要内容,也是评价干酪根生油、生气潜力的基础。通常情况下,Ⅰ型干酪根和Ⅱ型干酪根以生油为主,Ⅲ型干酪根则以生气为主。

有机质类型评价的指标及技术较多,主要包括干酪根显微组分鉴定、干酪根元素比、岩石热解分析以及干酪根碳同位素 $\delta^{13}C$ 指标等,其中应用最多的是干酪根显微组分鉴定和岩石热解分析。

干酪根显微组分鉴定是利用具有透射白光和落射荧光功能的生物显微镜,对干酪根的显微组分进行鉴定,从而确定干酪根类型。干酪根的主要显微组分有腐泥组、壳质组、镜质组和惰质组,其中腐泥组主要来源于藻类和其他水生生物及细菌;壳质组主要来源于陆生植物的孢子、花粉、角质层、树脂、蜡和木栓层等;镜质组主要来源于植物的结构和无结构木质纤维;惰质组主要来源于炭化的木质纤维部分。利用干酪根显微组分确定干酪根类型主要有两种方法,一种是相对含量法,即统计腐泥组和壳质组之和与镜质组的比例;另一种是类型指数法,即 TI 值,TI =(腐泥组含量×100 + 壳质组含量×50 − 镜质组含量×75 − 惰质组含量×100)/100。利用干酪根显微组分评价有机质类型的标准列于表 5−1。

表5−1 利用干酪根显微组分评价有机质类型的标准(帅琴等,2012)

类　型	相对含量法		类型指数法 TI
	(腐泥组 + 壳质组)/%	镜质组/%	
I	>90	<10	>80
II₁	65 ~ 90	10 ~ 35	40 ~ 80
II₂	25 ~ 65	35 ~ 75	0 ~ 40
III	<25	>75	<0

岩石热解分析主要是利用岩石热解分析仪,采用程序升温的方法,将样品中的烃类在不同的温度下热解或热蒸发成气态烃、液态烃和热解烃,由气相色谱氢火焰离子化检测器检测;热解后的残余有机质加热氧化成二氧化碳,由气相色谱热导或红外检测器检测,从而得到热解参数,确定干酪根类型。利用岩石热解参数评价有机质类型的标准列于表 5−2。

表5−2 利用岩石热解参数评价有机质类型的标准(帅琴等,2012)

类型	$S_1 + S_2$(岩石)	S_2/S_3	I_H
I	>20 mg/g	>20	>600
II	2 ~ 20 mg/g	2.5 ~ 20	150 ~ 600
III	<2 mg/g	<2.5	<150

注:S_1—游离烃量;S_2—热解烃量;S_3—二氧化碳含量;$S_1 + S_2$—生烃潜量;S_2/S_3—有机质类型指数;$I_H = S_2/\text{TOC}$,氢指数

3) 有机质成熟度分析

有机质成熟度是衡量有机质实际生烃能力的重要参数之一,是确定有机质生油/生气的关键指标。成熟度评价的指标很多,如镜质体反射率(R_o)、孢粉颜色指数(SCI)、岩石热解最高峰温(T_{max})等,但应用最多的还是镜质体反射率。镜质体反射率主要是通过显微光度计在波长为 546 ± 5 nm 处(绿光),测定镜质体抛光面的反射光强度与垂直入射光强度的百分比值来获得。

一般说来,$R_o \geqslant 1.3\%$ 为生气阶段(表 5-3)。尽管美国页岩气形成的成熟度范围较宽(0.4% ~ 2.0%),但从页岩含气量与产量参数对比来看,有机质成熟度低,页岩含气量低,产气量小;成熟度高,页岩含气量高,产气量大。有学者认为,页岩气要具备经济开采价值,页岩处于生气窗内是最佳的条件,一般认为 R_o 应大于 1.1% 或 1.3%。

演化阶段	镜质组反射率 R_o/%	不同阶段生成物
未成熟	<0.5	生物气,未熟重油
低成熟	0.5 ~ 0.7	低成熟油
成熟	0.7 ~ 1.0	正常原油(高峰前)
高成熟早期	1.0 ~ 1.3	轻质原油(高峰后)
高成熟晚期	1.3 ~ 2.0	凝析油-湿气
过成熟	>2.0	甲烷

表5-3 利用镜质体反射率划分有机质热演化阶段的标准(帅琴等, 2012)

2. 测井方法

页岩气研究中常用的测井资料包括:伽马测井曲线、电阻率测井曲线、自然伽马能谱测井曲线、密度测井曲线、声波测井及中子测井曲线、地球化学测井曲线以及成像测井曲线等(表 5-4)。通过合适的测井曲线组合及评价方法及一个可靠的储集层模型即可估算出页岩层的开采潜力。

1) 含气页岩的测井响应特征

与普通页岩相比,含气页岩有机质富集,含气量高,而黏土及有机质的存在能降低地层体积密度。因此,含气页岩的测井曲线响应具有自然伽马强度高、电阻率大、地层体积密度和光电效应低等特征(图 5-1)。可以运用上述测井曲线特征评价含气页岩层。

表5-4 页岩评价
研究常用的测井
系列

测井类型	测 量 特 征
电阻率	束缚水体积、黏土和孔隙
密度	矿物和流体含量
中子	黏土和含气量
声波	黏土和含气量
伽马	黏土和有机质体积
电成像	识别和量化天然裂缝和钻井诱导裂缝、黄铁矿、方解石和其他地质特征
能谱	有机碳含量，黏土和矿物

图5-1 含气页岩测井
响应特征（据 Charles
Boyer 等, 2006）

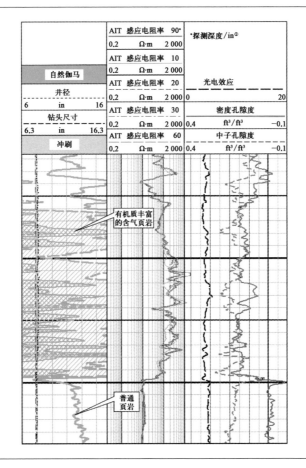

① 1 英寸(in) =0.025 4 米(m)。

2）自然伽马与能谱测井

自然伽马测井是测量地层中放射性伽马射线,即记录地层内的天然放射性。所有岩石一般都具有一定的放射性(表5-5),放射伽马射线的数量取决于岩石中钾、钍和铀的含量。页岩在伽马射线中常显示为高值(一般为80~140 API),通常情况下有机质能形成一个使铀沉淀的还原环境,从而影响自然伽马曲线。

岩性	页岩	煤	砂岩	灰岩	盐岩
放射性/API	80~140	<70	10~30	0~5	0

表5-5 常见岩层的放射性

一般认为,页岩中有机碳的含量越高,其生烃潜力越大,页岩吸附气的含量也越大。作为识别有机质含量高低的自然伽马与伽马能谱测井,已成为页岩气勘探测井评价的主要手段之一。页岩中生产层段,其伽马值响应比普通页岩高。如密歇根盆地的 Antrim 页岩钻井通常在其下部的 Lachine 和 Norwood 段(TOC 含量为 0.5%~24%)完井(图5-2),其伽马值大大高于下部的 Paxton 段(泥状灰岩与灰色页岩互层,TOC 含量为 0.3%~8%)。自然伽马值高意味着页岩中有机质的含量也高。同时还可以利用页岩在伽马曲线中的响应确定页岩的厚度及有效厚度。

页岩有效厚度是依据高于页岩 GR 基准值 20 API 来确定的,即当伽马曲线中响应值大于 100 API 时,可认为该页岩具有页岩气资源潜力,其厚度便是页岩的有效厚度。由于铀沉淀物(U)聚集在含有机质的页岩裂缝中,根据自然伽马能谱测井资料中的铀(U)曲线和无铀伽马(K/Th)曲线能够很好地识别高自然伽马储层,判别裂缝的发育情况。但在运用自然伽马能谱曲线分析裂缝层段时,还应结合孔隙度、含水饱和度等测井解释结果进行综合评价。页岩典型伽马能谱测井响应是钾、钍的含量高,而铀特别富集。自然伽马与能谱测井仪能连续监测裸眼井和套管井中页岩层段的生烃能力,在新井和老井中进行这种测井能确定页岩随深度的变化,并可绘制出页岩生烃能力的区域分布图。

3）地层电阻率测井

富含有机质的页岩在持续生烃过程中,大量的烃类将驱替导电的孔隙水,地层电

图5-2 密歇根盆地 Antrim
页岩自然伽马测井响应（据
Curtis，2002）

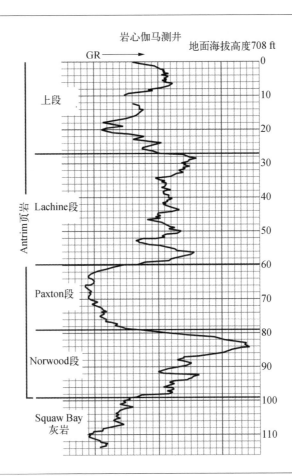

阻率由低值开始增大，生成烃类数量越大，地层电阻率越高。虽然有其他因素影响页岩电阻率，但并不影响页岩因生烃而引起的电阻率增大现象（图5-3）。例如，美国北达科他州威利斯顿盆地 Bakken 组上、下页岩段和俄克拉何马州阿纳达科盆地 Woodford 页岩岩心样品中烃的存在而增加电阻率约为 35 $\Omega \cdot m$，这说明富含有机质页岩储集有一定数量的烃类气体。

电阻率曲线同样还可以用于对页岩裂缝的识别。当页岩裂缝中充满油气时，应用不同探测深度的电阻率测井能取得明显的裂缝电阻率显示图，通过电阻率的差异性识别出裂缝。但在运用电阻率识别页岩裂缝时，需要考虑微电极探测深度及井眼不规则等的影响。美国西弗吉尼亚州 Pleasants 县某口井有电阻率高的页岩层段，由于层段本

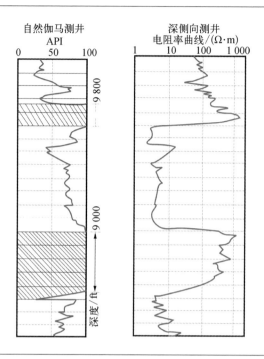

图5-3 富有机质页岩
因生烃地层而导致电阻
率增大的图示

身孔隙度也很高,因此判断该层段可能含油气,测试结果得到证实。

此外,Passey 等(1989)研究了一项利用声波时差曲线和电阻率曲线重叠来评价烃源岩的方法。该方法是利用电阻率和声波时差曲线重叠的间距 ΔlgR 来直观反映有机质的相对丰度。这种重叠法的基础是要与岩心数据进行标定。近年来,国内外许多学者利用该方法来识别富含有机质的烃源岩,并进行有机碳含量的估算。

用来计算 ΔlgR 的代数方程为

$$\Delta\lg R = \lg 10(R_t/R_{t基线值}) + K_c(\Delta t - \Delta_{t基线值}) \qquad (5-1)$$

在重叠法中,叠加间隙(ΔlgR)能直接反映出有机质的相对丰度。ΔlgR 与总有机碳含量呈线性相关,并受成熟度的影响。在一般情况下,ΔlgR 可以直接给出有机碳含量(TOC)所占的比例。

4) ECS(元素俘获能谱)测井及解释技术

ECS(元素俘获能谱)测井是利用 ECS 探头记录和分析中子与地层作用后产生的自然伽马能谱,从而准确地测定硅、钙、硫、铁、钛、钆、氯、钡和氢等元素的含量,再结合

SpectroLith 岩性处理解释技术,可以进一步确定地层中黏土、石英-长石-云母、碳酸盐、黄铁矿或硬石膏的含量。

斯伦贝谢公司综合运用 ECS 探头及 Platform Express 综合电缆测井仪器与先进的 SpectroLith 岩性解释技术,在对美国 Barnett 页岩性质和天然气地质储量评价过程中取得了良好的效果。以 Platform Express 和 ECS 数据为基础建立含气页岩岩石物理模型,通过 ELANPlus 软件对矿物成分、干酪根、含气与含水孔隙度、总有机物含量、基岩渗透率定量分析(图 5 - 4),最终确定天然气地质储量,以及根据矿物组成和渗透率确

图 5 - 4　Barnett
页岩综合测井结果
(Boyer 等, 2006)

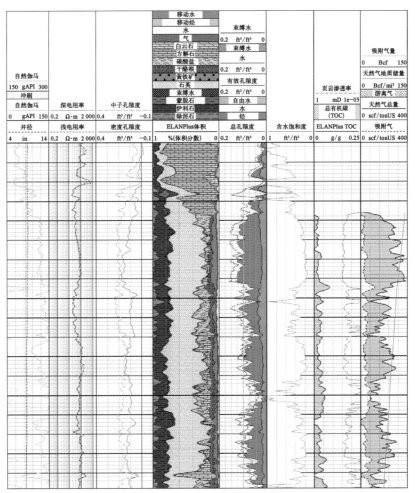

定射孔与钻分支井位置。

总之,在应用测井资料进行页岩评价时,必须根据岩心分析数据对测井分析数据进行标定,这是利用测井技术进行页岩储层、裂缝、含油气性及可勘探开发性研究的基础。在同区大量实际岩心标定的条件下,通过进一步精细解释,以测井资料为基础的模型也可用于同一研究区内邻井中的储层特性分析,从而对勘探目的层系进行综合评价。因此,综合页岩地质地球化学性质以及测井分析特征才能准确地评价页岩的含气性及勘探开发的可行性。

5.1.2　　页岩地球化学评价指标

前文已对页岩有机质丰度和热演化程度做了系统介绍,涵盖了有机质丰度和热演化程度的相关概念和指标,属于油气地球化学研究的一般性和普遍性研究内容。页岩气相比其他类型的油气类型有其特殊性,因此,各项地球化学指标也有其特殊性,本节主要介绍页岩气评价研究中各项指标的理论基础及其界线问题。

页岩的地球化学特征分析项目主要有以下几个。① 岩心和岩屑样品 TOC 含量;② 岩心及岩屑 Rock-Eval 热解分析: S_1、S_2、HI、T_{max};③ 岩心及岩屑镜质体反射率 R_o;④ 矿物组成,包括黏土组分;⑤ 泥浆气体样品:气体组分分析,碳同位素分析等。由于页岩气井产气率受页岩 TOC 含量、R_o、气油比(GOR)及页岩脆性等因素控制,因此,考察上述地化指标非常重要(图 5 - 5)。

页岩 TOC 含量不仅能够判断有机质生烃量的大小,而且与页岩的含气量成正比关系(TOC 含量越高的页岩吸附能力越大)。通过 Rock-Eval 热解结果,我们可以判断页岩中的游离烃是否存在指示残余干酪根的生烃潜力及提供成熟度(T_{max})、干酪根类型等数据。页岩矿物组成在识别页岩气最佳井位上起到了关键作用。如 Barnett 页岩最佳开采部位石英含量为 45%,黏土仅为 27%。页岩脆度对建立裂缝网络的增产措施至关重要,它在井眼和微裂缝间建立起了密切联系。

与常规气藏相同,要想形成页岩气藏,源岩必须有一定的厚度和含有充足的有机质。美国 Appalachian、Michigan、Illinois、San Juan 和 Fort Worth 等 5 个页岩气主产盆

图 5-5 页岩产气率随
与 TOC、R_o、GOR 及页
岩脆性等的关系变化
(Jarvie 等, 2007)

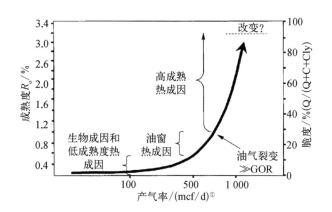

地页岩厚度一般大于 30 m,总有机碳含量一般为 0.5%~25%。虽然页岩总有机碳含量在 0.5% 以上就具有一定的生气潜力,但生产实践表明,页岩总有机碳含量通常大于 2% 才有工业价值。有机质丰度随岩性而变化,富含黏土质的地层最高,未成熟的露头样品高于成熟的地下样品。表 5-6 为美国主要页岩气盆地的有机地化指标。图 5-6、图 5-7 为 Arkoma 盆地 Woodford 页岩等厚图和有机碳等值线图,有机碳含量大部分在 2% 以上,厚度大于 15 m。

表 5-6 美国主要
页岩气盆地地球化
学参数

盆地名称	Fort Worth	Arkoma	Appalachian	Anadarko	Michigan	Illinois
页岩名称	Barnett	Fayetteville	Marcellus	Woodford	Antrim	New Albany
面积/km²	12 944	23 300	245 944	28 478	31 067	112 616
埋深/m	1 981~2 591	305~2 134	1 219~2 591	1 829~3 353	183~671	152~610
有效厚度/m	30~183	6~61	15~61	37~67	21~37	15~30
有机碳含量/%	4.5	4.0~9.8	3~12	1~14	1~20	1~25
成熟度/%	1.1~2.0	1.2~4.0	1.5~3.0	1.1~3.0	0.4~0.6	0.4~1.0

① 1 千立方英尺(mcf) =28.317 立方米(m³)。

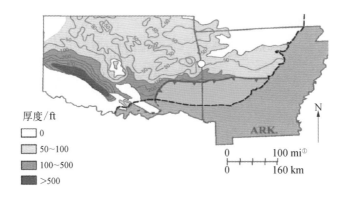

图 5 – 6　Arkoma 盆地 Woodford 页岩等厚 (Comer, 2008)

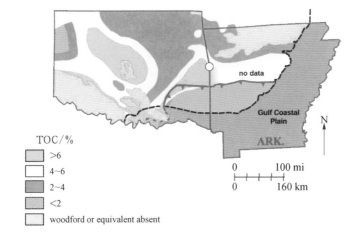

图 5 – 7　Arkoma 盆地 Woodford 页岩有机碳含量分布(Comer, 2008)

　　岩石中有足够量的有机质是形成油气的物质基础,是决定岩石生烃能力的主要因素。通常采用有机质丰度来代表岩石中有机质的相对含量,衡量和评价岩石的生烃潜力。有机质丰度是评价烃源岩好坏的最基础指标或参数,其他评价参数包括干酪根类型和有机质成熟度等。烃源岩中有机质的丰度通常用总有机碳(TOC)、氯仿沥青"A"、总烃含量、生烃潜量($S_1 + S_2$)等参数来表征。原始有机质丰度一般是指烃源岩在生油门限前未大量生烃、排烃时的有机质含量,而烃源岩生烃、排烃后所测得的有机

———————————

　①　1 英里(mi) = 1.609 千米(km)。

质含量则是残余有机质含量,包括岩石中的可溶有机质(氯仿沥青"A")和不溶有机质(干酪根)。随着埋藏深度和地温的不断增加,当烃源岩达到生烃门限温度时,干酪根开始热降解大量生烃、排烃,有机质含量不断降低。对高成熟-过成熟烃源岩来说,若用残余有机碳含量进行烃源岩评价或计算油气资源量,结果将会失真。因此,许多学者尝试利用模拟实验数据,采用多种方法来探讨地质演化过程中原始有机质丰度的恢复问题。烃源岩在演化过程中,只要发生排烃作用,残余有机碳总量就必然小于原始有机碳总量。一般采用恢复系数来对原始有机碳总量或丰度进行恢复。恢复系数与烃源岩有机质类型、热演化程度和烃源岩排烃效率有关。烃源岩有机质类型越好、热演化程度和排烃效率越高,恢复系数也就越高。周总瑛(2009)对烃源岩演化中有机碳总量与丰度变化定量分析研究认为:在完全排烃(排烃效率为100%)条件下,具Ⅰ型、Ⅱ₁型、Ⅱ₂型和Ⅲ型干酪根烃源岩,其有机碳总量补偿系数最大值分别为2.104、1.360、1.169和1.099。不同类型泥质烃源岩都存在一个排烃效率阈值:Ⅰ型为20%、Ⅱ₁型为30%、Ⅱ₂型和Ⅲ型为60%,当排烃效率小于这个阈值时,不管烃源岩的演化程度如何,其残余有机碳含量普遍大于原始有机碳含量;当排烃效率大于这个阈值时,残余有机碳含量普遍小于原始有机碳含量。在完全排烃(排烃效率为100%)条件下,Ⅰ型、Ⅱ₁型、Ⅱ₂型和Ⅲ型干酪根泥质烃源岩有机碳含量最大减少幅度大致分别为43%、20%、10%和10%。钟宁宁等(2004)认为,在成熟演化过程中,只有生烃潜力很高的I型有机质岩石,在生烃降解率和排烃效率极高的"理想"条件下,才表现为明显的增长"减碳"进程,这种情形下的原始有机碳恢复才成为必要。在地质体中的烃源岩生排烃效率条件下,生排烃作用不会造成有机碳值的明显降低。

1. 总有机碳含量

总有机碳含量(TOC)是烃源岩丰度评价的重要指标,也是衡量生烃强度和生烃量的重要参数,其含量的高低直接影响着页岩含气量的大小。一般有机质丰度越高,页岩气含量越大。对于泥质烃源岩的评价参数和标准,国内外比较一致,大都采用 TOC = 0.3% ~ 0.5% 作为下限值。1995 年我国对泥质烃源岩评价提出的行业标准见表 5 − 7。斯伦贝谢公司根据北美页岩气含气盆地统计,提出了页岩气源岩的有机碳含量最低标准原则上应超过 2.0%(表 5 − 8)。

表5-7 陆相泥质
烃源岩评价

指 标	湖盆水体类型	非烃源岩	烃源岩类型			
			差	中等	好	最好
TOC/%	淡水-半咸水	<0.4	0.4~0.6	>0.6~1.0	>1.0~2.0	>2.0
	咸水-超咸水	<0.2	0.2~0.4	>0.4~0.6	>0.6~0.8	>0.8
"A"/%	—	<0.015	0.015~0.05	>0.05~0.1	>0.1~0.2	>0.2
HC ×10^6	—	<100	100~200	>200~500	>500~1 000	>1 000
$(S_1+S_2)/(mg/g)$	—	—	<2	2~6	>6~20	>20

注：表中评价指标适应用于烃源岩(生油岩)成熟度较低(R_o=0.5%~0.7%)阶段的评价,当烃源岩热演化程度高时,由于油气大量排出以及排烃程度不同,导致上列有机质丰度指标失真,应进行恢复后评价。

表5-8 页岩气源
岩有机碳含量评价
标准(据斯伦贝
谢,2006)

TOC/%	干酪根质量	TOC/%	干酪根质量
<0.5	很差	2.0~4.0	好
0.5~1	差	4.0~12.0	很好
1.0~2.0	一般	>12.0	极好

根据北美页岩气勘探开发实践与经验,富有机质页岩层段是页岩气勘探的主要目标层,其分布特征是决定页岩气富集、高产的关键地质因素。富有机质页岩厚度大于30 m才有条件形成页岩气富集区。

关于黏土岩类烃源岩的有机碳下限标准,国内外不同学者、不同学派已达成共识,认为0.5%是黏土岩类有效烃源岩的有机碳含量下限标准,如 Pohob(1985)、Tissot(1978)及许多国外石油公司都将0.5%的有机碳含量作为黏土岩类生油岩的下限标准;黄第藩等(1987)也将0.5%的有机碳含量作为烃源岩的下限标准。但在页岩气的勘探开发中,有经济开采价值的页岩气远景区带的最低有机碳含量通常在2.0%以上。目前,依据斯伦贝谢公司 Boyer 等(2006)及 Devon 能源公司在页岩气藏的勘探开发实践中,在确定有效页岩厚度时,将页岩的 TOC >2.0%确定为下限值,这一选值实际上相当于石油地球化学家在评定源岩等级时所确定的"好生油岩"标准。这一标准虽然在今后大量页岩气的勘探开发实践中,以及技术进步的前提下,可能还会有所变化,但从实际出发,在页岩气成藏条件研究或在确定有效页岩厚度时,把 TOC 下限值选定为

2.0%较为合理(王社教等,2009)。

有机质含量随岩性而变化,富含黏土质的地层最高,成熟的地下样品与未成熟的露头样品也有显著区别。在 Fort Worth 盆地的中心与北部地区,富含硅质的高成熟井下样品的总有机碳含量在 3.3%~4.5%,而从 Lampasas 县盆地南部边缘提取的未成熟露头样品的总有机碳值在 11%~13%。

总有机碳(TOC)含量为岩石中残余有机碳含量,以单位质量岩石中有机碳的质量百分数来表示,又称为剩余有机碳含量。煤系页岩地层有机质主要来源于陆生高等植物,不同学者提出了不同的评价标准,本文采用表5-9所列的标准进行综合评价。

表5-9 煤系烃源岩有机质丰度评价标准

类　别		非	差	中	好	很好
泥(页)岩	TOC/%	<0.5	0.5~1.5	1.5~3.0	3.0~6.0	>6.0
	PG/(mg/g)	<0.5	0.5~2.0	2.0~6.0	6.0~20.0	>20
	沥青A/%	<0.015	0.015~0.03	0.03~0.06	0.06~0.12	>0.12
	总烃/(μg/g)	<50	50~120	130~300	300~700	>700
炭质泥岩	HI/(mg/g)	<60	65~200	200~400	400~700	>700
	PG/(mg/g)	<10	10~35	35~70	70~120	>120
煤岩	HI/(mg/g)	<150	150~275	275~400	>400	—
	PG/(mg/g)	<100	100~200	200~300	>300	—
	沥青"A"/%	<0.75	0.75~2.0	2.0~5.5	>5.5	—
	总烃/(μg/g)	<1 500	1 500~6 000	6 000~25 000	>25 000	—

页岩中的吸附气主要吸附于分散状的有机质表面,丰富的有机质是大量吸附气和纳米级孔隙的重要载体。有机碳含量较高的钙质或硅质页岩对甲烷具有更高的存储能力,即有机碳含量越高,页岩吸附气体的能力就越强(Hill 等,2000)。北美页岩气开发和研究成果表明,主要产气页岩吸附气含量一般为 20%~70%,最高达 85%,且与总有机碳含量(TOC)成正相关;商业性页岩气藏有机碳含量一般大于 2%,最高达 10%(王社教等,2012)。

在压力相同和微孔缝大小分布特征相近的情况下,总有机碳含量较高的页岩比含量较低的页岩甲烷吸附量明显要高。Martini 等(2003)认为,Antrim 页岩气中有机质和黏土颗粒表面的吸附气量占页岩气的 70%～80%，具有与煤层气类似的开采机理。Cheng 等(2004)通过对有机质和黏矿物对 C_1～C_6 烃类气体混合物的选择性吸附研究认为，有机质吸附能力比黏土矿物大。Chalmers 等(2008)认为页岩与煤层具有相似的吸附机理，有机质含量与吸附能力线性相关，其他因素包括干酪根类型、成熟度与黏土矿物含量(特别是伊利石的富集)、页岩孔径分布等也对页岩吸附性能具有重要的作用。富含镜质体、惰质体的II型和III型干酪根中有机质孔隙最为富集，微孔体积最大，相同条件下吸附能力强，并随成熟度增高而增加。Ross 等(2009)的研究也认为与 TOC 相关的微孔发育程度是控制甲烷吸附的主要因素，黏土矿物是其中重要的影响因素，伊利石和蒙脱石吸附甲烷气体量在黏土矿物中最大。有机质含量随岩性而变化，在富含黏土质的地层中最高。成熟的地下样品与未成熟的露头样品也有显著区别。在 Fort Worth 盆地的中心与北部地区，富含硅质的高成熟井下样品的总有机碳含量在 3.3%～4.5%，而从 Lampasas 县盆地南部边缘的未成熟露头样品的总有机碳值在 11%～13%。一般来讲，I 和 II 型干酪根(高 HI)比 II/III 和 III 型(低 HI)有较大的甲烷吸附量，但按单位体积的 TOC 来计算，III 型干酪根比 I 型和 II 型的干酪根有更高的甲烷气体吸附量，这可能与 III 型干酪根的微孔体积更高有关(Chalmers 和 Bustin,2008)。

丰富的有机质也是形成大量纳米级孔隙的重要载体。目前，通过氩离子抛光＋SEM 分析，国内外学者已在页岩地层中发现大量串珠状、多边形状和蜂窝状等多种纳米级孔隙，这些有机质孔隙是页岩气有效储集空间，可有效提高页岩储层总孔隙度。如 Barnett 页岩 TOC 含量为 5%，有机质孔隙占页岩总孔隙度的 30%；Marcellus 页岩 TOC 含量为 6%，有机质孔隙占页岩总孔隙度的 28%；Haynesville 页岩 TOC 含量为 3.5%，有机质孔隙占页岩总孔隙度的 12%(王社教等,2012)。

2. 有机质成熟度

应用镜质体反射率(R_o,%)以及 T_{max} 可标定页岩的热成熟度。根据北美页岩气勘探开发经验，含气页岩进入生气窗是页岩气富集成矿的必要条件。热成熟度是评价可能的高产页岩气的关键地球化学参数(Javie 等,2007)。热成熟度越高越有利于页岩气的生成，也越有利于页岩气的产出。Barnett 页岩在核心地区 R_o＞1.3%，在西部地区 R_o＜0.9%。作为页岩储层系统有机成因气研究的指标，干酪根的成熟度不仅可以用来预测源岩中的生烃潜能，还可以用于高变质地区寻找裂缝性页岩气储层潜能。

微生物的生化作用将一部分有机物转化成甲烷,而剩余的有机物则在埋藏和加热条件下转化成干酪根。干酪根在变化过程(通常称为成熟过程)中产出一系列挥发性不断增强、氢含量不断增加、分子量逐渐变小的碳氢化合物,最后形成甲烷气。随着温度的增加,干酪根不断发生变化,其化学成分也随之改变,逐渐转变成低氢量的炭质残余物,最后变成石墨。

按照 Tissot 有机质演化阶段的划分方案,R_o <0.7% 为成岩作用阶段,源岩处于未成熟或低成熟作用阶段;0.7% < R_o <1.3% 为深成热解阶段,处于生油窗内;1.3% < R_o <2.0% 为深成热解作用阶段的湿气和凝析油带;R_o >2% 为后成作用阶段,处于干气带,生成烃类是甲烷。对于不同类型干酪根进入湿气阶段的界限,有一定差异,一般 R_o 处于1.2% ~ 1.4%范围内。根据 Tissot 的划分方案,四川盆地下古生界龙马溪组页岩均已达到了后成作用阶段,主要产物是甲烷,并不存在低成熟的页岩,因此无法通过热演化程度这一参数对研究区内的页岩气富集区进行划分。

Ⅰ~Ⅱ型干酪根在生油窗(R_o 为0.5% ~ 1.0%)以液态烃为主,仅有少量气态烃生成。此阶段生成的烃类分子大小差异大,以大分子为主。相反,气窗(1.0% < R_o < 2.0%)以干气为主,仅有少量湿气,以小分子为主,分子直径差异小(Javie,2008)。早期生成的液态烃分子直径大于孔喉直径,不利于烃类排出,大量烃类仍残留在烃源岩内。晚期生成的甲烷分子(d = 0.38 nm)与水分子大小(d = 0.30 nm)相当。因此,页岩中具备油气储集所需的储集空间,同时大量油气仍残留在页岩内部。Jarvie(2008)研究表明,在一个 TOC 含量为7.0的页岩中,有机质的体积含量约为14%,假设在热裂解过程中损失35%的有机质碳,能净增4.9%的有效孔隙度。

页岩气的生成贯穿于有机质向烃类演化的整个过程。不同类型的有机质在不同演化阶段生气量不同,只要有烃类气体生成,它们就有可能在页岩中聚集起来形成气藏。美国产气页岩的热成熟度在0.4% ~ 3%均有分布。图5-8 为 Arkoma 盆地 Woodford 页岩热成熟度分布图,页岩成熟度差异较大,南部深埋地区 R_o 大于1.5%,最高达5%。

干酪根的热成熟度与页岩中的天然气产率有着正相关关系。研究发现,低成熟 Barnett 页岩的地方,产气速率就比较低,这是由于生成的天然气的量少以及残留的液态烃堵塞喉道造成的。在许多 Barnett 页岩高成熟的井中,因为干酪根和石油裂解产

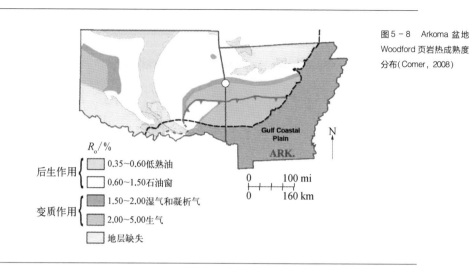

图5-8 Arkoma 盆地 Woodford 页岩热成熟度分布(Comer, 2008)

生的气量迅速增加,产气速率比较高。Barnett 页岩气核心区的 $R_o > 1.5\%$,而西部地区的 $R_o < 0.9\%$ (图 5-9)。因此,热成熟度也是评价高产页岩气的关键参数(Javie

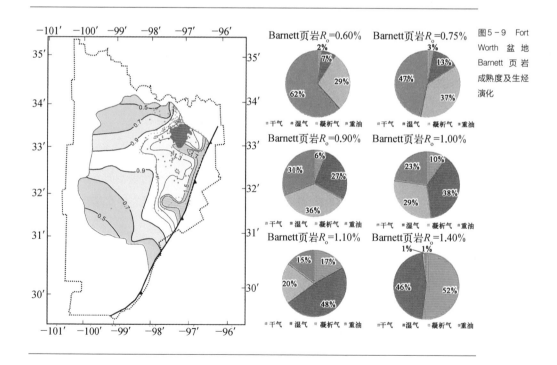

图5-9 Fort Worth 盆地 Barnett 页岩成熟度及生烃演化

等,2007),热成熟度越高越有利于页岩气的生成,也就有利于页岩气的产出。但对于生物成因型气藏,页岩热演化程度越高,TOC 越低,就越不利于生物气的形成。Michigan 盆地 Antrim 页岩气矿藏和 Illinois 盆地 New Albany 页岩矿气藏中的生物成因气主要分布在 $R_o \leqslant 0.8\%$ 的区域。

5.2 页岩气地球化学评价

5.2.1 页岩气地球化学评价方法

页岩含气量与含气饱和度测定至关重要,页岩含气量测定主要有罐解气测试与等温吸附曲线测试两种方法。在钻井过程中,将所取页岩岩样密闭保存于金属解析罐内运往实验室,利用水浴加热至储层温度,对岩心进行解析测试分析(图5-10)。测试过程中将对岩心中释放出来的天然气体积和组分随时间的变化进行测量,直到从页岩中

图 5 - 10
页岩岩样含
气量测试装
置(Noel B.
Waechter 等,
2004)

释放的气体速率接近零为止。开罐将页岩放入密闭容器中,释放残留的气体。页岩解析并测定残留气体后,还要估算页岩从井底到放入解析罐中所损失的气量,将解析出来的气体加上残留气体量以及取样中的损失气量,便能得到总含气量。

由于解析气测试的是释放出来的气体总量,而不能确定吸附气及游离气所占比例,也不能对吸附气体能力与压力之间的依赖关系进行评价,因而还须进行页岩等温吸附测试。

5.2.2 页岩气成因鉴别指标

前文已对页岩气的成因鉴别方法进行了介绍,本节将重点介绍传统的天然气成因鉴别方法。

1. 有机成因和无机成因组分气的鉴别

1)有机甲烷和无机甲烷的鉴别

(1)$\delta^{13}C_1 > -10‰$是无机成因的甲烷

美国加利福尼亚州索尔顿湖区无机甲烷在浅层受细菌氧化后$\delta^{13}C_1$值达$-0.6‰$;苏联希比尼地块无机甲烷的$\delta^{13}C_1$值为$-3.2‰$;菲律宾三描礼士无机甲烷$\delta^{13}C_1$值为$-7.50‰\sim -6.11‰$。目前世界上已知有机甲烷,最重的$\delta^{13}C_1$值$\leqslant -10‰$,例如:苏联无烟煤煤层气的$\delta^{13}C_1$值为$-10‰$;德国普罗伊萨克煤矿的煤层气$\delta^{13}C_1$值最重达$-12.9‰$。

(2)除高成熟和过成熟的煤成气外,$\delta^{13}C_1 > -30‰$的是无机甲烷

国内外大量无机甲烷$\delta^{13}C_1$值均超过$-30‰$。但高成熟和过成熟的一些煤成气$\delta^{13}C_1$值也大于$-30‰$。例如:在我国渤海湾盆地、松辽盆地、鄂尔多斯盆地、准噶尔盆地都发现少量高成熟与过成熟煤成气$\delta^{13}C_1$值大于$-30‰$,并在四川盆地发现个别过成熟煤成气和过成熟油型气混合的气$\delta^{13}C_1$值也大于$-30‰$(表$5-10$)。

$-30‰<\delta^{13}C_1 \leqslant -10‰$是无机甲烷还是煤成气甲烷,可用地质综合分析法识别。煤成气甲烷通常是产出在煤系中(例如库珀盆地)或煤系之上(文留气藏、中欧盆地煤

表 5 - 10 中国 $\delta^{13}C_1 > -30‰$ 过(高)成熟煤成气及其与过(高)成热油型气的混合气（戴金星，1992）

类　型	井号	产层	$\delta^{13}C_1/\%$	类　型	井号	产层	$\delta^{13}C_1/\%$
高成熟和过成熟的煤成气	彩参1	C_2b	-29.898	高成熟和过成熟的煤成气	文23	Es^4	-27.987
	麒参1	O_1	-29.229		升61	K_1g^{3+4}	-28.33
	坝21	O	-25.11	高成熟和过成熟的煤成气和油型气的混合气	新3	P_1^3	-29.769

成气），或煤系之下（苏桥气田）。而无机甲烷产出处没有煤系发育，并往往发育在地热区。例如：我国腾冲硫磺塘和甘孜拖坝镇以及新西兰地热区的无机甲烷。

2）有机烷烃气和无机烷烃气的鉴别

天然气的碳同位素系列对比可鉴别有机和无机烷烃气。有机烷烃气是正碳同位素系列，即 $\delta^{13}C_1 < \delta^{13}C_2 < \delta^{13}C_3 < \delta^{13}C_4$（表 5 - 11）；无机烷烃气是负碳同位素系列，即 $\delta^{13}C_1 > \delta^{13}C_2 > \delta^{13}C_3$。例：我国东海盆地天外天构造天1井天然气的 $\delta^{13}C_1$、$\delta^{13}C_2$、$\delta^{13}C_3$ 碳同位素值分别为 -17‰、-22‰ 和 -29‰（据张义纲）；苏联希比尼地块与岩浆岩有关的天然气中，$\delta^{13}C_1$、$\delta^{13}C_2$、$\delta^{13}C_3$ 碳同位素值分别为 -3.2‰、-9.1‰、-16.2‰；徐家围子断陷深层天然气具有典型的负碳同位素系列（$\delta^{13}C_1 > \delta^{13}C_2 > \delta^{13}C_3$）（表 5 - 12），与断陷内其他煤成气和油型气的典型正碳同位素系列（$\delta^{13}C_1 < \delta^{13}C_2 < \delta^{13}C_3 < \delta^{13}C_4$）不同。以正、负碳同位素系列对比，就很容易区分出有机烷烃气和无机烷烃气（图 5 - 11）。

表 5 - 11 有机成因烷烃气甲烷及其同系物碳同位素系列

盆　地	井　号	层　位	PDB/‰			
			$\delta^{13}C_1$	$\delta^{13}C_2$	$\delta^{13}C_3$	$\delta^{13}C_4$
松　辽	金6	K_1g	-52.5	-41.53	-34.01	-32.52
	升81	K_1g	-35.34	-32.45	-31.91	-29.59
	红201	K_1y^{2+3}	-50.64	-36.05	-29.51	-29.43
渤海湾	双32-22	Es^1	-38.63	-27.26	-25.95	-25.48
	歧414	Es^1	-49.26	-29.57	-27.66	-27.01
	苏402	O	-37.73	-25.87	-24.09	-23.92
	文23	Es^4	-27.8	-24.31	-24.11	-23.9
	沾11	O	-45.54	-34.67	-29.61	-27.07

（续表）

盆 地	井 号	层 位	PDB/‰			
			$\delta^{13}C_1$	$\delta^{13}C_2$	$\delta^{13}C_3$	$\delta^{13}C_4$
鄂尔多斯	任 11	P_1x	-33.37	-25.95	-25.08	-24.39
	塞 18	T_3y^5	-46.73	-37.7	-33.35	-32.86
	洲 1	O	-32.17	-25.2	-23.87	-23.12
	林 2	O	-35.55	-25.57	-25.03	
四 川	角 2	J_1t^1	-46.26	-32.81	-30	-29.82
	中 31	T_3x^2	-36.44	-25.61	-24.01	-23.64
	成 4	T_1j	-34.24	-29.02	-27.09	-25.95

气样地点	$\delta^{13}C_1$/‰	$\delta^{13}C_2$/‰	$\delta^{13}C_3$/‰
中国东海盆地天外天构造 1 井	-17.00	-22.00	-29.00
中国松辽盆地芳深 1 井	-18.63	-23.22	
中国松辽盆地芳深 2 井	-18.90	-19.90	-34.10
中国松辽盆地肇深 1 井	-24.00	-28.80	-30.10
中国松辽盆地四深 1 井	-28.00	-34.00	-34.10
中国松辽盆地昌 103 井	-27.77	-26.17	-28.20
中国松辽盆地州 132 井	-18.89	-23.28	-30.60
俄罗斯希比尼地块	-3.20	-9.10	-16.20
美国黄石公园泥火山	-21.50	-26.50	

表 5 - 12 世界烷烃气负碳同位素系列

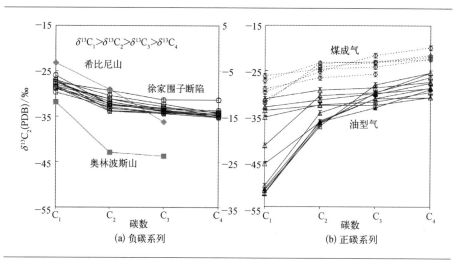

图 5 - 11
正负碳同位素系列

3）有机二氧化碳和无机二氧化碳的鉴别

可以用（图5‑12）图版识别有机二氧化碳（I区）、无机二氧化碳（II区）、有机二氧化碳和无机二氧化碳的混合气（IV区），以及有机二氧化碳与无机二氧化碳共存区（III区）。该图根据我国207个不同成因的$\delta^{13}C_{CO_2}$与对应组分，并利用了澳大利亚、泰国、新西兰、菲律宾、加拿大、日本和苏联等地100多个不同成因的$\delta^{13}C_{CO_2}$与对应组分资料编绘而成。

从整体上看，当CO_2含量<20%，$\delta^{13}C_{CO_2}$< −10‰时是有机二氧化碳；当$\delta^{13}C_{CO_2}$> −9‰时，绝大多数是无机二氧化碳；当$\delta^{13}C_{CO_2}$≥8‰时，都是无机二氧化碳；当CO_2含量>60%时都是无机二氧化碳（图5‑12）。

图5‑12 二氧化碳成因鉴别（据戴金星，1992）

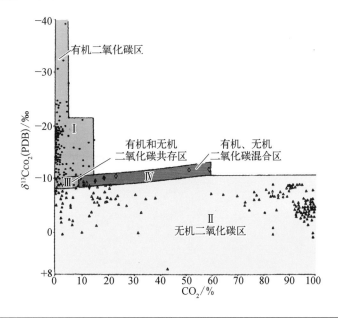

2. 各种有机组分气的鉴别

为了鉴别各种成因的甲烷，戴金星（1992）根据我国437个气样和加拿大、苏联、美国、德国及菲律宾等地96个气样的$\delta^{13}C_1$与C/C_{2+3}组分比资料，编制了$\delta^{13}C_1 - C_1/C_{2+3}$图版（图5‑13）。

1）一些有机成因甲烷的鉴别

（1）生物气甲烷和伴生气甲烷的鉴别

近年来,有研究人员将生物气和热解气之间一种过渡型的气叫作生物-热催化过渡带气或低熟气,其主要特征是有时和少量的低熟油共生,湿度和 $\delta^{13}C_1$ 值也介于上述两种气之间,但明显偏向生物气,故称之为亚生物气或低熟气。

① 生物气 $\delta^{13}C_1 \leqslant -55‰$,伴生气 $\delta^{13}C_1 > -55‰$,大部分 $\delta^{13}C_1 > -53‰$（图5-13）。

② 生物气中,许多没有重烃气,仅有甲烷;有的仅有微量或痕量的乙烷和丙烷,没有丁烷,总重烃气 $<0.5\%$（柴达木盆地的生物气平均重烃气 $<0.2\%$）,$C_1/C_{2+3} > 170$,大部分在200以上,为干气（表5-13）;相反,伴生气中甲烷含量一般低于90%,甲烷与乙烷、丙烷、丁烷共生,大部分 $C_1/C_{2+3} < 15$,绝大部分 $C_1/C_{2+3} < 10$,为湿气。

③ 生物气甲烷与油不共生,伴生气甲烷与油紧密共生。

④ 图解法: 用 $\delta^{13}C_1 - C_1/C_{2+3}$ 鉴别各种成因甲烷的图版（图5-13）,可以区别生

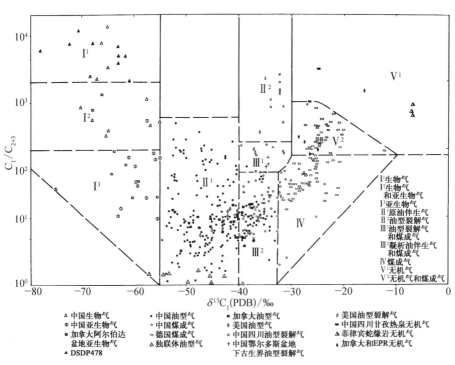

图 5-13 鉴别各类甲烷 $\delta^{13}C_1 - C_1/C_{2+3}$（据戴金星,1992）

表5-13 我国一些生物气数据(戴金星,1992)

地点或井号	气的主要组分/%						$\delta^{13}C_1$ (PDB)/‰	C_1/C_{2+3}
	N_2	CO_2	CH_4	C_2H_6	C_3H_8	C_4H_{10}		
柴达木盆地台吉乃尔中1井	1.11		98.44	0.14	0.01		−68.54	656
云南省鹤庆中学	4.34	8.93	86.28	0.30			−67.97	288
安徽省颖上杨湖	6.06	3.35	90.39	0.20			−70.2	452
松辽盆地来61井	7.19	0.39	92.24	0.16			−57.47	577
二连盆地阿452井	9.05		89.75	0.44	0.02		−64.79	195
内蒙古河套水18井	26.69	微量	73.31				−77.9	
杭州余杭县九堡CK6孔	0.29	1.28	98.43				−66.15	
上海川沙县庆星大队第九生产队	0.57	1.46	97.97				−69.6	

物气甲烷(I^1 和 I^2 区)与伴生气甲烷(II^1 区)。

(2) 伴生气甲烷和油型裂解气甲烷的鉴别

① 伴生气 $\delta^{13}C_1$ 值介于 −55‰~−40‰,油型裂解气 $\delta^{13}C_1$ 值介于 −37‰~−30‰。

② 伴生气甲烷与重烃气紧密共存,共存的气中重烃气含量均大于5%,通常大于8%,绝大部分 C_1/C_{2+3} <10,是湿气;油型裂解气甲烷共存的气中重烃气含量大大减少,往往没有丁烷,重烃气含量小于5%,通常在3%以下。

③ 伴生气甲烷通常为原油附属物,溶解在原油中;油型裂解气甲烷往往在游离气中,即在气层气中。

④ 图解法:用 $\delta^{13}C_1$ − C_1/C_{2+3} 鉴别各种成因甲烷的图版(图5-13),可以区别原油伴生气甲烷和油型裂解气甲烷,前者在 II^1 区,后者在 II^2 区。

利用 $\delta^{13}C_1$ − C_1/C_{2+3} 鉴别各种成因的甲烷图版(图5-13),除鉴别上述几种甲烷外,还可识别部分煤成气甲烷(Ⅳ区)和部分无机甲烷(Ⅴ区)。

2) 油型烷烃气和煤型烷烃气的鉴别

(1) 油型甲烷和煤型甲烷的鉴别

利用我国 $\delta^{13}C_1$ − R_o 关系图(图5-14)可鉴别油型甲烷和煤型甲烷。例如:鄂尔多斯盆地坊25-21井1 860.4~1 870.4 m三叠系延长组天然气 $\delta^{13}C_1$ 的值为−42.559‰,

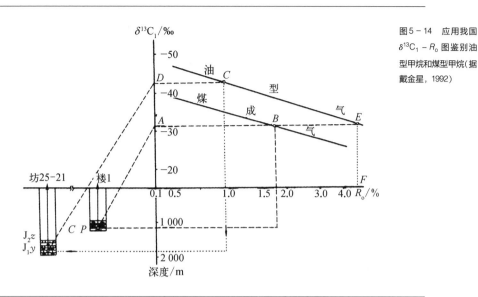

图 5 - 14　应用我国 $\delta^{13}C_1 - R_o$ 图鉴别油型甲烷和煤型甲烷(据戴金星, 1992)

在 $\delta^{13}C_1$ 纵坐标 $\delta^{13}C_1$ 轴线上读取 −42.559‰ 的点 D,并以点 D 作与横坐标 R_o 轴线的平行线,此平行线不与煤成气回归线相交,而与油型气回归线交于点 C,这说明该气是油型气甲烷而不是煤成气甲烷。实际上,坊 25 - 21 井的天然气是石油伴生气,故其甲烷应是油型甲烷。鄂尔多斯盆地东缘楼 1 井 1 189.25 ~ 1 189.45 m 煤层获煤层气, $\delta^{13}C_1$ 值为 31.54‰,以该值在 $\delta^{13}C_1$ 轴线上取点 A,以点 A 作与 R_o 轴的平行线,分别与煤成气回归线交于点 B、油型气回归线交于点 E。以点 B 来看,该气是煤成气甲烷,若以点 E 来看,该气应属油型气甲烷,但以点 E 作垂线可与 R_o 轴线交于点 F,点 F 读得 R_o 值为 5%,这实际上是不可能的,因为 $R_o \geqslant 5\%$ 时,一般甲烷已分解不存在了,这说明楼 1 井的气不可能是油型气,而是煤成气。

（2）油型烷烃气和煤型烷烃气的鉴别

① $\delta^{13}C_1 - \delta^{13}C_2 - \delta^{13}C_3$ 有机的不同成因烷烃气鉴别图是在我国 477 个有机的不同成因天然气的烷烃气碳同位素系列组合的数据基础上,并利用了国外 7 个盆地(地区)已研究确定烷烃气成因类型的 129 个碳同位素系列组合数据编制而成(图 5 - 15)。只要取得天然气的 $\delta^{13}C_1$ 和 $\delta^{13}C_2$ 值,有 $\delta^{13}C_3$ 值更好,标在这图版上,便可知该烷烃气的成因从属。

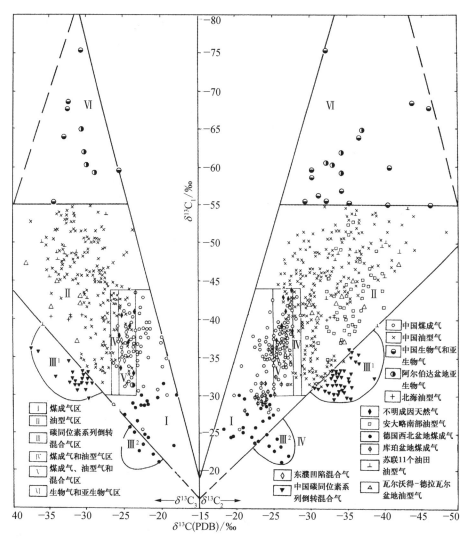

图 5 - 15
$\delta^{13}C_1$ -
$\delta^{13}C_2$ -
$\delta^{13}C_3$ 有机
不同成因
烷烃气鉴
别(据戴
金 星,
1992)

② 应用煤成气 $\delta^{13}C_{1-3} - R_o$ 关系图,可鉴别有机热解作用形成的烷烃气的属类 (图 5-16)。若知某天然气的 $\delta^{13}C_1$、$\delta^{13}C_2$ 和 $\delta^{13}C_3$ 值,用图解法,在图 5-16 纵坐标上 分别取 3 个点,从该 3 点起作出与横坐标平行的 3 条线,3 平行线若与对应的 $\delta^{13}C_1$、 $\delta^{13}C_2$ 和 $\delta^{13}C_3$ 回归线相交,则是煤成烃气;若不相交或错位相交,则不是煤成烃气。 例如:鄂尔多斯盆地胜利井气田任 6 井下石盒子组天然气的 $\delta^{13}C_1$ 值为 -35.343‰,

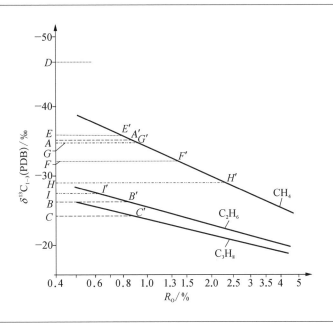

图 5 - 16　烷烃气 $\delta^{13}C_{1-3}$ - R_o 关系

$\delta^{13}C_2$ 为 $-26.375‰$，$\delta^{13}C_3$ 为 $-24.333‰$。在图 5 - 16 纵坐标上分别取 $-35.343‰$点 A，$-26.375‰$点 B 和 $-24.333‰$点 C，作点 A、点 B、点 C 与横坐标的平行线，而与 $\delta^{13}C_1$、$\delta^{13}C_2$、$\delta^{13}C_3$ 回归线分别交于点 A'、点 B'和点 C'，由此判定任 6 井天然气的烷烃气是煤成气，这与其他研究是一致的。鄂尔多斯盆地华池油田华 11 - 32 井延长组天然气的 $\delta^{13}C_1$ 值为 $-46.414‰$，$\delta^{13}C_2$ 为 $-35.945‰$，$\delta^{13}C_3$ 为 $-32.298‰$，在图 5 - 16 纵坐标上分别取 $-46.414‰$点 D，$-35.945‰$点 E 和 $-32.298‰$点 F，分别作点 D、点 E、点 F 与横坐标的平行线，D 平行线与 $\delta^{13}C_1$ 回归线没有交点，E 和 F 的平行线同 $\delta^{13}C_2$ 和 $\delta^{13}C_3$ 回归线没有交点，而和 $\delta^{13}C_1$ 回归线错位相交于点 E' 和点 F'，故其不是煤成烷烃气。由于华 11 - 32 井天然气具有正碳同位素系列特征，无疑是有机烷烃气，已判别它不是煤成烷烃气，应是油型烷烃气。华 11 - 32 井天然气是华池油田的伴生气，故其烷烃气属于油型烷烃气的结论是正确的。四川盆地中坝气田雷三气藏中 24 井天然气的 $\delta^{13}C_1$ 为 $-34.96‰$，$\delta^{13}C_2$ 为 $-29.03‰$，$\delta^{13}C_3$ 为 $-27.84‰$。在图 5 - 16 纵坐标上分别取 $\delta^{13}C_1$ 值、$\delta^{13}C_2$ 和 $\delta^{13}C_3$ 值的点 G、点 H、点 I，用上述相同方法作出该三点的横坐标平行线，G 平行线与 $\delta^{13}C_1$ 回归线交于点 G'，H 和 I 平行线则不与对应的 $\delta^{13}C_2$ 和

$\delta^{13}C_3$ 回归线相交，而与 $\delta^{13}C_1$ 和 $\delta^{13}C_2$ 回归线错位相交于点 H' 和点 I'。由此，确定雷三气藏中烷烃气不是煤成烷烃气。但由于雷三气藏中烷烃气具有正碳同位素系列特征，故应为油型烷烃气。

3）利用生油窗期油气产出能量比鉴别油型热解气和煤型热解气

如果源岩处于生油窗阶段（R_o 为 0.5%~1.35%，相当长焰煤至焦煤前期阶段），以生气作用为主，仅伴生少量石油，这种气主要是煤成热解气，油是煤成油；相反，若以成油为主，成气为辅，那么所生的气是油型热解气（伴生气），这种气在国内外很多产油区普遍存在。一般煤型热解气的气、油产出能量比通常大于1，一般大于10或更大，而油型热解气该比值一般小于1。

4）利用苯和甲苯含量鉴别煤成气和油型气

单环芳烃苯和甲苯，由于沸点低、易挥发，故常呈气态存在于天然气中。研究四川盆地大安寨组、珍珠冲组、东岳庙组、三叠系嘉陵江组、二叠系阳新统和中石炭统天然气中的苯和甲苯含量，以及琼东南盆地崖 13-1 气田煤成气的苯含量以及我国煤层气中苯含量，发现煤成气比油型气富含苯和甲苯。

3. 综合鉴别

表 5-14 为各类成因天然气综合鉴别表。该表可用来鉴别天然气组分以及天然气的成因属类。用多项指标综合确定组分或天然气的成因，比单一指标鉴别更可靠。但一定要把用指标识别气的成因类型与具体地质条件结合起来。

表 5-14 天然气成因类型综合鉴别（据王涛等，1997 修改）

同位素		有机成因气		无机成因气
		油型气	煤成气	
	$\delta^{13}C_1$	$-30‰ > \delta^{13}C_1 > -55‰$	$-10‰ > \delta^{13}C_1 > -50‰$	一般 $> -20‰$，最轻达 $-30‰$
		$-10‰ > \delta^{13}C_1 > -105‰$		
	$\delta^{13}C_2$	$< -28.5‰$	$> -28‰$	
	$\delta^{13}C_3$	$< -25.5‰$	$> -23.2‰$	
	碳同位素系列	$\delta^{13}C_1 < \delta^{13}C_2 < \delta^{13}C_3 < \delta^{13}C_4$		$\delta^{13}C_1 > \delta^{13}C_2 > \delta^{13}C_3$
	$\delta^{13}C_1 - R_o$ 关系	$\delta^{13}C_1 \approx 15.8 \lg R_o - 42.21$	$\delta^{13}C_1 \approx 14.13 \lg R_o - 34.39$	
	$\delta^{13}C_{CO_2}$	$< -10‰$		$> -8‰$

（续表）

		有机成因气		无机成因气
		油型气	煤成气	
同位素	$\delta^{13}C_{1-4}$ 连线	较轻	较重	
	与气同源凝析油 $\delta^{13}C$	轻（一般 < -29‰）	重（一般 > -28‰）	
	凝析油的饱和烃和芳烃 $\delta^{13}C$	饱和烃 $\delta^{13}C$ < -27‰ 芳烃 $\delta^{13}C$ < -27.5‰	饱和烃 $\delta^{13}C$ > -29.5‰ 芳烃 $\delta^{13}C$ > -27.5‰	
	与气同源原油 $\delta^{13}C$	轻（ -26‰ > $\delta^{13}C$ > -35‰）	重（ -23‰ > $\delta^{13}C$ > -30‰）	
	源岩氯仿沥青 "A" 对应组分 $\delta^{13}C$	较轻	较重	
气组分	CO_2	多数 <4%		一般 >20%
	汞蒸气	<600 ng/m³	>700 ng/m³	
	C_1/C_{2+3}	大部分 <15，绝大部分 <10 （油型热解气）		大于 180，绝大部分 >400
	C_{2-4}	一般 C_2 >0.5%，大多数有 C_{3-4}		痕量 C_2，绝大多数无 C_{3-4}
轻烃	甲基环己烷指数	<50% ±2%	>50% ±2%	无
	C_{6-7} 支链烷烃含量	>17%	<17%	无
	甲苯/苯	一般 <1	一般 >1	
	苯	约 148 µg/L	约 475 µg/L	
	甲苯	约 113 µg/L	约 536 µg/L	
	凝析油 C_{4-7} 烃族组成	富含链烷烃，贫环烷烃和芳烃，一般芳烃 <5%	贫链烷烃，富环烷烃和芳烃，一般芳烃 >10%	无
	C_7 的五环烷、六环烷和 nC_7 族组成	富 nC_7 和五环烷	贫 nC_7，富六环烷	无
凝析油和储层沥青中生物标志物	Pr/ph 值	一般 <1.8	一般 >2.7	无
	杜松烷、桉叶油烷	没有杜松烷，难以检测到桉叶油烷	可检测到杜松烷和桉叶油烷	无
	松香烷系列和海松烷系列	贫松香烷和海松烷	成熟度不高时，可检测到松香烷系列和海松烷系列化合物	无
	二环倍半萜 C_{15}/C_{16} 值	<1 和 >3	1.1 ~ 2.8	无
	双杜松烷	无	有	无
	C_{27-29} 甾烷	一般 C_{27}、C_{28} 丰富，C_{29} 含量少	一般 C_{29} 丰富，C_{27}、C_{28} 较少	无

5.3 典型地区页岩气地球化学评价

5.3.1 四川盆地东北地区下寒武统海相页岩

1. 气体组分

如表 5 - 15 所示,四川盆地东北地区下寒武统海相页岩解吸气体中 CH_4、C_2H_6、CO_2 和 N_2 的体积分数分别为 95. 38% ~ 98. 80%、0. 43% ~ 1. 28%、0. 25% ~ 0. 79% 和 0 ~ 3. 49%,C_3H_8 和 C_6^+ 含量极低;C_1/C_{1-5} 比值均在 0. 98 以上,属于干气。

表 5 - 15 四川盆地东北地区下寒武统海相页岩解吸气组分(韩辉 等, 2013)

岩样编号	解吸时间/min	组分/%					
		CH_4	C_2H_6	C_3H_8	C_6	CO_2	N_2
18	25	95. 38	0. 69	0. 00	0. 00	0. 44	3. 49
18	157. 5	97. 38	1. 00	0. 02	0. 00	0. 76	0. 84
18	1 080	98. 25	1. 17	0. 02	0. 00	0. 57	—
18	1 890	98. 38	1. 28	0. 02	0. 00	0. 32	—
20	25	97. 76	0. 43	0. 00	0. 00	0. 24	1. 26
20	105	96. 39	0. 64	0. 00	1. 23	0. 79	0. 95
20	960	98. 08	0. 75	—	0. 00	0. 73	0. 44
20	1 500	97. 45	0. 85	—	1. 28	0. 42	—

样品 18 的 CH_4 随解吸时间和累积解吸气量的增加而增加,18 ~ 157. 5 相对于 18 ~ 25 增加幅度大,可达 2. 0%;样品 20 的 CH_4 与解吸时间和累积解吸气量无相关性 [图 5 - 17(a)(b)]。总体说来,C_2H_6 随解吸时间和累积解吸气量的增加而增加。在解吸早期,C_2H_6 增幅较大,在解吸中后期,C_2H_6 含量随解吸时间的增加而呈现出很好的规律性[图 5 - 17(c)(d)]。在解吸初期,CO_2 含量随解吸时间的增加而增加,到中后期则有规律地减少[图 5 - 17(e)];CO_2 含量随累积解吸气量的增加先急剧增加,后缓慢减少,最后急剧减少[图 5 - 17(f)]。N_2 含量随着解吸时间和累积解吸气量的增加逐渐降低,直至不含 N_2[图 5 - 17(g)(h)](韩辉等,2013)。

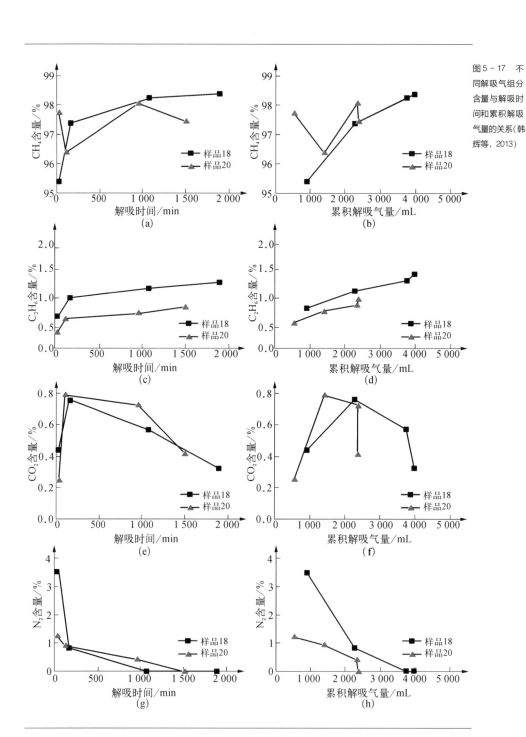

图 5 - 17 不同解吸气组分含量与解吸时间和累积解吸气量的关系(韩辉等, 2013)

CH₄/C₂H₆的比值随解吸时间和累积解吸气量的增加而逐渐减少[图5-18(a)
(b)]。CH₄/CO₂比值随解吸时间和累积解吸气量的增加先急剧减少,后略微增大,最
后又急剧增加[图5-18(c)(d)]。C₂H₆/CO₂比值随着解吸时间和累积解吸气量的增
加,先减小后增加,而且增加速率有变快的趋势[图5-18(e)(f)]。

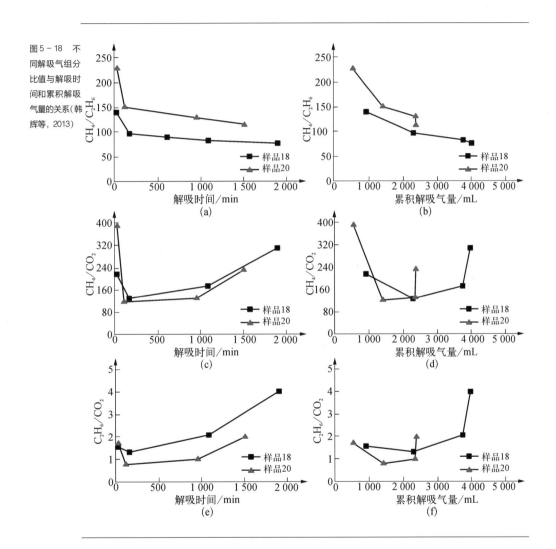

图5-18 不同解吸气组分比值与解吸时间和累积解吸气量的关系(韩辉等,2013)

2. 碳同位素组成

如表5-16所示,解吸气的$\delta^{13}C_1$介于$-32.2‰\sim-30.0‰$,$\delta^{13}C_2$介于$-37.7‰\sim$

$-36.6‰$，CO_2 的碳同位素介于 $-13.7‰ \sim -7.8‰$。8 个气样均呈现出 $\delta^{13}C_1 > \delta^{13}C_2$ 的"逆序"现象。早期解吸出的气样 $\delta^{13}C_1$ 相近，随解吸时间和累积解吸气量的增加，$\delta^{13}C_1$ 分别增重了 $2.3‰$ 和 $2.2‰$。$\delta^{13}C_1$ 与解吸时间有很好的正相关性，相关系数分别为 0.996 和 0.938[图 5 – 19(a)]；随累积解吸气量的增加，$\delta^{13}C_1$ 的增加速率增大，这可能是由于解吸速率变慢引起的[图 5 – 19(a)(b)]。$\delta^{13}C_2$ 随着解吸时间和累积解吸气量的增加均没有发生太大的变化[图 5 – 20(a)(b)]，这可能与 C_2H_6 含量较低有关。

气样编号	$\delta^{13}C_1/‰$	$\delta^{13}C_2‰$	$\delta^{13}C_{CO_2}/‰$
18 – 25	−31.8	−37.0	−13.7
18 – 157.5	−31.5	−36.9	−11.2
18 – 1 080	−30.5	−37.2	−12.7
15 – 1 890	−29.5	−37.0	−13.9
20 – 25	−32.2	−36.6	−8.8
20 – 105	−32.0	−37.7	−7.8
20 – 960	−31.3	−37.6	−12.1
20 – 1 500	−30.0	−37.6	—

表 5 – 16 四川盆地东北地区下寒武统海相页岩解吸气的碳同位素组成（韩辉等，2013）

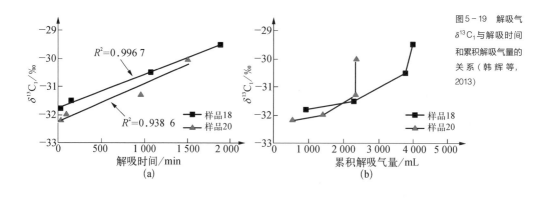

图 5 – 19 解吸气 $\delta^{13}C_1$ 与解吸时间和累积解吸气量的关系（韩辉等，2013）

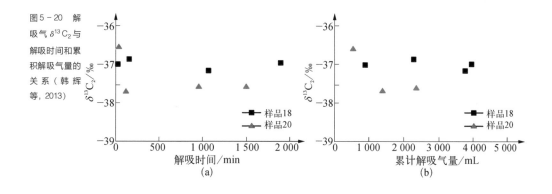

图 5 - 20 解吸气 $\delta^{13}C_2$ 与解吸时间和累积解吸气量的关系（韩辉等，2013）

5.3.2　Illinois 盆地 New Albany 页岩

1. 地层与岩性特征

New Albany 页岩是 Illinois 盆地下 Mississippian 统至上泥盆统的一套富含有机质页岩，相当于 Michigan 盆地 Antrim 页岩、Appalachian 盆地的 Ohio 页岩和 Marcellus 页岩。这些页岩是陆表海层序的组成部分，是由于北美克拉通一次大范围的海平面上升而沉积形成的（Johnson 等，1985；de Witt 等，1993）。New Albany 页岩分布于 Indiana 州、Illinois 州和 Kentucky 州西部等地区，厚度在 6~140 m（图 5-21），埋深变化在 0~1 585 m。主要岩石类型为富含有机质的褐色-黑色页岩、绿灰色页岩、白云岩和粉砂岩。New Albany 页岩上覆与下伏地层分别为石炭系的 Rockford 灰岩和中泥盆统 North Vernon 灰岩。在 Rockford 灰岩缺失的地方，New Albany 页岩与上覆的 New Providence 页岩接触（图 5-22）。

New Albany 页岩层系可被进一步划分为 6 个岩性段，从最老到新依次为：Blocher 段、Selmier 段、Morgan Trail 段、Camp Run 段、CleggCreek 段以及 Ellsworth 段（Lineback，1970）。Blocher 段的最下部是富含有机质的褐黑色页岩，有些地方是钙质到白云石质的页岩。绿灰色页岩、粉砂岩和白云岩比较少见，有机质含量（TOC）通常为 10%~20%；Selmier 段为生物扰动的绿灰色泥岩，覆盖在 Blocher 段

之上,褐黑色页岩、白云岩和粉砂岩较少。总体而言,有机质含量相对较低,TOC 不
到 4% ;Morgan Trail 段为褐色-黑色片状硅质页岩,含有 1 ~ 30 mm 厚的黄铁矿薄
层,TOC 在 5% ~ 20% ;Camp Run 段由绿-橄榄灰色泥岩和页岩与褐色-黑色含黄铁
矿片状页岩互层,其有机质较丰富,TOC 含量通常在 5% ~ 13% ;Clegg Creek 段为褐
色-黑色粉砂质和含黄铁矿的块状页岩,上部有磷酸盐结核。该段比下面几段含有
更多的石英粉砂,其 TOC 含量在 5% ~ 13% 。尽管 New Albany 页岩的最下部也有
天然气产出的现象,但 New Albany 页岩的开发者普遍认为 Clegg Creek 段是最重要
的产气层段;Ellsworth 段由富含有机质的褐色-黑色页岩组成,向上逐渐变为绿灰色
页岩。

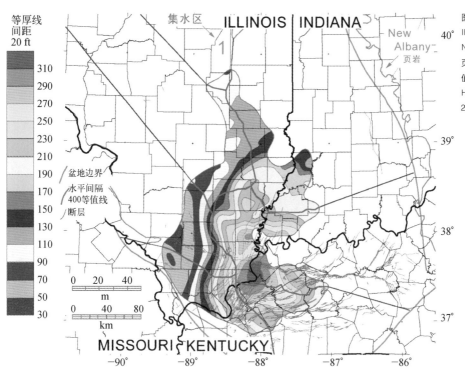

图 5 - 21
Illinois 盆地
New Albany
页岩厚度等
值 线 (据
Hasenmueller,
2010)

图5-22 Illinois 盆地 New Albany 页岩地层柱状（据 Hasenmueller 和 Comer, 2000, 引自 Strapoć 等, 2010）

年代地层单位					岩石单元			
全球			北美					
统	亚统	阶	统	系	群	层和组	岩性	厚度范围/m
石炭系 Mississippian		Tournaisian	Mississippian	Osagean	Borden	New Providence页岩		27~6
				Kinder-hookian		Rockford灰岩		0.6~6.7
泥盆系	上	Famennian	泥盆系	Chautauquan	New Albany Shale	Ellsworth组		0~25
						Clegg Creek组		22~49
						Camp Run组		
						Morgan Trail组		
		Frasnian		Senecan		Selmier组		6~61
						Blocher组		2~24
	中	Givetian		Erian	Muscatatuck	North Vernon灰岩		0~37
		Eifel-ian						

图例：
- 褐色-黑色页岩
- 绿色-灰色页岩
- 灰到深灰色页岩
- 灰岩
- ⚘ 潜穴
- ■ 黄铁矿
- ○ 孢子

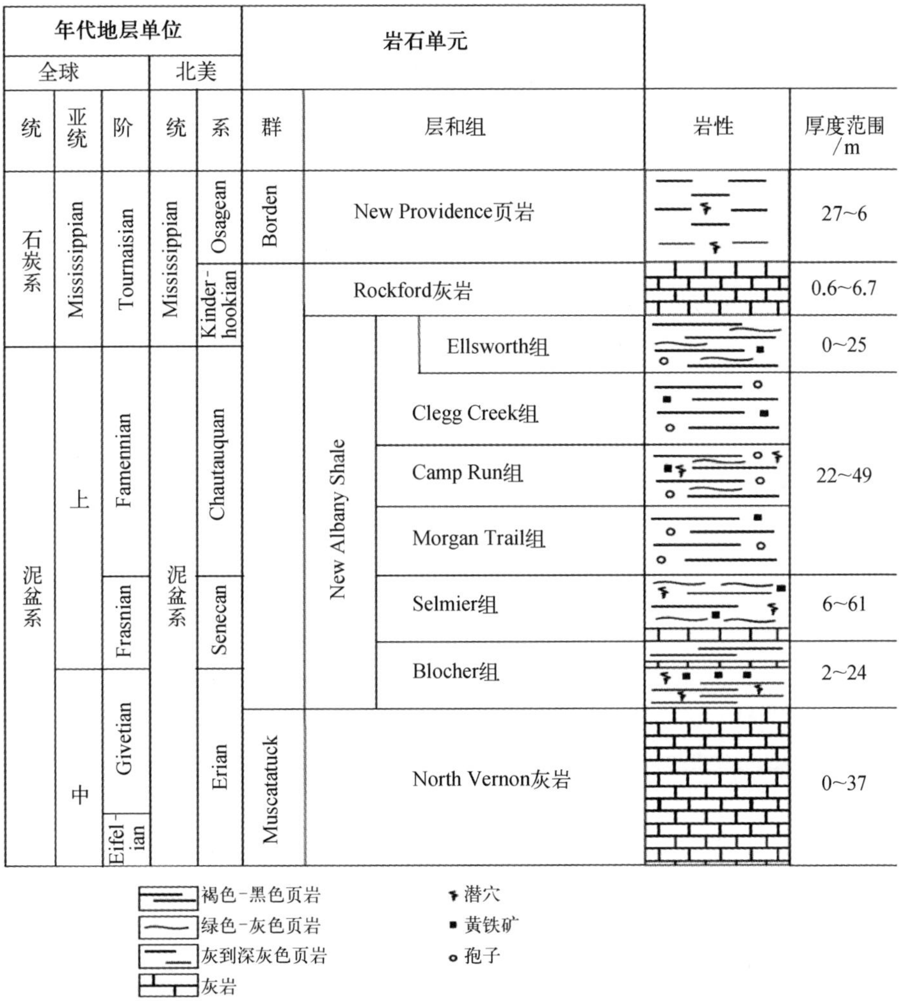

2. New Albany 页岩的地球化学特征

New Albany 页岩的镜质体反射率(R_o)从伊利诺伊盆地南部的 1.5% 到盆地边缘附近(包括印第安纳州)的 0.5%~0.7%(图 5-23)。由于可能存在镜质体反射率的抑制现象,有些部位的热成熟度可能高于 R_o 值(Comer 等,1994)。干酪根属 I 型,含气量为 1.1~2.3 m^3/t,总孔隙度为 10%~14%,含气孔隙度为 5%。

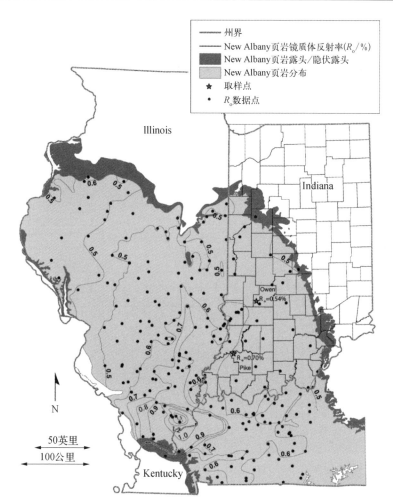

图5-23 Illinois 盆地 New Albany 页岩镜质体反射率等值线图（据 Hasenmueller 和 Comer, 2000, 引自Stra̦poć 等, 2010）

据 Stra̦poć 等(2010)研究分析,New Albany 页岩的有机岩石成分主要是类脂组的无定形体和藻类体组分(表5-17)。陆源镜质体和惰性体组分很少,未超过岩石总体积的1%。有些样品含固体沥青。层位较浅的 Owen 县,镜质体反射率在0.49%~0.58%。在较深和成熟度较高的 Pike 县为0.68%~0.72%。这一较高的 R_0 使 Pike 县的这套源岩进入了早期生油窗,并有石油和少量热成因气生成(Schimmelmann 等,2006)。

表5-17 New Albany 页岩样品有机岩石组分（以体积百分比表示）（Strapoć 等，2010）

样品	深度/m	R_o/%	藻类体	无定形体	孢子体	碎屑壳质体	总类脂组	镜质体	惰性体	固体沥青	总有机质	总矿物质
欧文县新奥尔巴尼页岩												
NS-1	416	0.52	1.9	3.1	0.0	1.6	6.6	0.0	0.0	0.4	7.0	93.0
NS-2	418	0.52	1.2	1.6	0.4	3.2	6.4	0.0	0.0	1.6	8.0	92.0
NS-3	420	0.54	3.2	3.2	0.0	2.4	8.8	0.0	0.0	2.3	11.1	88.9
NS-4	422	0.57	1.2	10.8	0.0	2.0	14.0	0.4	0.0	0.0	14.4	85.6
NS-5	424	0.56	1.6	7.6	0.0	1.6	10.8	0.8	0.0	2.0	13.6	86.4
NS-6	426	0.58	6.8	0.1	0.0	2.0	8.9	0.0	0.0	2.4	11.3	88.7
NS-7	429	0.49	4.0	3.2	0.0	2.4	9.6	0.0	0.0	1.2	10.8	89.2
派克县新奥尔巴尼页岩												
NA-8	833	n.d.	0.1	0.0	0.0	0.1	0.2	0.2	0.2	0.0	0.6	99.4
NA-7	837	0.68	0.1	0.0	0.1	0.1	0.3	0.3	0.2	0.0	0.8	99.2
NA-6	840	0.68	5.6	9.6	0.0	1.2	16.4	0.0	0.4	2.0	18.8	81.2
NA-5	842	n.d.	2.4	2.8	0.0	1.2	6.4	0.0	0.4	0.0	6.8	93.2
NA-4	846	n.d.	10.0	6.4	0.0	2.0	18.4	0.0	0.4	0.0	18.8	81.2
NA-3	848	n.d.	1.6	4.0	0.0	2.0	7.6	0.0	0.4	0.0	8.0	92.0
NA-2	850	n.d.	1.6	4.4	0.0	2.4	4.8	0.0	0.0	0.0	4.8	95.2
NA-1	855	0.72	4.8	2.0	0.0	2.0	8.8	0.4	0.0	0.0	9.2	90.8

New Albany 页岩在两个研究区最上部的 TOC 均相较低，其中 Pike 县尤为明显（图5-24）。Pike 县最上部层位即 Ellsworth 段的有机质中含小的藻类体，偶见疑源类胞囊以及极细微的碎屑壳质体组分[图5-25(a)(b)]。在这部分层位的所有样品中都存在惰性体和细小的镜质体氧化颗粒[图5-25(c)]。Clegg Creek 段和 Camp Run 段的 TOC 含量升高，同时含大量藻类体组分和大型藻类化石，如 Leiosphaeridia 和 Tasmanites[图5-25(d)(e)(g)(h)]，还有较小的藻类体。较高的 TOC 和藻类体含量另外还伴有丰富的无荧光无定形体，它们以粒状基质或相对清晰的层出现[图5-25(f)(i)]。

New Albany 页岩岩心的总含气量（基于"收集的量"）在 Oven 县研究点为 0.4～2.1 m^3/t，而在 Pike 县为 0.1～2.0 m^3/t（表5-18，图5-26）。在两个研究点都发现，

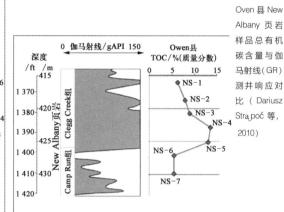

图 5 - 24
Pike 县 和
Oven 县 New
Albany 页岩
样品总有机
碳含量与伽
马射线(GR)
测井响应对
比 (Dariusz
Stra̧poć 等,
2010)

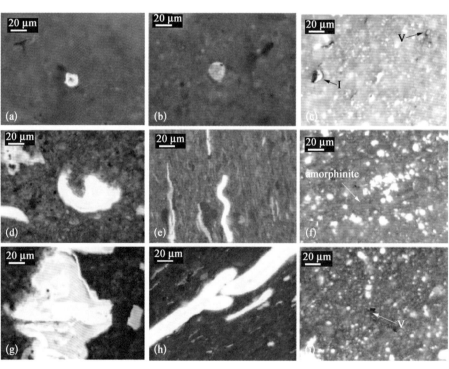

图 5 - 25 选
用样品中各
类有机质的
显微照片
(Stra̧poć 等,
2010)

表5-18 新奥尔巴尼页岩样品的表面积和中孔隙特征（Strapoć 等，2010）

样品	TOC/%	BET表面积/(cm³/g)	BJH中孔隙体积/(cm³/g)	D-R微孔隙表面积/(cm³/g)	D-R单层容积/(cm³/g)	D-A微孔隙体积/(cm³/g)	残余气(散失气)/(scf/t)	总含气量/(scf/t)①	总含气量/(m³/t)
欧文县新奥尔巴尼页岩									
NS-1	6.95	11.6	0.025 755	14.6	3.2	0.014 141	10.3(<0.1)	19.0	0.6
NS-2	8.25	10.5	0.024 404	15.9	3.5	0.014 223	17.3(<0.1)	24.7	0.8
NS-3	9.05	9.9	0.022 969	15.1	3.3	0.012 913	17.4(0.1)	32.9	1.0
NS-4	13.06	4.9	0.014 429	19.2	4.2	0.016 695	42.1(<0.1)	65.8	2.1
NS-5	12.67	8.0	0.018 620	18.4	4.0	0.016 903	44.4(0.3)	57.1	1.8
NS-6	5.44	8.0	0.025 240	8.3	1.8	0.009 572	13.4(<0.1)	13.9	0.4
NS-7	5.48	9.9	0.028 988	10.1	2.2	0.008 777	10.8(0.1)	13.2	0.4
派克县新奥尔巴尼页岩									
NA-8	0.53	20.0	0.031 359	11.8	2.6	0.008 279	0(0.6)	3.2	0.1
NA-7	0.82	18.9	0.025 989	11.5	2.5	0.008 144	0(0.6)	4.7	0.1
NA-6	12.03	10.6	0.030 010	21.6	4.7	0.017 675	23.0(1.7)	58.3	1.8
NA-5	6.13	5.9	0.017 332	12.3	2.7	0.013 291	13.8(2.1)	47.6	1.5
NA-4	10.16	4.9	0.016 582	14.5	3.2	0.014 603	18.7(3.2)	63.9	2.0
NA-3	8.10	4.4	0.011 681	14.6	3.2	0.012 988	15.1(0.7)	46.1	1.4
NA-2	5.32	4.2	0.012 962	7.1	1.5	0.011 691	5.6(0.5)	20.0	0.6
NA-1	6.57	4.0	0.012 631	8.6	1.9	0.010 088	8.1(3.7)	29.9	0.9

图5-26 残余气含量与总含气量之间的关系（Strapoć et al., 2010）

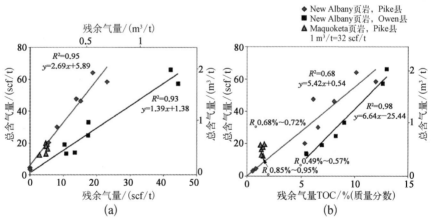

① 1 标准立方尺(scf) =0.026 85 立方米(m³)(标况)。

在残余气与总含气量之间以及在总含气量与 TOC 含量之间有很强的相关性[R^2 分别为 0.9 和 0.7 ~ 0.9，图 5 - 26(a)(b)]，其中的 TOC 是从相应的 30 cm 岩心段有代表性的均匀碎片中获取的。残余气和总含气量的正相关性反映了最细小封闭微孔隙(含残余气)体积与连通的微孔隙和中孔隙(提供了容纳吸附气的表面)体积之间的关系。Martini(2008)也曾观测到 New Albany 页岩中总含气量和 TOC 之间的相关性。一般而言，由页岩岩心段密封罐解吸获得的总含气量在两个研究点具有可比性[表 5 - 18，图 5 - 26(b)]。但在 TOC 值相同时，Pike 县含气更多。

早期生油窗因热成熟度较低，不会生成大量的气排出。因此，New Albany 页岩干酪根所生成的天然气大多留在页岩内并吸附在丰富的有机质上。不过仍有一部分所谓的"游离(压缩)气"充填在大孔隙和裂缝内，它们有可能在不同时代的地质作用(还有岩心采集过程)中散失。这一点在较浅和较靠北的 Oven 县研究点更突出，那里的(总气–残余气)/总气比值约为 0 ~ 3，明显低于 Pike 县(约 0.6)。天然气的这种散失可能是后冰川期的回弹和松弛作用造成的。在 Pike 县的岩心中发现了长约 30 cm 的多条纵向裂缝。

根据观测到的 New Albany 页岩气干度和 $\delta^{13}C$ 值的变化(表 5 - 19，图 5 - 27)，有些气主要为热成因气，而另有一些气为热成因气和生物气的混合气，而且生物甲烷的比例是向伊利诺斯盆地东北边界增大的。当地层水的氯离子浓度超过 2 mol/L(McIntosh 等，2002)时，在 New Albany 页岩中就不会观测到微生物甲烷。微生物甲烷的分布与地层水较低盐度的一致性表明，渗入的大气水和后冰川期水的补给使盆地盐水得到了稀释，由此可以使微生物在有裂缝的页岩里得以繁殖。Oven 县研究点的特点是在热成因气中加入了可能属于后冰川期的微生物甲烷。Oven 县页岩因成熟度较低而使热成因气潜力较小，但因有高达 5 倍的微生物甲烷的加入而基本上得到了补偿。因此，尽管 Pike 县与 Oven 县两地热成熟度不同，但总含气量相当。Oven 县新奥尔巴尼页岩气中微生物甲烷的加入还伴有明显的丙烷微生物降解，结果出现了残余丙烷的 ^{13}C 富集[图 5 - 28(a)]。

New Albany 页岩有机质以类脂组占优势，含很高比例的藻类体，富含 17 - 19 碳原子脂族链。这些脂族链的甲基裂开可能需要相对较高的活化能。因此在低成熟度时，New Albany 页岩中脂族占优势。缺乏 $\delta^{13}C$ 的有机质在转化时，会产生 $\delta^{13}C_{甲烷}$ 值接近 −52‰ 和 $\delta^{13}C_{乙烷}$ 值接近 −47‰ 的热成因气[图 5 - 28(b)]。

表5-19 New Albany页岩气样品的成分和同位素特征 (Strąpoć等, 2010)

样品	深度/m	甲烷 Conc.(体积)/%	甲烷 δ¹³C/‰	甲烷 δD/‰	CO₂ Conc.(体积)/%	CO₂ δ¹³C/‰	乙烷 Conc.(体积)/%	乙烷 δ¹³C/‰	乙烷 δD/‰	丙烷 Conc.(体积)/%	丙烷 δ¹³C/‰	丙烷 δD/‰	异构丁烷 Conc.(体积)/%	异构丁烷 δ¹³C/‰	异构丁烷 δD/‰	正丁烷 Conc.(体积)/%	正丁烷 δ¹³C/‰	正丁烷 δD/‰	正戊烷 Conc.(体积)/%	正戊烷 δ¹³C/‰	N₂/%
New Albany 页岩, Owen 县																					
NS-1	416	90.9	-53.8	n.d.	7.7	-12.0	0.8	-46.9	n.d.	0.4	-36.0	n.d.	0.03	-27.2	n.d.	0.1	-31.5	n.d.	b.d.l	n.a.	n.d.
NS-3	420	98.3	-54.6	-201	0.1	-11.9	0.9	-46.4	-245	0.5	-39.5	-184	0.02	-34.3	-143	0.1	-33.3	-135	b.d.l	n.a.	n.d.
NS-5	424	98.2	-56.3	-160	0.2	-16.5	1.0	-48.0	-227	0.5	-37.6	-159	0.02	-34.8	-152	0.1	-33.9	-127	b.d.l	n.a.	n.d.
NS-7	429	98.4	-55.0	-156	0.0	-12.4	0.8	-47.8	-217	0.6	-36.3	-176	0.1	-34.2	-153	0.1	-36.2	-144	b.d.l	n.a.	n.d.
New Albany 页岩, Pike 县																					
NA-6	840	75.8	-53.2	-216	0.1	-131.1	13.0	-47.0	-273	4.5	-37.7	-180	0.1	-33.3	-168	0.8	-33.5	-151	0.3	-32.0	5.2
NA-5	842	71.7	-52.1	-240	0.2	-16.6	15.8	-46.6	-300	6.7	-39.8	-215	0.2	-33.5	-188	1.2	-34.4	-158	0.7	-32.4	3.4
NA-4	846	72.1	-52.2	-254	0.2	-16.7	17.0	-48.1	-335	6.5	-39.4	-261	0.2	-32.8	-159	1.1	-32.8	-159	b.d.l.	n.a.	3.0

n.a.=不可用 n.d.=未确定 b.d.l.=低于检测限

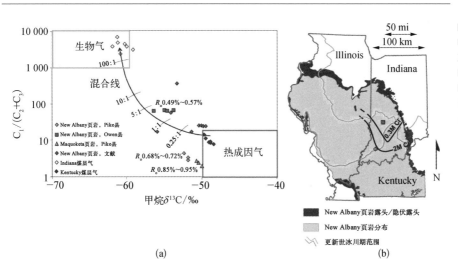

图 5 - 27
New Albany
页岩生物成
因气与热成
因气分布
(Strapoć 等,
2010)

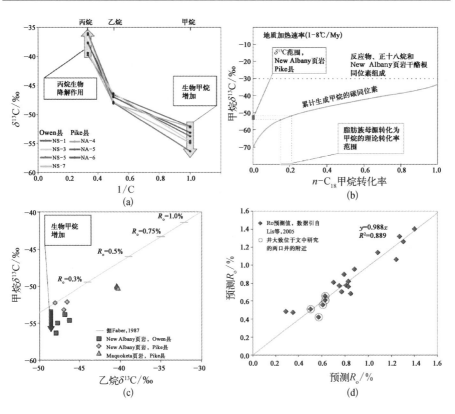

图 5 - 28
页岩气热成
熟度(Dariusz
Strapoć 等,
2010)

由此可见,New Albany 页岩气具有双重成因,既有干酪根经热成因而形成的低熟气又有甲烷菌代谢活动形成的生物成因气。

5.3.3　　　　Fort Worth 盆地 Barnett 页岩

根据气体分子和同位素组分分析,Fort Worth 盆地气体属于热成因气,生物成因气少(图5-29)。根据同位素分析测算的气体成熟度与使用气体同位素数据估算,用

图5-29 Fort Worth 盆地气体分子和同位素组分分析

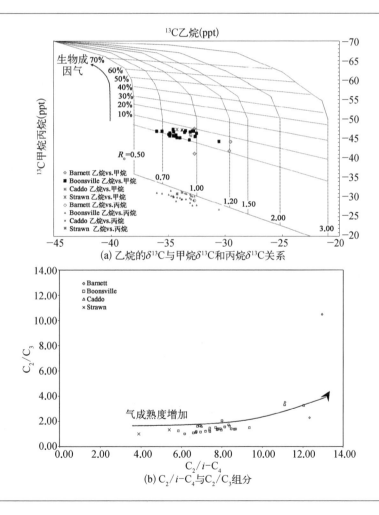

(a) 乙烷的δ^{13}C与甲烷δ^{13}C和丙烷δ^{13}C关系

(b) $C_2/i-C_4$与C_2/C_3组分

等效 R_o 表示的 Barnett 页岩的热成熟度一致。地层对气体的分布也有影响。根据地层气体表现的整个成熟度范围,宾夕法尼亚系 Bend 群 Boonsville 群砾岩储层(图 5-30)可能是首个接受 Barnett 页岩或其他烃源岩生成气的地层,而后在整个

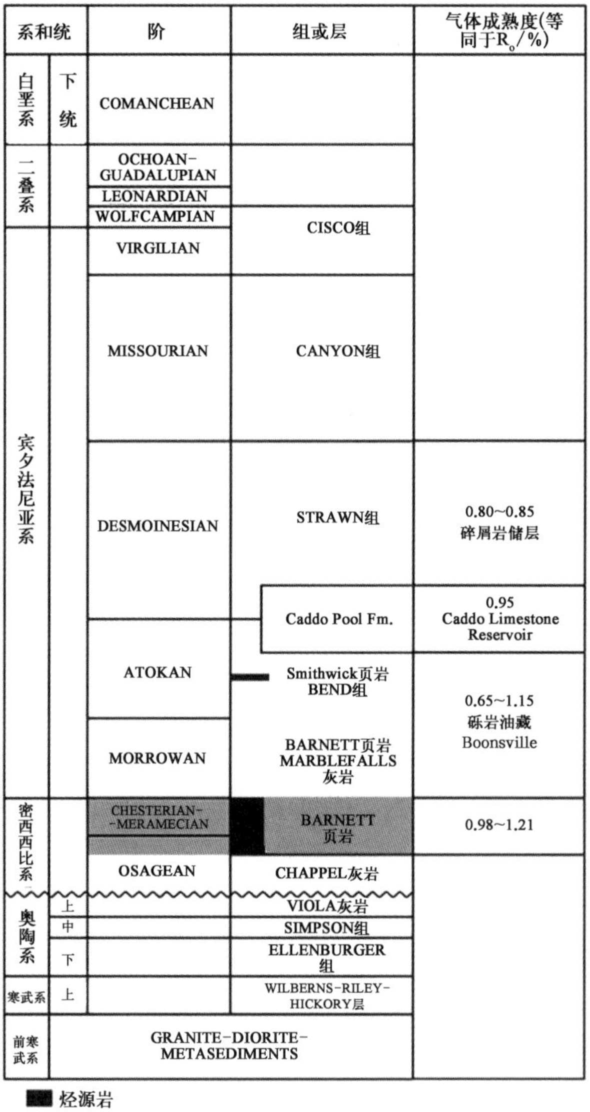

系和统		阶	组或层	气体成熟度(等同于R_o/%)
白垩系	下统	COMANCHEAN		
二叠系		OCHOAN-GUADALUPIAN		
		LEONARDIAN		
		WOLFCAMPIAN	CISCO组	
宾夕法尼亚系		VIRGILIAN		
		MISSOURIAN	CANYON组	
		DESMOINESIAN	STRAWN组	0.80~0.85 碎屑岩储层
		ATOKAN	Caddo Pool Fm.	0.95 Caddo Limestone Reservoir
			Smithwick页岩 BEND组	0.65~1.15 砾岩油藏 Boonsville
		MORROWAN	BARNETT页岩 MARBLEFALLS 灰岩	
密西西比系		CHESTERIAN--MERAMECIAN	BARNETT 页岩	0.98~1.21
		OSAGEAN	CHAPPEL灰岩	
奥陶系	上		VIOLA灰岩	
	中		SIMPSON组	
	下		ELLENBURGER 组	
寒武系	上		WILBERNS-RILEY-HICKORY层	
前寒武系		GRANITE-DIORITE-METASEDIMENTS		

■ 烃源岩

注:Boonsville 砾岩是得克萨斯中北部 Boonsville 气田当地的俗称

图5-30 Fort Worth 盆地综合地层剖面及成熟度(Hill 等,2007)

生烃期间继续聚集气体。除了 Barnett 页岩内的储层外，Boonsville 群是最靠近气源的地层。Strawn 群（图 5 - 31）是取样中最新的储层。Caddo Pool 组处在 Strawn 群下面，所接受的气体成熟度高于 Strawn 群，但低于 Barnett 页岩或 Boonsville 群观察到的最高成熟度。除了 Boonsville 群外，气体似乎先充填浅储层，从 Strawn 群开始，然后是 Caddo 组，成熟度最高的气体留在了 Barnett 页岩。不能排除气体产自 Barnett 页岩以外其他烃源岩的可能性，如 Smithwick 页岩，但根据烃源岩关系，Barnett 页岩被看作主要生气源。

图 5 - 31　Barnett 页岩 $i -$ $C_4/n - C_4$ 比与 R_o 关系（Hill 等，2007）

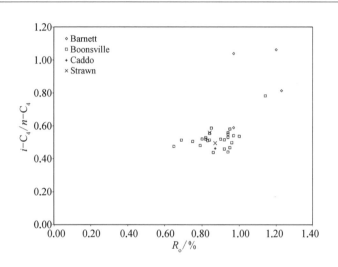

气体湿度与热成熟度的逆关联性进一步支持了同位素数据的结论：与低成熟度气体相比，在较高成熟度下生成的气体有更干些的趋势。Boonsville 群存在各种成熟度的气体，这表明，该地层曾是最初始的储层，之后气体从 Boonsville 层组排入 Strawn 群和 Caddo 组，形成气体成熟度的分布。另外，气体成熟度分布可能恰好反映出油气生成期间运移通道的复杂性或多源生烃的特性。

从两种现象有可能解释 $i - C_4/n - C_4$（异丁烷/正丁烷）比值在最高的气体成熟度下提高的原因（图 5 - 31）。除了取自 Boonsville 群的一个气样外，Barnett 页岩的气体成熟度最高。异丁烷不如正丁烷稳定（Prinzhofer 等，2000），这样，当热成熟度提高时，它与乙烷或正丁烷的比值则应降低。$i - C_4/n - C_4$ 比值随成熟度而增加，表示 Barnett

页岩的原油开始裂解,造成 Barnett 页岩储集气体中 i - C_4(异丁烷)含量脉冲式升高,这有可能是原油裂解期间地层所保留的石油与黏土矿物相互作用的结果(Tannenbaum 和 Kaplan,1985)。第二个可能性是,Boonsville 群、Caddo 组和 Strawn 群储层的气体是产自多个烃源岩相气体的混合物,而 Barnett 页岩气体是生自单个烃源岩相的气体。需要扩大气体取样和分析,以便进一步证实这些推测。

Barnett 页岩中储集的气体和一个 Boonsville 气样的 i - C_4/n - C_4 比值最高,这些气体也呈现最高的成熟度,较高的 i - C_4/n - C_4 比值表示 Barnett 页岩内原油开始裂解,i - C_4 是 Barnett 页岩内保留的石油裂解的重要丁烷生成物;Barnett 页岩气体的 i - C_4 高含量可能是地层内保留的石油与黏土矿物相互作用的结果。

第6章

地球化学
相关测试
分析技术

6.1   无机地球化学测试分析技术

6.1.1   X射线荧光光谱法(XRF)

X射线荧光光谱法近年来已成为地学样品中多元素分析最有效的手段之一。经常分析的元素包括主、次、痕量元素在内可达63种。XRF在海洋地质的现场分析中发挥了很好的作用。

X射线荧光光谱法是利用样品对X射线的吸收随样品中的成分及其组成变化而变化从而来定性或定量测定样品中成分的一种方法。它具有分析迅速、样品前处理简单、可分析元素范围广、谱线简单、光谱干扰少等优点。X射线荧光光谱法不仅可以分析块状样品,还可对多层镀膜的各层镀膜分别进行成分和膜厚的分析。

根据分光方式的不同,X射线荧光分析可分为能量色散(EDXRF)和波长色散(WDXRF)两类;根据激发方式的不同,则可分为源激发和管激发两种。

X射线荧光分析的基本原理:当试样受到X射线、高能粒子束、紫外光等照射时,由于高能粒子或光子与试样原子碰撞,将原子内层电子逐出形成空穴,使原子处于激发态,这种激发态离子寿命很短,当外层电子向内层空穴跃迁时,多余的能量即以X射线的形式放出,并在较外层产生新的空穴和X射线发射,这样便产生一系列的特征X射线。

特征X射线是各种元素固有的,它与元素的原子系数有关。两者有这样的关系:

$$\sqrt{\frac{1}{\lambda}} = k(Z - S) \tag{6-1}$$

式中,k,S是常数,所以只要测出了特征X射线的波长λ,就可以求出产生该波长的元素,即可做定性分析。

当用X射线(一次X射线)做激发源照射试样,使试样中元素产生特征X射线(荧光X射线)时,若元素和实验条件一样,荧光X射线的强度I_i与分析元素的质量百分浓度C_i的关系可以用下式表示:

$$I_i = \frac{KC_i}{\mu_m} \tag{6-2}$$

式中,μ_m 是样品对一次 X 射线和荧光射线的总质量吸收系数;K 为常数,与入射线强度 I 和分析元素对入射线的质量吸收系数有关。

在一定条件(样品组成均匀、表面光滑平整、元素间无相互激发)下,荧光 X 射线强度与分析元素含量之间存在线性关系。根据谱线的强度可以进行定量分析。

波长色散型光谱仪原理:特征 X 射线准直器准直,投射到分光晶体的表面,按照布拉格定律产生衍射,使不同波长的荧光 X 射线按波长顺序排列成光谱。这些谱线由检测器在不同的衍射角上检测,转变为脉冲信号,经电路放大,最后由计算机处理输出。

X 射线管产生的 X 射线由两部分组成:具有连续波长成分的连续 X 射线和具有靶材料元素特性波长的特征 X 射线。

连续 X 射线的产生是由于 X 射线管内高速运动的电子撞击靶原子后受到阻尼,将部分能量传递给靶材料原子,引起韧致辐射所致。

当 X 射线管的加速电压提高到某一临界值时,就会在连续波长的某些波长位置出现强度很大的线状光谱。这些线状光谱取决于靶材原子,与入射电子的能量无关。它反映靶材元素的性质,所以称为特征 X 射线。

分光系统由入射狭缝、分光晶体、晶体旋转机构、样品室和真空系统组成。其作用是将试样受激发产生的二次 X 射线(荧光 X 射线)经入射狭缝准直后,投射到分光晶体上。晶体旋转机构使分光晶体转动,连续改变 θ 角,使各元素不同波长的 X 射线按布拉格定律分别发生衍射而分开,经色散产生荧光光谱。

当 X 射线入射到物质中时,其中一部分会被物质原子散射到各个地方去。当被照射的物质为晶体时,其原子在三维空间有规则排列,且原子层间的间距与照射 X 射线波长有相同数量级时,在某种条件下,散射的 X 射线会得到加强,显示衍射现象。当晶面距离为 d,入射和反射 X 射线波长为 λ 时,有相邻两个晶面反射出的两个波,其光程差为 $2d\sin\theta$,当该光程差为 X 射线的整数倍时,反射出的 X 射线相位一致,强度增强;为其他值时,强度互相抵消而减弱。所以只有满足 $2d\sin\theta = n\lambda$ 时,即波长为 λ 的一级 X 射线及 $\lambda/2, \lambda/3 \cdots$ 的高级衍射线在出射角 θ 方向产生衍射,从而达到分光的目的。

检测和分光系统包括出射狭缝、检测器、放大器、脉高分析器等组成部分。对荧光X射线进行扫描和检测。

X射线荧光分析的优点为：① 样品处理相对简单；② 峰背比较高，分析灵敏度高；③ 不破坏试样，无损分析；④ 分析元素多（一般从 8 ~ 92 号），分析含量范围广（10^{-6} ~ 100% ）；⑤ 试样形态多样化（固体、液体、粉末等）；⑥ 快速方便。

X射线荧光分析的缺点为：① 基体效应比较严重，试样要求严格；② 仪器复杂，价格高；③ 轻元素分析困难；④ 一般来说，X射线光谱法的灵敏度比光学光谱法至少低两个数量级，但非金属元素例外。

6.1.2　　　电感耦合等离子体原子发射光谱法(ICP - AES)

电感耦合等离子体原子发射光谱法(ICP - AES)是以等离子体为激发光源的原子发射光谱分析方法，可进行多元素的同时测定。

样品由载气（氩气）引入雾化系统进行雾化后，以气溶胶形式进入等离子体的轴向通道，在高温和惰性气体中被充分蒸发、原子化、电离和激发，发射出所含元素的特征谱线。根据特征谱线的存在与否，鉴别样品中是否含有某种元素（定性分析）；根据特征谱线强度确定样品中相应元素的含量（定量分析）。

1. 对仪器的一般要求

电感耦合等离子体原子发射光谱仪由样品引入系统、电感耦合等离子体(ICP)光源、分光系统、检测系统等构成，另有计算机控制及数据处理系统、冷却系统、气体控制系统等。

（1）样品引入系统

按样品状态不同可以分为以液体、气体或固体进样，通常采用液体进样方式。样品引入系统主要由两个部分组成：样品提升部分和雾化部分。样品提升部分一般为蠕动泵，也可使用自提升雾化器。要求蠕动泵转速稳定，泵管弹性良好，使样品溶液匀速地泵入，废液顺畅地排出。雾化部分包括雾化器和雾化室。样品以泵入方式或自提升方式进入雾化器后,在载气作用下形成小雾滴并进入雾化室,大雾滴碰到雾化室壁后被排除,只有小雾滴可进入等离子体源。要求雾化器雾化效率高,雾化稳定性高,记忆效应小,耐腐蚀;雾化室应保持稳定的低温环境,并需经常清洗。常用的溶液型雾化器有同心雾化器、交叉型雾化器等;常见的雾化室有双通路型和旋流型。实际应用中宜根据样品基质、待测元素、灵敏度等因素选择合适的雾化器和雾化室。

（2）电感耦合等离子体（ICP）光源

电感耦合等离子体光源的"点燃",需具备持续稳定的高纯氩气流,炬管、感应圈、高频发生器、冷却系统等条件。样品气溶胶被引入等离子体源后,在 6 000 ~ 10 000 K 的高温下,发生去溶剂、蒸发、离解、激发、电离、发射谱线等过程。根据光路采光方向,可分为水平观察 ICP 源和垂直观察 ICP 源;双向观察 ICP 光源可实现垂直/水平双向观察。实际应用中宜根据样品基质、待测元素、波长、灵敏度等因素选择合适的观察方式。

（3）色散系统

电感耦合等离子体原子发射光谱的色散系统通常采用棱镜或光栅分光,光源发出的复合光经色散系统分解成按波长顺序排列的谱线,形成光谱。

（4）检测系统

电感耦合等离子体原子发射光谱的检测系统为光电转换器,它是利用光电效应将不同波长光的辐射能转化成电信号。常见的光电转换器有光电倍增管和固态成像系统两类。固态成像系统是一类以半导体硅片为基材的光敏元件制成的多元阵列集成电路式的焦平面检测器,如电荷注入器件（CID）、电荷耦合器件（CCD）等,具有多谱线同时检测能力、检测速度快、动态线性范围宽、灵敏度高等特点。检测系统应保持性能稳定,具有良好的灵敏度、分辨率和光谱响应范围。

（5）冷却和气体控制系统

冷却系统包括排风系统和循环水系统,其功能主要是有效地排出仪器内部的热量。循环水温度和排风口温度应控制在仪器要求范围内。气体控制系统须稳定正常地运行,氩气的纯度应不小于 99.99% 。

2. 干扰和校正

电感耦合等离子体原子发射光谱法测定中通常存在的干扰大致可分为两类:一

类是光谱干扰,主要包括连续背景和谱线重叠干扰;另一类是非光谱干扰,主要包括化学干扰、电离干扰、物理干扰及去溶剂干扰等。除选择适宜的分析谱线外,干扰的消除和校正可采用空白校正、稀释校正、内标校正、背景扣除校正、干扰系数校正、标准加入等方法。

3. 供试品溶液的制备

所用试剂一般是酸类,包括硝酸、盐酸、过氧化氢、高氯酸、硫酸、氢氟酸,以及混合酸如王水等,纯度应为优级纯。其中硝酸引起的干扰最小,是供试品溶液制备的首选酸。试验用水应为去离子水(电阻率应不小于 18 MΩ·m)。

供试品溶液制备时应同时制备试剂空白,标准溶液的介质和酸度应与供试品溶液保持一致。

固体样品除另有规定外,一般称取样品适量(0.1~3 g),结合实验室条件以及样品基质类型选用合适的消解方法。消解方法一般有敞口容器消解法、密闭容器消解法和微波消解法。微波消解法所需试剂少,消解效率高,对于降低试剂空白值、减少样品制备过程中的污染或待测元素的挥发损失以及保护环境都是有益的,可作为首选方法。样品消解后根据待测元素含量定容至适当体积后即可进行光谱测定。

液体样品根据样品的基质、有机物含量和待测元素含量等情况,可选用直接分析、稀释或浓缩后分析、消化处理后分析等不同的测定方式。

4. 测定法

分析谱线的选择原则一般是选择干扰少、灵敏度高的谱线。与此同时还应考虑分析对象:对于微量元素的分析,采用灵敏线;而对于高含量元素的分析,可采用弱线。

1)定性鉴别

根据原子发射光谱中各元素特征谱线的存在与否可以确定供试品中是否含有相应的元素。元素特征光谱中强度最大的谱线为元素的灵敏线。在供试品光谱中,应检出某元素的灵敏线。

2)定量测定

(1)标准曲线法

在选定的分析条件下,测定待测元素3个或3个以上含有不同浓度的标准系列溶液(标准溶液的介质和酸度应与供试品溶液一致),以分析线的响应值为纵坐标、浓度为横坐标,绘制标准曲线,计算回归方程,相关系数应不低于 0.99。

在同样的分析条件下,同时测定供试品溶液和空白试剂,扣除空白试剂,从标准曲线或回归方程中查得相应的浓度,计算样品中各待测元素的含量。

(2) 标准加入法

取同体积的供试品溶液 4 份,分别置于 4 个同体积的量瓶中,除第 1 个量瓶外,在其他 3 个量瓶中分别精密加入不同浓度的待测元素标准溶液,分别稀释至刻度,摇匀,制成系列待测溶液。在选定的分析条件下分别测定,以分析线的响应值为纵坐标、待测元素加入量为横坐标,绘制标准曲线,将标准曲线延长交于横坐标,交点与原点之间差值的绝对值,即为供试品取用量中待测元素的含量,再以此计算供试品中待测元素的含量。此法仅适用于标准曲线法中标准曲线呈线性并通过原点的情况。

6.1.3 电感耦合等离子质谱法(ICP - MS)

ICP - MS 是以电感耦合等离子体作为离子源,以质谱进行检测的无机多元素分析技术。ICP - MS 灵敏度高,其检测限几乎对于所有元素都可达 0.01 ~ 10 ng/mL,可同时测定多种元素和同位素,其基体效应小、线性范围宽。该技术可用于测定地质样品中铅同位素比值和痕量稀土元素及天然水中痕量元素。

电感耦合等离子体(ICP)和质谱(MS)技术的结合是 20 世纪 80 年代初分析化学领域最成功的创举,也是分析科学家们最富有成果的一次国际性技术合作,从 1980 年第一篇 ICP - MS 可行性文章发表到 1983 年第一台商品化仪器的问世只有 3 年时间。

"ICP - MS" 的概念已经不仅仅是最早期起步的四极杆质谱仪了,相继出现了多种类型的等离子体质谱仪,主要类型包括:

ICP - QMS——四极杆质谱仪,包括带碰撞反应池技术的四极杆质谱仪;

ICP - SFMS——高分辨扇形磁场等离子体质谱仪;

ICP - MCMS——多接收器等离子体质谱仪;

ICP - TOFMS——飞行时间等离子体质谱仪;

DQ - MS——离子阱三维四极等离子体质谱仪。

电感耦合等离子质谱(ICP-MS)技术自从问世以来,特别是20世纪80年代初商业仪器投放市场以后,取得了飞速发展。该仪器现已成为分析各种水溶液样品中低含量元素的理想工具。但对固体样品而言,通常是先将其消解,后转入溶液。由于消解过程不仅费时费力,而且极易造成样品污染和易挥发组分的丢失。对于Nb、Ta、Zr和Hf等在稀HNO_3介质中不稳定的元素,也易造成分析结果偏离。同时,水溶液的存在增加了干扰和氧化物的产生。这些都成为目前常规溶液雾化进样ICP-MS分析中的制约因素。为了克服这些不利因素,人们采用了多种样品引入方法。激光剥蚀(LA)进样作为一种主要的样品引入方法,与ICP-MS结合,构成了激光剥蚀电感耦合等离子质谱(LA-ICP-MS)法。由于其制样简单并可进行原位分析,这大大提高了人们对这一分析方法研究的兴趣。人们从激光器的波长、功率和频率及载气的组成到不同类型激光器与不同种类ICP-MS的配合等方面展开了大量的研究工作。目前,大多研究者采用波长为266 nm的Nd：YAG固体激光器。新型193 nm深紫外ArF准分子激光器与固体266 nm激光器相比,具有功率大、能量高且能量密度分布均匀等特点。因此,与ICP-MS结合不仅降低了仪器背景、提高了分析灵敏度,而且记忆效应、元素分馏效应以及对基体的依赖性明显降低。

被分析样品通常以水溶液的气溶胶形式引入氩气流中,然后进入由射频能量激发的处于大气压下的氩等离子体中心区;等离子的高温使样品去溶剂化、汽化解离和电离;部分等离子体经过不同的压力区进入真空系统,在真空系统内,正离子被拉出并按其质荷比分离;检测器将离子转化为电子脉冲,然后由积分测量线路计数;电子脉冲的大小与样品中分析离子的浓度有关,通过与已知的标准或参比物质比较,实现对未知样品的痕量元素定量分析。

电感耦合等离子体质谱仪组成部分包括：样品引入系统;离子源;接口;离子聚焦系统;质量分析器;检测系统。

6.1.4　　　　LA-ICP-MS技术

激光探针与等离子体质谱的联机技术是近年来十分活跃的研究热点,尤其是在地学研究领域得到了极大的关注。激光进样技术与等离子体质谱技术相结合,能够进行固体样品的微区微量元素和同位素的分析,具有灵敏度高、简便、快速的特点。由于它能够测定同位素比值,因而该技术在矿物同位素组成特征和同位素定年的应用上有着广阔的发展前景。其中,激光探针等离子体质谱法(LA‐ICP‐MS)是近年来应用最广的联机技术之一。该方法迄今有意义的空间分辨率可达 100 μm,其最高分辨率仅受质谱计最少需要量的限制,分辨率可小于 10 μm。该方法价格较低,容易推广,且能揭示复杂锆石内部微区年龄信息,因此广泛应用于对锆石快速准确的 Pb‐Pb 同位素定年。Horn 等(2000)根据 Pb/U 随激光熔样孔的深径比变化规律动态实时校正 Pb/U 分馏效应,采用溶液和激光双进样的方法即通过溶液进样引入 Tl、^{235}U,校正激光进样的 Pb、U 的 ICP‐MS 灵敏度差异,可获得较高精度的锆石年龄。近几年,随着 MC‐ICP‐MS 的发展,LA‐MC‐ICP‐MS 联机技术在团体样品原位微区高精度同位素分析等领域获得应用,被应用于锆石 Hf 同位素分析,矿物 Pb 同位素分析、碳酸盐 Sr 同位素分析,硫化物、锇铱矿 Os 同位素比值分析等。LA‐MC‐ICP‐MS 技术的特点是无须复杂的样品分解处理步骤,即可获得类似热电离质谱(TIMS)的分析精度,LA‐MC‐ICP‐MS 固体微区同位素分析技术将是地球科学领域最具应用潜力的分析技术之一。

1. ICP‐MS 简介

ICP‐MS 通常由进样系统、真空系统、离子源、离子透射系统、质量分析器和离子检测器等部件组成,如图 6‐1 所示为 ICP‐MS 结构示意图。

整个系统的工作原理如图 6‐2 所示:样品经过预处理后通过进样系统形成气溶胶,进入炬管。炬管位于通有高压、高频电流和带冷却的铜线圈中间,电流产生的强磁场引发自由电子和氩气原子的碰撞,产生更多的电子和离子,最终形成稳定的高温等离子体。等离子体中的粒子(包括阳离子、中性粒子、电子)通过采样锥和截取锥进入真空系统。最终进入质量分析器的粒子只能是阳离子,因而必须通过离子透镜组对阳离子进行聚焦,同时去除中性粒子和电子。最终稳定的正离子束进入质量分析器,通过 m/z(质荷比)被分开,而后进入检测器。当一个阳离子进入检测器的入口,它被偏离打到施加了高的负电压的第一个打拿极(dynode)上。收到撞击的打拿极表面会释放出一些自由电子,这些电子会撞击到下一个打拿极表面,产生更多的电子,不断重复

图6-1 ICP-MS
结构

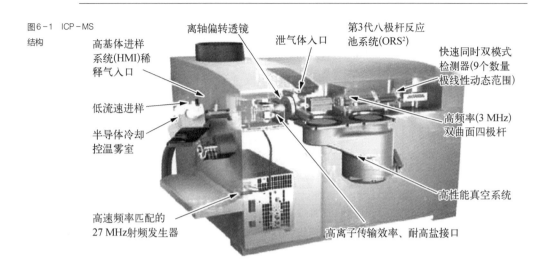

高基体进样系统(HMI)稀释气入口

离轴偏转透镜

泄气体入口

第3代八极杆反应池系统(ORS²)

快速同时双模式检测器(9个数量级线性动态范围)

低流速进样

半导体冷却控温雾室

高频率(3 MHz)双曲面四极杆

高速频率匹配的27 MHz射频发生器

高性能真空系统

高离子传输效率、耐高盐接口

图6-2 ICP-MS
工作原理流程

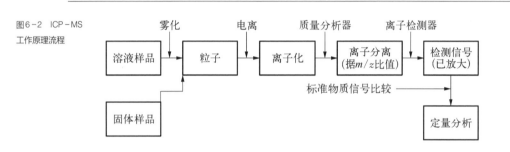

雾化　　电离　　质量分析器　　离子检测器

溶液样品 → 粒子 → 离子化 → 离子分离(据m/z比值) → 检测信号(已放大)

固体样品

标准物质信号比较

定量分析

此过程,从而得到一个足够强的脉冲信号。而后将电信号转化为数字信号,形成质谱图,再将之与校准标准物质对比,便可以得到待测物质的定性定量信息。

(1) 进样系统

ICP-MS 进样系统按照进样的物相状态可分为溶液进样系统和固体进样系统。溶液进样装置是指样品经湿法消解形成溶液,蠕动泵将溶液引入雾化室中雾化形成气溶胶,气溶胶和载气一起被输送到等离子体处进行离子化。目前的溶液进样系统往往包含一个雾化器装置。常见的雾化器包括:同心雾化器、交叉流雾化器和高盐型雾化器(袁洪林,2002)。

固体进样系统是随着 ICP-MS 联用技术的发展而出现的。常见的有电弧/火花剥蚀-电感耦合等离子体质谱技术(Arc/Spark ablation-ICP-MS)和激光剥蚀-电感耦合等离子体质谱技术（LA－ICP－MS）。Arc/Spark ablation－ICP－MS 是通过放电从样品表面取出微量物质，形成的气溶胶在气流的携带下被送到等离子体处进行离子化。顾名思义，其样品必须是导电的，或者可在不导电样品中加入导电基体形成混合样品，样品可以是任何形状，只要能在样品和电极之间形成可重现的放电即可（潘炜娟，2009）。

（2）真空系统

真空系统的作用是提供一个相对真空的环境，使离子在通过仪器的路径上与其他粒子碰撞的概率降低，并未有效减弱高浓度残留气体分子可能导致的背景和散射效应。ICP－MS 质谱分析器在低压（高真空度）下运行效率较高。因此必须在分析器区域保持高的真空度。接口区真空通常采用机械泵维持，中间区和分析器区真空采用两个独立的涡轮分子泵，或采用一个二级泵进行抽气。一个"后援"机械泵除去涡轮分子泵系统中抽出的气体。中间区和分析器区与接口区通过一个阀门隔离，在接口泵关闭时它可以将高真空区域封闭。

（3）离子源

离子源的作用是将固体、液体、气体转变为离子。离子源的主要部分是一个充满氩气的石英管或等离子体炬管（郑悦，2012）。炬管周围是铜线圈，它通有高压、高频电流。电流产生的强磁场引发自由电子和氩气原子的碰撞，产生更多的电子和离子，最终形成稳定的高温等离子体。炬管中心管处进样，两侧的通道通入辅助气和冷却气。ICP 温度一般可以达到 8 000 ～ 10 000 K。这种状态下，进入 ICP 的各种原子及原子团一般会失去电子发生离子化。

（4）离子透镜系统

离子透镜系统有两个主要作用，一是去除干扰，另一个作用是离子聚焦。正离子之间的排斥作用使得截取锥之后的离子束会出现发散的问题，必须使用离子透镜组对它们进行聚焦，以保证进入质量分析器的只有正离子。它实际上就是一组电极，在离子束通过的地方形成具有双曲线特征的电势等高线，从而实现正离子的聚焦和偏转的功能，而电子则在此过程中被发散。

（5）分析器

分析器采用电磁场以及时间来区分离子，效果是使得不同质荷比（m/z）的离子被分离开来。常见的分析器种类有:扇形磁场分析器、扇形静电分析器、四极杆分析器、飞行时间分析器、离子阱、离子回旋加速共振器(袁洪林,2002)。

(6) 检测器

检测器是将离子束转变为电信号的设备,通常有脉冲计数、数字模式进行计数或者以模拟模式把离子流转变为电压等形式。接收器包括单接收器和多接收器两种。最早的检测器是一个通道式的电子倍增器,后来有了微通道版(MCP)器件、倍增极的器件、多收集仪器(MC)。最终得到的结果是质谱图,它的每个谱峰的强度与样品中元素的浓度成正比,然后通过与标准校正曲线的信号强度比较就可以得到定量结果。

2. 激光剥蚀简介

激光剥蚀系统主要由激光发生器和剥蚀平台两部分组成。

(1) 激光发生器

激光发生器分为固态和气态两种,其波长、输出能量、功率密度以及光束轮廓都不相同。固态激光发生器以钕钇铝榴石(Nd:YAG)激光器应用最为广泛。YAG 激光采用掺了 Nd^{3+} 离子作为活性介质的钕钇铝榴子石棒,钕钇铝榴石发射的基础波长为 1 064 nm,是红外波,由于红外激光在吸收的开始就被转化为热辐射使得样品熔融,并不能导致热机械的断裂而产生剥蚀,所以目前已不再使用(胡圣虹等,2000),而是通过倍频发生器将红外波长转换成紫外输出(532 nm、266 nm、213 nm)。近年来出现的一种飞秒激光器将脉冲宽度时间缩短到了飞秒级别(10 ~ 100 fs[①]),有效地减小了因叠加熔融和蒸发而造成元素分馏以及激光灾难性剥蚀,因此飞秒激光器具有更高的空间分辨率和灵敏度,适用于更精确的定位、纵深上的样品分析,是 LA - ICP - MS 未来发展的重要趋势。

气态激光器是利用电子碰撞激发和能量转移激发等使得气体粒子选择性地被激发到某高能级上,从而形成与某低能级间的粒子数反转,产生受激发射跃迁。

(2) 剥蚀平台系统

剥蚀平台是由棱镜系统、剥蚀池和一个可移动的连有载气平台构成的。水平的激光束以45°棱镜反射后,通过聚焦系统聚焦到样品表面上。剥蚀平台上方连接有一个

---

① 1 fs = 10^{-15} s。

岩矿显微镜,能够在反射光和透射光两种光源下观察样品。剥蚀池上部有光学玻璃或石英,是一个可以完全封闭的空间,主要功能是装样、保持气密性、剥蚀以及快速冲洗,剥蚀样品会放在一个平台上,激光通过光学玻璃垂直射向样品,激光巨大的能量使得样品气化,在载气的作用下通过剥蚀腔运送到等离子体进行离子化(袁洪林,2002)。由于激光器具有一定的脉冲频率,而检测器处数据采集是连续的,最终结果信号会出现锯齿状起伏。所以好的剥蚀池的设计不仅能够将气溶胶的损失降到最小并且能够快速地传输到 ICP 源中,还能够提供稳定的气溶胶。

3. 激光剥蚀等离子质谱仪连用技术的应用和发展

将激光剥蚀系统与 ICP - MS 有机结合,便产生了激光剥蚀等离子质谱仪(LA - ICP - MS)。LA - ICP - MS 实现了固体样品直接导入 ICP 中,这样就避免了样品在进行湿法消解过程中带来的诸多问题,如试剂本底污染、样品分解不完全、易挥发元素丢失、水和酸所导致的多原子离子干扰,增强了 ICP 的实际检测能力(余兴,2011)。不俗的微区分析技术也是激光剥蚀系统带给 ICP - MS 的新的测试优势,位置控制精度可达 μm 级。原位微区分析技术近年来一直处于分析科学发展的前沿领域,因为它可以反映固体物质的元素及同位素组成的空间分布信息,解决不同的地质问题、环境问题和工业方面的问题(张德贤,2012)。鉴于 LA - ICP - MS 的上述优点,它已经被广泛应用于地质学中,例如研究矿床中微量元素和 REEs(胡圣虹,2000),同位素组成(第五春荣,2007),锆石年龄的测定(Smith M P,2009;Sylvester P J,2007),流体包裹体成分的测定(胡圣虹,2001)。再如研究地球化学中自然界与实验系统之间的质量转移过程。目前,应用 LA - ICP - MS 进行锆石定年技术已经趋于成熟,然而在地球化学组成、质量转移等方面仍然处于起步阶段,也是国内外研究的热点问题(张德贤,2012)。

LA - ICP - MS 法具有十分显著的优势,但仍存在一些不足之处,主要集中在元素的分馏效应以及校准方面(余兴,2012)。在剥蚀过程中易产生的元素分馏效应,严重影响了 LA - ICP - MS 的分析精度,制约着其发展。所谓元素分馏效应是指激光在剥蚀过程中,不同离子的挥发性不同、在剥蚀坑周壁上的凝结量不同,从而导致同浓度不同离子的灵敏度不同(王岚,2012)。就目前的研究成果来看,元素分馏效应在激光剥蚀、转移和 ICP - MS 过程中均能发生,其机理尚不明确。抑制元素的分馏效应主要依赖于激光技术的改进,激光的波长、焦距、光斑大小都能影响到元素的分馏效应。从红外到紫外波长的激光、连续激光重调焦距和运用更短的激光脉冲宽度或大的光斑直径都可有效地减少或抑制元素和同位素的分馏效应(林守麟等,2003)。除此之外,剥蚀方式、动态聚焦技术、氦气氛围都能有效地减少分馏(王岚,2012)。之所以要研究其校正方法,主要是由于 LA - ICP - MS 在分析过程中连续激光轰击的重复性、固体样品采样重复性都难以得到保证,同时固体标准物质发展也相对缓慢。近年来,固液校正技术、归一校正技术等一系列校正方法不断涌现,一定程度上解决了 LA - ICP - MS 在校正方法上面临的难题,但还有待继续研究。

6.1.5　　其他技术

目前常用的新技术包括:多接收器等离子体质谱法、激光探针质谱、离子探针、热电离质谱法和高精度质谱计。

1. 多接收器等离子体质谱法(MC - ICP - MS)

多接收电感耦合等离子体质谱(MC - ICP - MS)是同位素测定的一项新技术。该仪器是高精度同位素分析仪器,结合了等离子体的高电离效率和磁场质谱仪高精度测量同位素的优点。MC - ICP - MS 与热电离质谱(TIMS)相比,它的等离子体源温度近 8 000 K,可将几乎所有元素有效离子化。以前 TIMS 无法测定或很难测定的高电离能元素,如过渡金属 Cu、Zn、Fe 以及 Zr、Hf、W、Th 等,利用 MC - ICP - MS 均可精确测定其同位素组成。另外,与 TIMS 相比,MC - ICP - MS 更稳定,可以更好地进行分馏校正(如 TI 校正 Pb)和同质异位素干扰校正,如 Rb 和 Sr,^{144}Sm 和 ^{144}Nd,^{176}Lu/ ^{174}Yb 和 ^{174}Hf,从而使得液态样品(如天然水)无须化学分离,直接进行同位素测定。除此以外,MC - ICP - MS 可以方便地与激光熔蚀进样系统联机,直接测定固体样品微区的同位素组成。

2. 离子探针(SIMS)

离子探针又称二次离子质谱仪(SIMS),它能在单矿物颗粒内进行微区原位直接分析工作,主离子束斑大小可聚焦在 5 μm 以内,同位素分析的精度高达 1‰,在地球科学领域有着广泛的应用。其基本原理是：当离子束（一次离子）在高真空下打到样品的某一微小区域时，就会使其产生二次离子、二次电子及中性原子等产物，用质谱法分析产生的二次离子就可得到样品表面元素、同位素、化合物的组分及分子结构等信息。

离子探针在稳定同位素分析方面多应用于氢、氧、锂、硼等同位素研究，氢同位素分析精度能达到 30‰，氧同位素测试精度能达到 1‰。锂和硼的同位素分析中主要干扰离子是氢化物离子（$^6LiH^+$ 对 $^7Li^+$，$^{10}BH^+$ 对 $^{11}B^+$），分辨率在 2 000 时能排除干扰离子的影响，分析精度可达 1‰。离子探针对碳和氮同位素分析工作也很成功。由于氮不形成负离子，而正离子产率很低，并能与碳结合形成 CN^- 离子，可以通过测试 CN^- 离子来分析样品中的氮同位素组成。因此，只有含碳矿物才能作氮的同位素分析。离子探针对碳同位素分析的精度可达 0.3‰（1δ），氮同位素分析也能达到 1‰（1δ）。

3. 热电离质谱法（TIMS）

热电离质谱法（TIMS）是基于经分离纯化的试样在 Re、Ta、Pt 等高熔点金属带表面上，通过高温加热产生热致电离的一门质谱技术。近年应用较多的是正热电离质谱（PRIMS）和负热电离质谱（NTIMS）技术。

4. 高精度质谱计

随着科学技术飞速发展，国际上同体热电离质谱计的技术不断更新和改进，出现了以英国 GV 公司开发的 IsoProbe－T 型同体热电离质谱计为代表的高精度质谱计，与先前的固体热电离质谱计相比，具有较宽质量谱带、高精度和高灵敏度等特点。

IsoProbe－T 固体热电离质谱计可以测量常规和微量样品同体同位素组成，包括铷-锶、钐-钕、铀-铅、过渡族元素（如铁、铜等）和轻质量元素（如锂和硼）同位素组成。该质谱计配置了 9 个法拉第接收器，具备稳定和高效率特征，能保证接收器间稳定增益，在静态测量方式下获得高精度的同位素比值，达到内、外部精度的一致。同时，该质谱计配备有给氧设备，可进行负离子状态的氧化物分析，如微量 Sm－Nd 和 Re－Os 氧化物同位素分析等。该质谱测量锶标准物质 NBS987 和钕标准物质 Ames 分别获得 $^{87}Sr/^{86}Sr$ 平均比值 0.710 241 8 ±0.000 005 1 和 $^{143}Nd/^{144}Nd$ 平均比值 0.512 148 4 ± 0.000 002 9，内部精度可达 0.000 3%。微量锶标准物质（0.3～1 ng）的同位素比值测量内部精度可以优于 0.003%。

6.2 有机地球化学测试分析技术

6.2.1 总有机碳分析

有机碳是指岩石中存在于有机质中的碳。它不包括碳酸盐岩、石墨中的无机碳。通常用占岩石质量的百分比来表示。从原理上讲,岩石中有机质的量还应包括 H、O、N、S 等所有存在于有机质中的元素的总量。但要实测各种有机元素的含量之后求和,并不是一件轻松、经济的工作。考虑到 C 元素一般占有机质的绝大部分,且含量相对稳定,故常用有机碳的含量来反映有机质的丰度。

目前国内执行的行业标准为《GB/T 19145—2003 沉积岩中总有机碳的测定》。

1. 适用范围

该标准规定了沉积岩中总有机碳的仪器测定法。标准适用于沉积岩和现代沉积物中总有机碳的测定。

2. 方法原理

用稀盐酸去除样品中的无机碳后,在高温氧气流中燃烧,使总有机碳转化成二氧化碳,经红外检测器检测并给出总有机碳的含量。

3. 主要仪器

碳硫测定仪或碳测定仪。

4. 分析步骤

(1)碎样

将样品磨碎至粒径小于 0.2 mm,磨碎好的样品质量不应少于 10 g。

(2)称样

根据样品类型称取 0.01 ~ 1.00 g 试样,精确至 0.000 1 g。

(3)溶样

在盛有试样的容器中缓慢加入过量的盐酸溶液,放在水浴锅或电热板上,温度控制在 60 ~ 80℃,溶样 2 h 以上,至反应完全为止。溶样过程中试样不得溅出。

(4)洗样

将酸处理过的试样置于抽滤器上的瓷坩埚里,用蒸馏水洗至中性。

(5)烘样

将盛有试样的瓷坩埚放入 600~80℃的烘箱内,烘干待用。

(6)测定,测定完毕后关机。

6.2.2　岩石热解分析仪

通过对岩石样品加热(热解),可以将岩石中的挥发性烃类蒸发出来或将不挥发的有机高聚物(如干酪根)裂解成为挥发性产物,之后进行检测和分析。20 世纪 70 年代末,法国石油研究院在前人研究基础上成功研制了岩石热解分析仪 Roc-Eval,由于早期这一方法主要用于评价生油岩,故常被称为生油岩评价仪。国内外许多石油公司应用这项技术评价生油岩有机质丰度、类型和成熟度,对油气勘探起到了良好作用。

目前国内实行的测试标准为《GB/T 18602—2012 岩石热解分析》。该标准适用于泥页岩、碳酸盐岩、碎屑岩及其他岩石矿物中的气态烃、液态烃、热解烃、有机二氧化碳、有机一氧化碳及残余有机碳的测定。

岩石热解的原理是在特殊的热解炉中,对分析样品进行程序升温,使样品中的烃类和干酪根在不同温度下挥发和裂解,然后通过载气的吹洗,使样品中挥发和裂解的烃类气体与样品残渣实现定性的物理分离。岩石的总有机碳 TOC 可利用公式 $TOC = 0.083 \times (S_0 + S_1 + S_2 + S_3)$ 计算得出。其中 S_0 为气态烃含量,是将岩石加热至 90℃,经氢气吹 2 min,所获的气态烃量,代表 $C_1 \sim C_7$ 的气态烃量(mg/g)。S_1 为残留烃含量,是岩石送入热解炉后在 300℃下恒温 3 min 所挥发的液态烃含量(mg/g)。S_2 为裂解烃含量,是岩石在热解炉内由 300℃升温至 600℃(或 800℃)过程中有机质裂解出来的烃类产物,反映干酪根的剩余生烃潜量。对储集层,为 300℃以下难以挥发的重烃馏分和含 N、S、O 化合物的裂解产物。S_3 为 300~400℃检测的单位质量烃源岩中的有机二氧化碳含量与 300~500℃检测的单位质量烃源岩中的有机一氧化碳含量。

由岩石热解实验可以得到以下参数: T_{max}、总有机碳、氢指数(I_H)、烃指数(I_{HC})、有效碳(C_P)、降解潜力(D)、生烃潜量(S)、气产率指数(I_{GP})、油产率指数(I_{OP})、氧指数(I_O)和母质类型指数等。利用上述参数可分析烃源岩的有机碳含量、有机质类型和成熟度等指标。

6.2.3 干酪根显微组分鉴定及划分

从岩石中分离出来的干酪根一般是很细的粉末,颜色从灰褐到黑色,肉眼看不出形状、结构和组成。但从显微镜下看,它由两部分组成:一部分为具有一定的形态和结构特点的、能识别出其原始组分和来源的有机碎屑,如藻类、孢子、花粉和植物组织等,通常这只占干酪根的一小部分;而主要部分为多孔状、非晶质、无结构、无定形的基质,镜下多呈云雾状、无清晰的轮廓,是有机质经受较明显的改造后的产物。显微组分就是指这些在显微镜下能够识别的有机组分。

干酪根显微检验技术,包括自然光的反射光和透射光测定、紫外荧光和电子显微镜鉴定。用显微检验技术,可以直接观察干酪根的有机显微组成,从而了解其生物来源。显微镜透射光主要鉴定干酪根的透光色、形态和结构;反射光主要鉴定干酪根的反光色、形态、结构和突起;荧光主要鉴定干酪根在近紫外光激发下发射的荧光;电子显微镜用于研究干酪根的细微结构及其晶格成像。

2014年10月,中国国家能源局发布《SY/T 5125—2014 透射光-荧光干酪根显微组分鉴定及类型划分方法》,并代替《SY/T 5125—1996 透射光-荧光干酪根显微组分鉴定及类型划分方法》。其主要内容如下。

1) 适用范围

该标准规定了透射光并辅以荧光对岩石中干酪根显微组分的鉴定及类型划分的要求和方法。

2) 方法提要

本方法是以煤岩学分类命名的原则为基础,利用具透射白光和落射荧光功能的生物显微镜,对岩石中的干酪根显微组分进行鉴定;不同显微组分采用不同加权系数,经数理统计得出干酪根样品的类型指数,然后根据类型指数将干酪根划分为I、II_1、II_2、III型,以确定有机质类型。

3）分类命名

以煤岩显微组分分类命名方法为基础,结合生油岩中有机质显微组分特征确定干酪根显微组分的分类命名(表6-1)。

表6-1 干酪根显微组分分类命名

组	组 分	加权系数
腐泥组	腐泥无定形	+100
	藻类体	+100
	腐泥碎屑体	+100
壳质组	树脂体	+80
	孢粉体	+50
	木栓质体	+50
	角质体	+50
	菌孢体	+50
	壳质碎屑体	+50
	腐殖无定形体	+50
镜质组	结构镜质体	−75
	无结构镜质体	−75
惰性组	丝质体	−100

4）显微组分特征描述

（1）腐泥无定形体

主要由低等水生生物藻类等遗体在还原环境下,由于微生物的介入并经腐泥化作用而形成的产物。其外形多呈棉絮状、云雾状或团粒状等,有的可见藻体的痕迹;轮廓线呈不规则圆滑曲线;表面纹饰较粗,中间部分一般比边缘厚;颜色为棕黄色、黄棕色、褐棕色、褐色直至深褐色,透明至不透明,大小可从几十微米至几百微米不等。蓝光激发下荧光呈亮黄色、乳黄色、黄色、深黄色直至暗褐色。

（2）藻类体

具有一定结构的单细胞或多细胞,有时以集合体出现,有的含细胞核,有的具各式各样的突起和外形。外壁一般较薄;颜色多为淡黄色至棕黄色;大小从几十微米到几百微米。蓝光激发下荧光呈亮黄色直至褐色。

（3）腐泥碎屑体

约 5 μm 左右的具腐泥无定形体特征的碎屑颗粒。

（4）树脂体

呈大小不一圆形、椭圆形个体或集合体,比较均一,轮廓线清晰平滑。亦可见弥漫状细粒或充填于结构镜质体或丝质体的胞腔中。颜色呈浅黄色至橙红色,富有光泽。蓝光激发下荧光呈亮黄色、黄色、褐黄色。

（5）孢粉体

包括草本、木本、水生和陆生的袍子花粉。形态各异,有圆形、椭圆形、梭形、多角形、三角形等单体,集合体少见。不同种属的孢粉具有不同的孔、沟、缝等萌发器官。表面具有各种纹饰或突起,颜色为淡黄色至褐色,随变质程度呈正相关加深。蓝光激发下荧光呈黄色、褐黄色至褐色。

（6）木栓质体

具有多层细胞腔和细胞壁的结构体,外形薄片状,轮廓线平直。细胞有长方形、方格状、鳞片状、叠瓦状等,细胞间隔为单层。颜色为黄色至褐黄色。蓝光激发下荧光呈黄色、褐黄色、褐色。

（7）角质体

通常由一层没有间隙的扁平细胞彼此紧密相连而成,呈不同形态的锯齿、波纹或多角形轮廓。有时带有表皮细胞组织的印痕或气孔等,质地感柔软,常有褶皱。颜色为淡黄色至褐黄色。蓝光激发下荧光呈黄色、褐黄色、褐色。

（8）菌孢体

个体大小不一,一般在 5 ~ 100 μm,有单胞孢和多胞孢,多节,形态多样,有的无孔,有的多孔,壁厚,不易破碎,颜色多为棕至暗棕色,绝大部分无荧光显示。

（9）壳质碎屑体

约 5 μm 的具上述（4）~（8）壳质组分特征的碎屑颗粒。

（10）腐殖无定形体

主要由高等植物(陆生或水生)的表皮组织、维管组织或基本组织(亦可含少量低等生物)经微生物完全降解作用形成的异于腐泥无定形体的一种显微组分,一般较薄、多褶皱,无特定形态。有的可隐约见到尚未完全降解的植物组织残迹,并且常混有较多的壳质碎屑或孢粉等,颜色为淡黄至黄褐色不等,蓝光激发下荧光呈黄褐色至褐色。

（11）结构镜质体

具有较清晰的木质结构,细胞腔圆形、椭圆形、梯形、长管状、条纹状、环纹状、网纹状以及纤维状结构等,细胞壁较厚,间隔多层,较复杂。颜色棕黄色至棕褐色,没有荧光显示。

（12）无结构镜质体

没有植物细胞结构,质地均一,边缘平直,常呈块状、条带状。颜色由浅棕红色至深红棕色,没有荧光显示。

（13）丝质体

颜色为纯黑色,没有荧光显示。

5）显微组分鉴定

在生物显微镜下将载玻片上的干酪根样品放大 400 ~ 600 倍,以透射白光和落射荧光按表 6-1 名称及其特征进行鉴定,需要时作彩色照相。

6）显微组分百分含量统计

（1）点测法

在 40 倍物镜下,统观样品后,确定其代表性粒径。代表性粒径大小的确定应保证大于该粒径的颗粒含量在 50% 以上,即作为 1 个统计单位,然后依次等距离地移动视域,每个视域的中心点作为被鉴定物的固定坐标,凡进入此坐标的样品颗粒,根据其透射光、落射荧光特征和粒径单位进行鉴定统计,至少要鉴定统计 300 个单位,然后按各组分的单位数算出其相应的百分含量。

（2）目估法

先统观样品全片,对显微组分进行透射光、落射荧光鉴定,连续观察 2 ~ 3 行或作选择视域观察,但不得少于 50 个视域,最后估计出各种组分所占面积的百分比。

7）类型指数计算及类型划分

（1）显微组分的加权系数

干酪根中各显微组分的加权系数见表 6-1。加权系数的大小,在一定程度上代表了该显微组分生烃能力的相对大小,是计算类型指数的基础数据之一。

（2）类型指数计算

用各组分的百分含量进行加权计算，按下列公式求出类型指数 TI 值：

$$TI = 100 \times a + 80 \times b_1 + 50 \times b_2 + (-75) \times c + (-100) \times d \qquad (6-3)$$

式中　TI——干酪根类型指数；

　　　a——腐泥组的百分含量，%；

　　　b_1——树脂体的百分含量，%；

　　　b_2——孢粉体、木栓质体、角质体、壳质碎屑体、腐殖无定形体、菌孢体的百分含量，%；

　　　c——镜质组的百分含量，%；

　　　d——惰性组的百分含量，%。

8）干酪根类型划分

干酪根类型划分见表6-2，划分了Ⅰ、Ⅱ$_1$、Ⅱ$_2$、Ⅲ型。

表6-2　干酪根类型划分标准

干酪根类型	类型指数
Ⅰ	≥80
Ⅱ$_1$	40～80
Ⅱ$_2$	0～40
Ⅲ	<0

6.2.4　有机元素分析

有机元素是石油及沉积岩中有机质的基本组成，其中以碳、氢元素为主。

元素组成分析是研究和鉴定纯物质的基本参数。在石油地球化学研究中，一般用有机元素组成范围或原子比值来表征有机母质的性质，用干酪根或抽提物中 C、H、O 元素随埋深的变化来研究生油岩中有机质热演化特征等，是重要的分析项目之一。

国内目前实行的测试标准为《GB/T 19143—2003 岩石有机质中碳、氢、氧元素分析方法》。该标准规定了岩石有机质中碳、氢、氧元素分析中样品的测定步骤、分析结果计算和测量误差。该标准适用于测定干酪根、有机溶剂抽提物、煤及原油中的碳、氢、氧元素。

标准实施原理是：(1) 碳、氢分析,样品有机质中的碳、氢、氮在通入氧气的高温燃烧管中被氧化成二氧化碳、水和氮的氧化物。再通过还原管,氧化氮被还原成氮。生成的二氧化碳、水和氮由色谱柱或硅胶柱分离,热导检测器检测。(2) 氧分析,样品有机质中的氧在裂解管中高温裂解反应生成一氧化碳,由热导检测器或红外检测器检测。

6.2.5　沉积岩中镜质组反射率

在煤岩学研究中,挥发分、固定碳、镜质体反射率等早已是研究煤变质程度及划分煤阶的重要参数。尤其是镜质组反射率的测定不受成分变化的影响,与有机质成熟度之间有着良好的相关性,又易精确测定,因而得到了广泛的应用。通常通过测定沉积岩中分散有机质中镜质组组分的反射率来研究有机质的热成熟度。

在煤的显微组分中,镜质组反射率变化幅度大,规律明显。大多数煤的显微组分以镜质体为主,在测定过程中容易识别,且便于横向对比。丝质组的反射率在演化过程中变化幅度小,脂质组的反射率变化虽大,但在成油阶段以后不太稳定,因此两者都不宜作鉴定标准。沉积岩中分散的镜质体具有和煤相似的有机分子结构,即以芳香环为核,带有烷基侧链。热成熟过程中侧链裂解作为挥发分析出,干酪根本身的芳构化和缩聚程度不断加大,形成更加密集的结构单元,从而使透射率降低,反射率增高。因此,镜质组反射率自然就成为生油岩经历的时间——古地温史,即有机质热演化程度的指标。

2012 年 8 月,中国国家能源局发布《SY/T 5124—2012 沉积岩中镜质体反射率测定方法》,在此简述其中主要内容。

1) 适用范围

该标准规定了在显微镜油浸物镜下镜质体反射率的测定及数据处理方法;本标准

229

适用于沉积岩石富集的干酪根或全岩中镜质体反射率的测定。

2）原理

镜质体反射率是指在波长(546 ± 5)nm（绿光）处，镜质体抛光面的反射光强度与垂直入射光强度的百分比；它是利用光电效应原理，通过光电倍增管将反射光强度转变为电流强度，并与相同条件下已知反射率的标样产生的电流强度相比较而得出的。

3）测定对象

（1）有机质在成熟－过成熟阶段，测定对象为均质镜质体或基质镜质体。

（2）有机质在未成熟－低成熟阶段，测定对象为均匀凝胶体或充分分解腐木质体。

（3）测定对象的油浸镜下鉴定特征

① 均质镜质体：不显示植物细胞结构，呈宽窄不等的条带状或透镜状，均一、纯净，不含黏土或其他显微组分，有时可能含有分散的黄铁矿颗粒；油浸反射光下随热演化程度增高呈深灰色、灰色至灰白色，常常发育垂直裂纹，有时可见角质体镶边。

② 基质镜质体：不显植物细胞结构痕迹，呈均匀或不均匀的无固定形态，充当其他显微组分（孢子体、角质体、藻类体和惰质组分碎片）和共生矿物的胶结物，均匀基质镜质体显示均一结构，颜色均匀，不均匀基质镜质体为大小不一、形态各异、颜色略有深浅变化的团块状或斑点状集合体；油浸反射光下随热演化程度增高呈深灰色、灰色至灰白色，其反射率较同一样品中的均质镜质体略低。

③ 均匀凝胶体：均一、致密，具干缩裂纹；油浸反射光下呈深灰色至浅灰色。

④ 充分分解腐木质体：植物组织完全凝胶化，细胞壁强烈膨胀变形，细胞腔完全封闭或被充填，但仍隐约显示植物细胞结构痕迹；油浸反射光下呈深灰色至浅灰色。

4）样品测定

（1）将浸油滴在载玻片上的光片抛光面上，并将样品置于载物台上。用机械尺微微移动光片，直至十字丝中心对准一个合适的镜质体测区，测区内应不包含裂隙、抛光缺陷、矿物包体和其他显微组分碎屑，且测区外无黄铁矿和惰质组分等高反射率物质干扰。所有测点应尽可能在光片上均匀分布。

（2）油浸随机反射率(R_{ran})：取下起偏器，不旋转载物台所测定的反射率值。

（3）油浸最大反射率(R_{max})：将起偏器置于$45°$，旋转载物台$360°$所出现的最大反射率值。

（4）若镜质体颗粒非常细小、不能旋转载物台测定其最大反射率值时，可先测定其随机反射率值，然后通过换算的方法求取镜质体最大反射率。

（5）镜质体最大反射率与随机反射率的换算关系如下：

当镜质体最大反射率 $R_{\max} \leqslant 2.5\%$ 时，

$$R_{\max} = 1.0645 R_{\mathrm{ran}} \tag{6-4}$$

当镜质体最大反射率为 $2.5\% < R_{\max} < 6.5\%$ 时，

$$R_{\max} = 1.2858 R_{\mathrm{ran}} - 0.3963 \tag{6-5}$$

5）测定点数

由于同一样品中各镜质体颗粒之间光学性质存在微小差异，因此必须从不同颗粒上测取足够数量的反射率值，以保证测定结果的代表性。

当平均反射率 $\bar{R} < 0.5\%$ 或 $\bar{R} > 2.0\%$ 时，测点数应不少于 30 个；$0.5\% \leqslant \bar{R} \leqslant 2.0\%$ 时，测点数不应少于 20 个。若测点数少于 10 个，则应注明该数据仅供参考。

6）数据处理

若仪器与计算机相连时，可直接按程序操作给出 $\bar{R}$（平均反射率值）、n（测点数）、s（标准离差）和直方图等。若仪器与计算机不相连时，则可在反射率测定完成后再进行计算机处理得出。

平均反射率值和标准离差按式（6-6）、式（6-7）计算：

$$\bar{R} = \frac{\sum\limits_{i=1}^{n} R_i}{n} \tag{6-6}$$

$$s = \sqrt{\frac{n \sum\limits_{i=1}^{n} R_i^2 - \left(\sum\limits_{i=1}^{n} R_i \right)^2}{n(n-1)}} \tag{6-7}$$

式中　$\bar{R}$——平均反射率值，%；

　　　R_i——第 i 个测点的反射率值，%；

　　　n——测点数；

　　　s——标准离差。

6.2.6　　　岩石氯仿沥青测定方法

烃源岩中可溶有机物是石油地球化学的重要研究对象,其氯仿沥青"A"含量是油气勘探的基础性石油地球化学指标。烃源岩可萃取物的化学成分复杂,分子量跨度大,极性变化大。要测定烃源岩可溶有机物的地球化学参数,必须进行萃取。氯仿是提取烃源岩中可溶有机质的最常用溶剂,索氏抽提法是最传统也是当前最常使用的提取方法,所得到的氯仿沥青提取物便是后续一切地球化学分析测试的基础。

目前国内实行的测定方法是《SY/T 5118—2005 岩石中氯仿沥青的测定》。该标准适用于岩石中氯仿沥青含量大于0.004%的样品的测定。根据氯仿对岩石中沥青物质的溶解性,用抽提装置对沥青萃取,并求出沥青的含量。

6.2.7　　　岩石中可溶有机物及原油族组成分析

可溶有机物及原油是油气地球化学最为重要的研究对象。由于它们是十分复杂的混合物,必须根据研究目的进一步进行组分的分离和纯化。主要采用的方法有柱层析、薄层色谱、络合物加成等。近年来发展起来的仪器分析,如液相色谱、凝胶渗透色谱、棒薄层色谱等快速简便方法,在可溶有机质的分离中得到了越来越多的应用。

目前国内实行的测试标准为《SY/T 5119—2008 岩石中可溶有机物及原油族组分分析》。该标准规定了应用柱层析法和棒薄层火焰离子化检测法(TLC/FID)测定岩石中可溶有机物及原油族组分的分析方法和质量要求。该标准适用于各类岩石中可溶有机物及原油(不含轻质原油和凝析油)的族组分分析。

族组分指利用不同有机溶剂对岩石中可溶有机物或原油的不同族性成分和结构的化合物类型进行选择性分离所得到若干物理化学性质相近的混合物。一般分离为饱和烃、芳香烃、胶质和沥青质四种族组分。胶质仅指原油沥青中一种分子量较高的含硫、氮、氧等杂原子的复杂有机化合物的暗色胶状混合物,与"非烃"术语等同使用。

柱层析法主要内容:岩石中可溶有机物、原油中的沥青质用正己烷沉淀,其滤液部分通过硅胶氧化铝层析柱,采用不同极性的溶剂,依次将其中的饱和烃、芳烃和胶质组分分别淋洗出,挥发溶剂,恒重称量,求得试样中各族组分的含量。

棒薄层火焰离子化检测法主要内容:岩石中可溶有机物、原油用氯仿溶解,点在烧结的硅胶层析棒上,选择不同极性的溶剂,依次将试样中的饱和烃、芳香烃、胶质和沥青质分离,经火焰离子化检测器检测,以峰面积归一化法计算每个族组分的质量分数。

6.2.8　色谱法

经过岩石中可溶有机物抽提(氯仿沥青分析)和可溶有机物族组分分析后,还需要利用各种不同的方法来鉴定其中的组分和结构,确定各种组分和结构的含量。常用的方法有气相色谱、液相色谱、热解色谱和质谱仪等。

色谱中的两相是指具有大比表面积的固定相和携带有待分离的混合物流过固定相的流动相。用液体作为流动相的称为液相色谱,用气体作为流动相的则称为气相色谱。考虑到固定相也可有两种状态,即固体吸附剂和固体担体上载有液体的固定相,故可将色谱分为 4 类:气相色谱—气固色谱和气液色谱,液相色谱—液液色谱和液固色谱。常用的色谱是气液色谱和液固色谱。前述的色层分离中硅胶、氧化铝为固定相,溶液则为流动相。

气相色谱(GC)可对混合物进行多组分定性、定量分析,具有高选择性、高分离效能和灵敏快速的特点。它可以分析气体和易挥发或可转化为易挥发的液体和固体。气相色谱法是石油有机地球化学分析中必不可少的分析手段。

1) 原理

气相色谱法是利用试样中各组分在色谱柱的流动相和固定相之间具有不同的分配系数(即在固定相上具有不同的吸附位或溶解度)来进行分离的。被分离的混合物在进样口汽化为气体后,由载气(流动相)携带进入色谱柱,由于载气的不断冲洗而向下游移动,其中吸附(或溶解)能力最弱的组分向下游移动的速度最快,而吸附(或溶解)能力最强的组分向下游移动的速度最慢。经过一定的柱长后,由于组分在色谱柱中反复多次分配,即使原来性质差异很小的组分,也能被分开。这样,试样中各组分便能按其吸附(或溶解)能力由弱到强依次流出,从而使各组分得以分离。

2）定性与定量分析

气相色谱定性分析就是鉴定试样中各组分即每个峰是何种化合物。从色谱分离来看,不同化合物的色谱保留值与分子结构有关。

气相色谱定量分析是根据组分检测响应信号的大小而定的。其依据是各组分的量与色谱检测器响应大小(峰高或峰面积)成正比,要想得到准确的定量结果,必须先将峰高或峰面积测量准确。

6.2.9　　色谱-质谱法

气相色谱是有机化合物很好的分离手段,但其定性能力较弱,而质谱的定性能力很强,加上计算机可以快速、准确地处理数据,因此,色谱-质谱-计算机构成的联用技术,可以直接对那些由气相色谱分离的混合物进行鉴定,避免了许多繁杂的化学分离手段,缩短了分离周期,而且可以鉴别微量组分、单体烃的结构等。油气地球化学被称为进入分子级水平的研究,正是以色谱-质谱联用仪的引入及相应的生物标记化合物指标的广泛应用为标志。利用生物标志物可以进行烃源岩中有机质性质、沉积环境、热成熟度及油源对比、油气运移、原油生化降解等方面的研究。

色谱-质谱联用的原理是:气体分子或固体、液体的蒸气受到一定能量的电子流轰击或强电场作用,丢失电子生成分子离子;同时,化学键发生某些有规律的裂解,生成各种碎片离子。这些带正电荷的离子在电场和磁场作用下,按质荷比(m/z)的大小分开,排列成谱,记录下来,即为质谱。

目前国内实行的测试标准为《GB/T 18606—2001 气相色谱-质谱法测定沉积物和原油中生物标志物》。该标准规定了沉积物和原油中生物标志物气相色谱-质谱分析鉴定方法中的样品制备、分析程序和质量要求,提供质量色谱图和参数值计算的依据。这一标准适用于沉积物和原油中甾烷、萜烷等生物标志物的常规分析鉴定。

将《SY/T 5119—2008 岩石中可溶有机物及原油族组分分析》制备出的饱和烃组分,用高分辨毛细管柱气相色谱、低分辨质谱联用,对生物标志物进行分离鉴定,数据经数据处理系统处理后,得到所需的总离子流图、质量色谱图和质谱图。

1. 重建离子色谱图(RIC)或总离子流图(TIC)

色谱将微量(50 μg)混合物样品分离成单一组分,依次进入质谱鉴定后,将信息送到计算机中,按保留时间瞬间记录出质谱图,根据记录的离子强度,重新建立一个离子流色谱图,即 RIC,用来检验样品分离情况和信号强弱,它与气相色谱氢火焰离子化检测器上得到的色谱图十分相似(图6-3)。

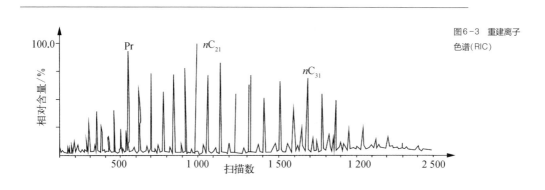

图6-3 重建离子色谱(RIC)

2. 质量(碎片)色谱图

"质量色谱图"是在恒定的质荷比下,扫描数与仪器响应位(各离子的相对强度)的关系图,如图6-4中的 m/z 191、m/z 370、m/z 384 等。根据扫描分子离子范围及有关标志离子,常用质荷比来判别环状化合物的结构。由于规律性的断裂机理,决定了甾烷及三萜烷具有很强的特征碎片峰,从这些特征碎片峰的质量色谱图可以得到原油和生油岩指纹化石的重要信息。

3. 质谱图(棒图)

当分子受电子流的轰击,失去一个电子即为分子离子(母体离子),以 M^- 表示,所产生的峰称为分子离子峰(母蜂),位于质荷比最大处。如果形成的分子离子比较稳定,则此峰的丰度也相对较强,通常分子离子峰处的质荷比值即为该化合物的相对分子质量,即相对分子质量 $M =$ 质量 m/电荷 e。以图6-5中最强的离子峰的峰高作为100%,这个峰称"基峰",其他离子的峰高同基峰相比所占的百分数叫作相对丰度。当电子能量增加到足够大(例如70 eV)时,电子的过剩能量就会切断分子离子中的各种

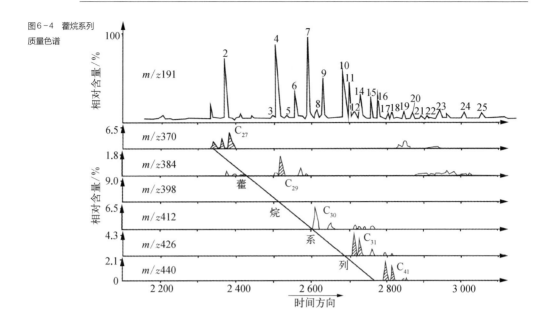

图6-4 藿烷系列
质量色谱

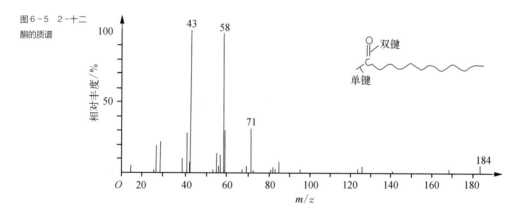

图6-5 2-十二
酮的质谱

化学键,使分子离子裂解成质量不同的碎片离子,碎片离子受到电子流的轰击又会进一步裂解成更小的碎片离子,所以在质谱图上可以看到许多碎片离子峰,这些峰的位置与强度和分子的种类及结构有关。从而就有可能根据质谱图作元素分析、分子量的测定、分子式的确定和分子结构的推断。图6-5为2-十二酮的质谱图,其横坐标为质荷比(m/z),纵坐标为离子的相对丰度。

6.2.10　生烃热模拟实验

生烃热模拟实验是烃源岩成烃潜力与资源评价的重要手段,可再现地质体中有机质热解演化过程,为评价盆地成烃潜力、探究过程与机理、推导成烃模式及动力学提供理论依据和实验资料。

实验模拟装置体系主要有开放体系、半开放体系和封闭体系 3 种(刘洛夫等,1997 ;王治朝等,2009)。

开放体系:热模拟实验采用流动气相(载气)介质在开放体系中进行,热解产物依靠自身的压力或载气不断从热反应区排出,导入计量或分析装置进行分析。如显微热台、热重仪、Rock-Eval 热解仪、热解气相色谱仪(Py‐GC)等。开放系统热模拟实验装置不采用收集系统,热解产物随产随排、直接进入分析系统,主要探讨热解温度与产物组成间的关系,具有经济、快速和可排除产物二次裂解反应的特点,但不能加压和加水,不能完全模拟地质实际条件。

半封闭系统包括自吹扫系统和压实系统。热解系统与产物收集系统相连,最大限度降低了热解产物的损失,利用热解产物形成的体积膨胀将热解产物带出热解容器,经收集系统收集后对气/液产物进行分析,确定热解温度与热解产物间的关系。半封闭系统热解实验多用于单温度点或恒温热解模拟,不适用于连续热解或生烃动力学研究。

封闭体系热模拟实验装置主要有高压釜、真空玻璃管、高温高压水热体系、小体积密封模拟装置(MSSV)、黄金管限定体系及高温高压金刚石压腔显微影像成烃模拟体系等热模拟装置。热解产物一般经富集后进入分析系统进行定性或定量分析,分析系统常与收集系统相连可以降低热解产物的损失。封闭体系可模拟确定热解生烃中温度、压力、水介质及矿物质对生烃过程的影响,同时可开展含水热解实验,其最大优点是可模拟烃源岩的最大生气量,但由于生成的液态组分无法排出体系,在高温条件下液态烃与重烃气体组分会发生二次裂解。

通过温度、压力、水介质及矿物质等不同实验条件下有机质成烃的模拟实验研究,使实验条件尽可能接近实际地质条件,结合沉积盆地热史、沉积史,实验结果可揭示生烃史与沉积盆地的演化关系,为盆地模拟提供重要参数;模拟结果可有效外推到地质实际来揭示烃类形成机理和排烃效率。开发岩石围压控制等新的实验技术,加强天然气二次裂解动力学研究,开展有机质、地层水和矿物质相互作用及孔隙发育条件下的高温高压模拟是生烃热模拟实验领域的发展方向,对页岩气等非常规油气资源评价具有重要意义(汤庆艳等,2013)。

6.2.11   稳定气体同位素比质谱仪

稳定同位素地球化学可用于确定干酪根母质来源,进行油(气)源对比,判识天然气成因类型,研究沉积环境,追溯油气二次运移路线,探讨有机质的热演化规律,分析油气的次生变化等。

实验室内的主要分析步骤如下。

(1)前期处理:物质的分离与提纯。典型的样品量为5～15 mg,虽然这是目前质谱仪灵敏度的下限要求,但若谨慎操作,毫克级以下的样品亦可作常规分析。

(2)将样品转化为气体,以备送质谱仪检测。

(3)以真空分馏方法纯化气体。

(4)以一种实验室标准物质的同位素组为基准,用质谱法检测样品的同位素组成。

(5)根据相关的国际标准,计算样品的同位素组成(各个实验室所采用的同位素标准是依据国际标准而确定的)。

参考文献

［ 1 ］邓宏文,钱凯.沉积地球化学与环境分析.兰州:甘肃科学技术出版社,1993.

［ 2 ］Brownlow A H. Geochemistry. New Jersey:Prentice-Hall, Inc., 1979:323 –
331.

［ 3 ］苗建宇,赵建设,李文厚,等.鄂尔多斯盆地南部烃源岩沉积环境研究.西北大学
学报(自然科学版),2005,35(6):771 –776.

［ 4 ］李志伟,邰自安,任文岩,等.微波消解电感耦合等离子体质谱法测定黑色页岩
中稀有稀土元素.岩矿测试,2010,29(3):259 –262.

［ 5 ］Savin S M, Epstein S. The oxygen isotopic compositions of coarse grained
sedimentary rock sand minerals. Geochimca et Cosmochimca Acta, 1970, 34(3):
323 –329.

［ 6 ］张爱云,伍大茂,郭丽娜,等.海相黑色页岩建造地球化学与成矿意义.北京:科
学出版社,1987.

［ 7 ］陈锦石,陈正文.碳同位素地质学概论.北京:地质出版社,1983.

［ 8 ］付小东,邱楠生,秦建中,等.中上扬子区海相层系烃源岩硫含量分布与硫同位
素组成特征.石油实验地质.2013,35(5):545 –551.

［ 9 ］张文正,杨华,付锁堂,等.鄂尔多斯盆地长91湖相优质烃源岩的发育机制探

讨. 中国科学 D 辑(地球科学),2007,37(增刊I):33－38.

[10] 张文正,杨华,李善鹏. 鄂尔多斯盆地长 91 湖相优质烃源岩成藏意义. 石油勘探
与开发,2008,35(5):557－568.

[11] 张文正,杨华,杨奕华,等. 鄂尔多斯盆地长 7 优质烃源岩的岩石学、元素地球化
学特征及发育环境. 地球化学,2008,37(1):59－64.

[12] 李双建,王清晨. 库车坳陷第三系泥岩地球化学特征及其对构造背景和物源属
性的指示. 岩石矿物学杂志,2006,25(3):219－229.

[13] 熊永强,耿安松,潘长春,等. 陆相有机质中单体烃的氢同位素组成特征. 石油勘
探与开发,2004,31(1):60－63.

[14] 曹代勇,王崇敬,李靖,等. 煤系页岩气的基本特点与聚集规律. 煤田地质与勘
探,2014,42(4):25－30.

[15] 邵龙义,李猛,李永红,等. 柴达木盆地北缘侏罗系页岩气地质特征及控制因素.
地学前缘,2014(4):1－12.

[16] 黄文辉,敖卫华,肖秀玲,万欢. 鄂尔多斯盆地侏罗纪含煤岩系生烃潜力评价. 煤
炭学报.2011,36(3):461－467.

[17] 付金华. 鄂尔多斯盆地上古生界天然气成藏条件及富集规律. 西北大学,2004.

[18] 苗建宇,赵建设,李文厚,等. 鄂尔多斯盆地南部烃源岩沉积环境研究. 西北大学
学报:自然科学版,2005,35(6):771－776.

[19] 付成信,范洪富,刘飞. 煤层气和页岩气烃源岩中元素、显微组分以及岩石热解
的相关性分析. 内江科技,2012(7):12－13.

[20] 刘卫民. 宣化煤田泥岩特征分析及聚煤规律. 煤炭与化工,2013,36(3):7－8,
49.

[21] 白玉彬,赵靖舟,方朝强,等. 优质烃源岩对鄂尔多斯盆地延长组石油聚集的控
制作用. 西安石油大学学报(自然科学版),2012,27(2):1－5.

[22]《沉积地球化学应用讲座》编写组.《沉积地球化学应用讲座》(五)第五讲　稳
定同位素在其他岩类研究中的作用. 岩相古地理,1988(2):51－59.

[23] Loucks R G, Ruppel S C. Mississippian Barnett Shale: Lithofacies and
depositional setting of a deep water shale gas succession in the Fort Worth Basin,

Texas. AAPG Bulletin, 2007, 91(4): 579-602.

[24] Jones R W. Organic facies//Welte D H. Advances in petroleum geochemistry. London: Academic Press, 1987: 1-89.

[25] 卢双舫,张敏. 油气地球化学. 北京:石油工业出版社,2008:51-59.

[26] Reineck H E, Singh I R. Deposition sedimentary environment. New York: Spriger, 2012.

[27] 黄第藩. 青海湖综合考察报告. 北京:科学出版社,1979.

[28] 张水昌,梁狄刚,张宝民,等. 塔里木盆地海相油气的生成. 北京:石油工业出版社,2004.

[29] 梁狄刚,郭彤楼,陈建平,等. 中国南方海相生烃成藏研究的若干新进展(二): 南方四套区域性海相烃源岩的地球化学特征. 海相油气地质,2009,14(1): 1-15.

[30] 赵宗举,周新源,郑兴平,等. 塔里木盆地主力烃源岩的诸多证据. 石油学报. 2005,26(3):10-15.

[31] 郑民,李建忠,吴晓智,等. 海相页岩烃源岩系中有机质的高温裂解生气潜力. 中国石油勘探,2014,19(3):1-11.

[32] Rogers M A, Mealary J D, Bailey J L. Significance of reservoir bitumens to thermal maturation studies, western Canada Basin. AAPG Bulletin, 1974, 58(9):1806-1824.

[33] 郝芳,陈建渝,孙永传,等. 有机相研究及其在盆地分析中的应用. 沉积学报, 1994,12(4):77-86.

[34] 郝芳,陈建渝. 层序和体系域的有机相构成及其研究意义. 地质科技情报,1995, 14(3):79-83.

[35] 郝黎明,邵龙义. 基于层序地层格架的有机相研究进展. 地质科技情报,2000, 19(4):60-64.

[36] 赵彦德,刘洛夫,王旭东,等. 渤海湾盆地南堡凹陷古近系烃源岩有机相特征. 中国石油大学学报(自然科学版),2009,33(5):23-29.

[37] 李华明. 吐哈盆地中、下侏罗统煤系沉积环境与煤沼有机相. 新疆石油地质,

2000,21(4):301－303.

[38] 肖贤明,刘德汉.我国聚煤盆地煤系烃源岩生烃评价与成烃模式.沉积学报, 1996,14(12):10－17.

[39] 黄第藩,李晋超,张大江,等.陆相有机质的演化和成烃机理.北京:石油工业出版社,1984.

[40] 牛嘉玉,蒋凌志,史卜庆,等.油气矿藏地质与评价.北京:科学出版社,2013.

[41] Martini A M, Walter L M, Ku T C, et al. Microbial production and modification of gases in sedimentary basins: A geochemical case study from a Devonian shale gas play, Michigan basin. AAPG Bulletin, 2003, 87(8): 1355－1375.

[42] Jarvie M D, Hill J R, Pollastro M R. Assessment of the gas potential and yields from shales: The Barnett Shale model. Oklahoma Geological Survey Circular, 2005,110: 37－50.

[43] 胡国艺,张水昌,田华,等.不同母质类型烃源岩排气效率.天然气地球科学, 2014,25(1):45－52.

[44] 王涵云,杨天宇,等.原油热解成气模拟试验.天然气工业,1982(3):28－33.

[45] Dai J X, Zou C N, Liao S M, et al. Geochemistry of the extremely high thermal maturity Longmaxi shale gas, southern Sichuan Basin. Organic Geochemistry, 2014,74: 3－12.

[46] Hao F, Zou H Y. Cause of shale gas geochemical anomalies and mechanisms for gas enrichment and depletion in high—maturity shales. Marine and Petroleum Geology, 2013, 44: 1－12.

[47] Manning J B. Comparison of geochemical indices used for the interpretation of palaeoredox conditions in ancientmudstones. ChemicalGeology, 1994, 111: 111－129.

[48] Martini A M, Walter L M, McIntosh J C. Identification of microbial and thermogenic gas components from Upper Devonian black shale cores, Illinois and Michigan basins. AAPG Bulletin, 2008, 92(3): 327－339.

[49] Martini A M, Walter L M, Budai J M, et al. Genetic and temporal relations

between formation waters and biogenic methane: Upper Devonian Antrim Shale, Michigan Basin, USA. Geochimica et Cosmochimica Acta, 1998, 62 (10): 1699 – 1720.

[50] Osborn S G, McIntosh J C. Chemical and isotopic tracers of the contribution of microbial gas in Devonian organic rich shales and reservoir sandstones, northern Appalachian Basin. Applied Geochemistry, 2010, 25: 456 – 471.

[51] Prinzhofer A A, Huc A Y. Genetic and post-genetic molecular and isotopic fractionations in natural gases. Chemical Geology, 1995, 126(3): 281 – 290.

[52] Rodriguez N D, Paul Philp R. Geochemical characterization of gases from the Mississippian Barnett Shale, Fort Worth Basin, Texas. AAPG Bulletin, 2010, 94 (11): 1641 – 1656.

[53] Tilley B, Muehlenbachs K. Isotope reversals and universal stages and trends of gas maturation in sealed, self—contained petroleum systems. Chemical Geology, 2013, 339: 194 – 204.

[54] Tilley B, McLellan S, Hiebert S, et al. Gas isotope reversals in fractured gas reservoirs of the western Canadian Foothills: Mature shale gases in disguise. AAPG Bulletin, 2011, 95(8): 1399 – 1422.

[55] Xia X Y, Tang Y C. Isotope fractionation of methane during natural gas flow with coupled diffusion and adsorption/desorption. Geochimica et Cosmochimica Acta, 2012, 77: 489 – 503.

[56] Xia X Y, Chen J, Braun R, et al. Isotopic reversals with respect to maturity trends due to mixing of primary and secondary products in source rocks. Chemical Geology, 2013, 339: 205 – 212.

[57] Zhang T W, Yang R S, Milliken K L, et al. Chemical and isotopic composition of gases released by crush methods from organic rich mudrocks. Organic Geochemistry, 2014, 73: 1 – 28.

[58] Zumberge J, Ferworn K, Brown S. Isotopic reversal ("rollover") in shale gases produced from the Mississippian Barnett and Fayetteville formations. Marine and

Petroleum Geology, 2012, 31：43－52.

［59］Grassa F, Capasso G, Favara R, et al. Molecular and isotopic composition of free hydrocarbon gases from Sicily, Italy. Geophysical Research Letters, 2004, 31 (6)：1－4.

［60］王香增.陆相页岩气.北京：石油工业出版社,2014：1－218.

［61］王香增.高胜利,高潮.鄂尔多斯盆地南部·中生界陆相页岩气地质特征.石油勘探与开发,2014,41(3)：294－304.

［62］帅琴,黄瑞成,高强,等.页岩气实验测试技术现状与研究进展.岩矿测试,2012,31(6)：931－938.

［63］Boyer C, Kieschnick J, Susrez-Rivera R, et al. Producing gas from its source. Oilfield Review, 2006, 18(3)：36－49.

［64］Curtis J B. Fractured shale—gas systems. AAPG Bulletion, 2002, 86(11)：1921－1938.

［65］Passey Q R, Creaney S, Kulla J B, et al. A Practical Model for Organic Richness from Porosity and Resistivity Logs. AAPG Bulletin, 1990.74(2)：1777－1794.

［66］Schlumberger. ECS Elemental Capture Spectroscopy Sonde. http：//www. slb. com/services/characterization/wireline＿open＿hole/nuclear/spectroscopy＿sonde. aspx#.

［67］Jarvie D M, Hill R J, Ruble T E, et al. Unconventional shale gas systems：the Mississippian Barnett Shale of north central Texas as one model for thermogenic shale gas assessment. AAPG Bulletin, 2007, 91：475－499.

［68］Hasenmueller N R and Comer J B. Gas potential of the New Albany Shale (Devonian and Mississippian) in the Illinois Basin. Illinois Basin Studies, 1994.

［69］周总瑛.烃源岩演化中有机碳质量与含量变化定量分析.石油勘探与开发,2009,36(4)：463－468.

［70］钟宁宁,卢双舫,黄志龙,等.烃源岩 TOC 值变化与其生排烃效率关系的探讨.沉积学报,2004,22(B06)：73－78.

［71］黄第藩,李晋超,张大江,等.陆相有机质的演化和成烃机理.北京：石油工业出

版社,1984.

[72] 黄第藩.陆相烃源岩有机质中碳同位素组成的分布特征.中国海上油气(地质),
1993,7(4):1-5.

[73] 王社教,王兰生,黄金亮,等.上扬子地区志留系页岩气成藏条件.天然气工业,
2009,29(5):45-50.

[74] 王社教,杨涛,张国生,等.页岩气主要富集因素与核心区选择及评价.中国工程
科学,2012,14(6):94-100.

[75] Cheng A L, Huang W L. Selective adsorption of hydrocarbons gases on clays and
organic matter. Organic Geochemistry,2004,35:413-423.

[76] Chalmers G R L, Bustin RM. Lower Cretaceous gas shales in northeastern British
Columbia, Part Ⅱ: Evaluation of regional potential gas resource. Bulletin of
Canadian Petroleum Geology, 2008, 56(1):22-61.

[77] Chalmers G R L, Bustin RM. Lower cretaceous gas shales in northeastern British
Columbia, part I: geological controls on methane sorption capacity. Bulletin of
Canadian Petroleum Geology, 2008, 56(1):1-21.

[78] Ross D J, Bustin R M. The importance of shale composition and pore structure
upon gas storage potential of shale gas reservoirs. Marine and Petroleum Geology,
2009, 26:916-927.

[79] Jarvie D M. Unconventional shale resource plays: shale gas as and shale oil
opportunities//Fort Worth Business Press meeting, 2008.

[80] Jarvie D M, Hill R J, Ruble T E, et al. Unconventional shale gas systems: the
Mississippian Barnett Shale of north central Texas as one model for thermogenic
shale gas assessment. AAPG Bulletin, 2007, 91:475-499.

[81] Waechter N B, Hampton G L, Shipps J C, et al. Overview of coal and shale gas
measurement: field and laboratory procedures. The 2004 International Coalbed
Methane Symposium, The University of Alabama, Tuscaloosa, Alabama, 2004.

[82] 戴金星.各类烷烃气的鉴别.中国科学 B 辑,1992,2:185-193.

[83] 戴金星.各类天然气的成因鉴别.中国海上油气(地质),1992,6(1):11-19.

［84］戴金星,裴锡古,戚厚发. 中国天然气地质学(卷二). 北京：石油工业出版社,
1996.

［85］戴金星,裴锡古,戚厚发. 中国天然气地质学(卷二). 北京：石油工业出版社,
1996.

［86］戴金星,夏新宇,秦胜飞,等. 中国有机烷烃气碳同位素系列倒转的原因. 石油与
天然气地质,2003,24(1)：3－6.

［87］李本亮,冉启贵,高哲荣,等. 中国深盆气勘探展望. 天然气工业,2002(4)：
27－30.

［88］韩辉,李大华,马勇,等. 四川盆地东北地区下寒武统海相页岩气成因：来自气
体组分和碳同位素组成的启示. 石油学报,2013,34(3)：453－459.

［89］Hasenmueller, N R, Comer J B. GIS compilation of gas potential of the New
Albany Shale in the Illinois Basin：Gas Research Institute. GRI－00/0068/
IBCS4, CD－ROM, 2000.

［90］Strapoć D, Mastalerz M, Schimmelmann A, et al. Geochemical constraints on
the origin and volume of gas in the New Albany Shale (Devonian-Mississippian),
eastern Illinois Basin. AAPG Bulletin, 2010, 94(11)：1713－1740.

［91］Schimmelmann A, Sessions A L, Mastalerz M. Hydrogen isotopic (D/H)
composition of organic matter during diagenesis and thermal maturation：Annual
Review of Earth and Planetary Science,2006, 34：501－533.

［92］Hill D G. Gas Storage Characteristics of Fracture Shale Plays. Strategic Research
Institute Gas Shale Conference, Denver, Colorado, 2002.

［93］Hill D G, Jarvie M D, Zumberge J, et al. Oil and gas geochemistry and petroleum
systems of the Fort Worth Basin. AAPG Bulletin, 2007, 91(4)：445－473.

［94］Hill D G and Nelson C R. Gas productive fractured shales：an overview and
update. Gas Tips of Gas Research Institute, 2000, 6(2)：4－13.

［95］袁洪林. 溶液进样和激光剥蚀等离子体质谱在地球化学中的应用. 武汉：中国
地质大学(武汉),2002.

［96］潘炜娟. 电感耦合等离子体质谱(ICP－MS)、激光剥蚀电感耦合等离子体质谱

（LA‐ICP‐MS）技术及其在固体材料分析中的应用研究.宁波：宁波大学，
2009.

［97］郑悦.193 nm 激光剥蚀系统与电感耦合等离子体质谱仪联用条件优化研究.北
京：中国地质大学（北京）,2002.

［98］余兴.电感耦合等离子体四极杆质谱离子光学系统的现状与进展.冶金分析，
2011,31(1)：23－29.

［99］张德贤,戴塔根,胡毅.磁铁矿中微量元素的激光剥蚀‐电感耦合等离子体质谱
分析方法探讨.岩矿测试,2012,31(1)：120－126.

［100］胡圣虹,陈爱芳,林守麟,等.地质样品中40个微量、痕量、超痕量元素的 ICP‐
MS 分析研究.地球科学‐中国地质大学学报,2000,25(2)：186－186.

［101］王岚,杨理勤,王亚平,等.锆石 LA‐ICP‐MS 原位微区 U‐Pb 定年及微量元
素的同时测定.地球学报,2012(5)：763－772.

［102］刘洛夫,毛东风,妥进才,等.源岩生烃模拟实验的研究现状.矿物岩石地球化学
通报,1997,16(1)：55－57.

［103］王治朝,米敬奎,李贤庆,等.生烃模拟实验方法现状与存在问题.天然气地球科
学,2009,20(4)：592－597.

［104］汤庆艳,张铭杰,余明,等.页岩气形成机制的生烃热模拟研究.煤炭学报,2013，
38(5)：742－747.